练习2-3 缩放动画 P44

在线视频：第2章\练习2-3 缩放动画.avi

案例 CASE

练习2-4 旋转动画 P45

在线视频：第2章\练习2-4 旋转动画.avi

训练2-3 制作卷轴动画 P49

在线视频：第2章\训练2-3 制作卷轴动画.avi

练习2-5 不透明度动画 P46

在线视频：第2章\练习2-5 不透明度动画.avi

训练2-2 行驶的汽车 P49

在线视频：第2章\训练2-2 行驶的汽车.avi

训练2-1 位移动画 P48

在线视频：第2章\训练2-1 位移动画.avi

练习3-1 文字随机透明动画 P57

在线视频：第3章\练习3-1 文字随机透明动画.avi

练习3-2 路径文字动画 P60

在线视频：第3章\练习3-2 路径文字动画.avi

练习3-3 利用可见字符制作机打字动画 P65

在线视频：第3章\练习3-3 利用可见字符制作机打字动画.avi

练习3-4 旋转文字动画 P66

在线视频：第3章\练习3-4 旋转文字动画.avi

训练3-1 机打字效果 P68

在线视频：第3章\训练3-1 机打字效果.avi

训练3-2 清新文字 P68

在线视频：第3章\训练3-2 清新文字.avi

训练3-3 卡片翻转文字 P68

在线视频：第3章\训练3-3 卡片翻转文字.avi

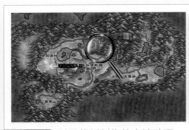

练习4-4 利用蒙版制作放大镜动画 P73

在线视频：第4章\练习4-4 利用蒙版制作放大镜动画.avi

练习4-5 利用蒙版路径制作擦除动画 P77

在线视频：第4章\练习4-5 利用蒙版路径制作擦除动画.avi

训练4-1 扫光文字效果 P81

在线视频：第4章\训练4-1 扫光文字效果.avi

练习4-6 利用蒙版扩展制作电视屏幕效果 P79

在线视频：第4章\练习4-6 利用蒙版扩展制作电视屏幕效果.avi

训练4-2 扫光着色效果 P81

在线视频：第4章\训练4-2 扫光着色效果.avi

训练4-3 打开的折扇 P81

在线视频：第4章\训练4-3 打开的折扇.avi

练习5-1 改变影片颜色 P85

在线视频：第5章\练习5-1 改变影片颜色.avi

练习5-2 色彩调整动画 P86

在线视频：第5章\练习5-2 色彩调整动画.avi

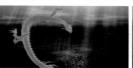

练习5-4 色彩键抠像 P94

在线视频：第5章\练习5-4 色彩键抠像.avi

训练5-1 为图片替换颜色 P96

在线视频：第5章\训练5-1 为图片替换颜色.avi

训练5-2 彩色光环 P96

在线视频：第5章\训练5-2 彩色光环.avi

训练5-3 制作《忆江南》 P96

在线视频：第5章\训练5-3 制作《忆江南》.avi

训练6-1 利用摇摆器制作随机动画 P110

在线视频：第6章\训练6-1 利用摇摆器制作随机动画.avi

练习6-2 制作彩蝶飞舞 P101

在线视频：第6章\练习6-2 制作彩蝶飞舞.avi

训练6-2 飘零树叶 P111

在线视频：第6章\训练6-2 飘零树叶.avi

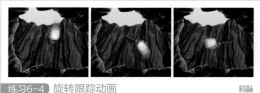

练习6-4 旋转跟踪动画 P106

在线视频：第6章\练习6-4 旋转跟踪动画.avi

训练6-3 位置跟踪动画 P111

在线视频：第6章\训练6-3 位置跟踪动画.avi

练习6-6 画面稳定跟踪 P109

在线视频：第6章\练习6-6 画面稳定跟踪.avi

训练6-4 四点跟踪动画 P111

在线视频：第6章\训练6-4 四点跟踪动画.avi

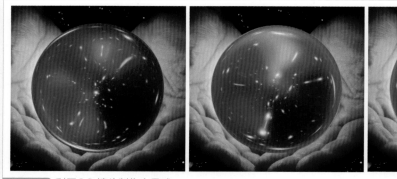

练习7-1 利用CC 镜头制作水晶球 P124

在线视频：第7章\练习7-1 利用CC 镜头制作水晶球.avi

练习7-2 利用波浪变形特效制作水中动画 P129

在线视频：第7章\练习7-2 利用波浪变形特效制作水中动画.avi

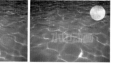

练习7-4 制作无线电波 P137

在线视频：第7章\练习7-4 制作无线电波.avi

练习7-3 利用声谱制作跳动的声波 P132

在线视频：第7章\练习7-3 利用声谱制作跳动的声波.avi

练习7-5 利用CC球体特效制作红色行星 P145

在线视频：第7章\练习7-5 利用CC球体特效制作红色行星.avi

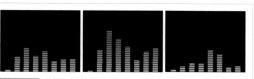

练习7-6 利用CC吹泡泡制作泡泡上升动画 P147

在线视频：第7章\练习7-6 利用CC吹泡泡制作泡泡上升动画.avi

练习7-7 利用CC下雪制作下雪效果 P149

在线视频：第7章\练习7-7 利用CC下雪制作下雪效果.avi

练习7-9 利用径向擦除制作笔触擦除动画 P162

在线视频：第7章\练习7-9 利用径向擦除制作笔触擦除动画.avi

练习7-8 制作卡片擦试效果 P158

在线视频：第7章\练习7-8 制作卡片擦试效果.avi

训练7-1 利用CC卷页制作卷页效果 P164

在线视频：第7章\训练7-1 利用CC卷页制作卷页效果.avi

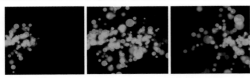

训练7-2 利用CC粒子仿真世界制作飞舞小球 P165

在线视频：第7章\训练7-2 利用CC 粒子仿真世界制作飞舞小球.avi

训练7-3 利用乱写制作手绘效果 P165

在线视频：第7章\训练7-3 利用乱写制作手绘效果.avi

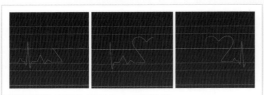

训练7-4 利用勾画制作心电图效果 P165

在线视频：第7章\训练7-4 利用勾画制作心电图效果.avi

9.1 描边光线动画 P183

在线视频：第9章\9.1 描边光线动画.avi

9.2 舞动的精灵 P185

在线视频：第9章\9.2 舞动的精灵.avi

9.3 流光线条 P189

在线视频：第9章\9.3 流光线条.avi

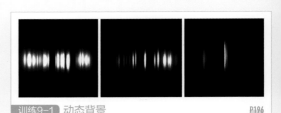

训练9-1 动态背景 P196

在线视频：第9章\训练9-1 动态背景.avi

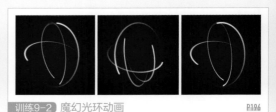

训练9-2 魔幻光环动画 P196

在线视频：第9章\训练9-2 魔幻光环动画.avi

训练9-3 延时光线 P197

在线视频：第9章\训练9-3 延时光线.avi

训练9-4 点阵发光　　　P197

在线视频：第9章\训练9-4 点阵发光.avi

10.4 Particular（粒子）——炫丽光带　P205

在线视频：第10章\10.4 Particular（粒子）——炫丽
光带.avi

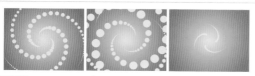

10.1 3D Stroke（3D笔触）——制作动态背景 P199

在线视频：第10章\10.1 3D Stroke（3D笔触）——制作动
态背景.avi

训练10-1 3D Stroke（3D笔触）——制作心形 P209
绘制

在线视频：第10章\训练10-1 3D Stroke（3D笔触）——制作心
形绘制.avi

10.2 Shine（光）——炫丽扫光文字　P201

在线视频：第10章\10.2 Shine（光）——炫丽扫光文字.avi

训练10-2 Particular（粒子）——旋转空间　P209

在线视频：第10章\训练10-2 Particular（粒子）——旋转空间.avi

10.3 Particular（粒子）——飞舞的彩色粒子　P202

在线视频：第10章\10.3 Particular（粒子）——飞舞的彩
色粒子.avi

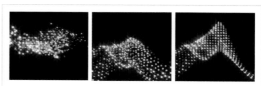

训练10-3 Starglow（星光）——旋转粒子球　P209

在线视频：第10章\训练10-3 Starglow（星光）——旋转粒子球.avi

11.1 魔戒　　　P211

在线视频：第11章\11.1 魔戒.avi

11.2 魔法火焰　　　P218

在线视频：第11章\11.2 魔法火焰.avi

训练11-1 地面爆炸 P231

在线视频：第11章\训练11-1 地面爆炸.avi

训练11-2 上帝之光 P231

在线视频：第11章\训练11-2 上帝之光.avi

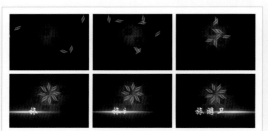

12.1 电视特效表现——电视台标艺术表现 P233

在线视频：第12章\12.1 电视特效表现——电视台标艺术表现.avi

训练12-1 电视特效表现——与激情共舞 P251

在线视频：第12章\训练12-1 电视特效表现——与激情共舞.avi

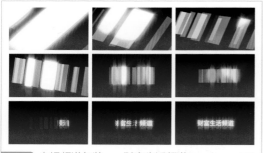

12.2 电视频道包装——财富生活频道 P237

在线视频：第12章\12.2 电视频道包装——财富生活频道.avi

训练12-2 电视频道包装——MUSIC频道 P252

在线视频：第12章\训练12-2 电视频道包装——MUSIC频道.avi

12.3 电视栏目包装——节目导视 P242

在线视频：第12章\12.3 电视栏目包装——节目导视.avi

训练12-3 电视栏目包装——时尚音乐 P252

在线视频：第12章\训练12-3 电视栏目包装——时尚音乐.avi

零基础学

After Effects CS6

全视频教学版

水木居士 ◎ 编著

人民邮电出版社

北京

图书在版编目（CIP）数据

零基础学After Effects CS6：全视频教学版 / 水木居士编著. -- 北京：人民邮电出版社，2020.6
ISBN 978-7-115-50819-5

Ⅰ．①零… Ⅱ．①水… Ⅲ．①图象处理软件 Ⅳ．①TP391.413

中国版本图书馆CIP数据核字(2019)第027820号

内 容 提 要

本书是根据多位业界资深设计师的教学与实践经验，完全针对零基础读者而开发，专为想在较短时间内学习并掌握 After Effects CS6 软件在影视制作中的使用方法和技巧的读者量身打造的一本从入门到精通的教程。

全书分为 4 篇，入门篇包括第 1~2 章，主要讲解 After Effects CS6 快速入门及层基础动画，认识软件界面并对基础动画有一个简单的了解；提高篇包括第 3~5 章，主要讲解关键帧设置、文字动画、蒙版与遮罩以及色彩控制与抠像技术，进一步讲解 After Effects CS6 的进阶内容，掌握关键帧、文字、蒙版与色彩抠像的应用；精通篇包括第 6~8 章，主要讲解 After Effects CS6 较为核心的跟踪与稳定、内置视频特效与视频的渲染输出设置；实战篇包括第 9~12 章，主要讲解炫彩光效、插件特效风暴、动漫特效及场景合成、商业栏目包装等内容，通过大量实战案例，使读者巩固前面的知识，并掌握 After Effects CS6 的核心技术，进而成为影视制作高手。

随书提供的素材资源包括本书案例的工程文件和高清多媒体语音教学视频，帮助读者迅速掌握使用 After Effects CS6 进行影视后期合成与特效制作的精髓。

本书可作为欲从事影视制作、栏目包装、电视广告、后期编辑与合成的广大初、中级从业人员的自学教材，也可作为社会培训学校、大中专院校相关专业的教学参考书或上机实践指导用书。

◆ 编　著　水木居士
　　责任编辑　张丹阳
　　责任印制　马振武

◆ 人民邮电出版社出版发行　北京市丰台区成寿寺路 11 号
　邮编　100164　电子邮件　315@ptpress.com.cn
　网址　https://www.ptpress.com.cn
　北京捷迅佳彩印刷有限公司印刷

◆ 开本：700×1000　1/16
　　印张：16.5　　　　　　　彩插：4
　　字数：457 千字　　　　　2020 年 6 月第 1 版
　　印数：1 – 2 500 册　　　2020 年 6 月北京第 1 次印刷

定价：69.00 元
读者服务热线：(010)81055410　印装质量热线：(010)81055316
反盗版热线：(010)81055315
广告经营许可证：京东工商广登字 20170147 号

前言
FOREWORD

■ 软件简介

After Effects CS6 是 Adobe 公司新推出的影视编辑软件，其特效功能非常强大，可以用于高效且精确地制作出多种引人注目的动态图形和震撼人心的视觉效果。After Effects CS6 软件还保留有 Adobe 软件优秀的兼容性。在 After Effects 中可以非常方便地调入 Photoshop 和 Illustrator 的层文件；Premiere 的项目文件也可以近乎完美地再现于 After Effects 中。

现在，After Effects 已经被广泛应用于数字和电影的后期制作中，而新兴的多媒体和互联网也为 After Effects 软件提供了广阔的发展空间。

■ 本书特色

1. 一线作者团队： 本书由曾任职于理工大学计算机部的高级讲师为入门级用户量身定制，以深入浅出、语言平实幽默的教学风格，将 After Effects CS6 化繁为简，浓缩精华使读者彻底掌握。

2. 超完备的基础功能及商业案例详解： 12 章超全内容，包括 8 章基础内容，4 章案例进阶及商业动漫栏目包装表现，将 After Effects CS6 全盘解析，从基础到案例，从入门到入行。

3. 易于获得成就感： 本书为每个重点知识都安排了一个案例，每个案例讲解一个小问题或介绍一个小技巧，案例典型，任务明确，活学活用，帮助读者在最短的时间内掌握操作技巧。

为了使读者可以轻松自学并深入了解 After Effects CS6 的制作技巧，本书在版面结构的设计上尽量做到简单明了，如下图所示。

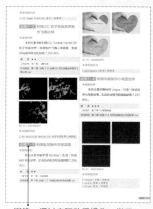

重难点标识： 带有⊕标记的为重点内容，带有⊖标记的为难点内容，需要读者重点掌握。

提示： 针对软件中的难点以及设计操作过程中的技巧进行重点讲解。在学完章节内容后继续强化所学技术。

拓展训练： 通过拓展训练，读者能巩固本章所学到的知识。

知识拓展： 通过知识拓展补充书本中没有涉及的知识点。

训练： 通过实际动手操作，学习软件功能，掌握各种工具、面板和命令的使用方法。

本书由水木居士主编，在此感谢所有创作人员对本书付出的艰辛。在创作的过程中，由于时间仓促，错误在所难免，希望广大读者批评指正。

编者

2020 年 4 月

资源
与支持
RESOURCES
AND SUPPORT

本书由"数艺设"出品，"数艺设"社区平台（www.shuyishe.com）为您提供后续服务。

■ 配套资源

工程文件：书中所有实例的效果图源文件，包含绘制过程的细节分层图。

在线视频：典型案例的完整绘制思路和绘制细节讲解。

■ 资源获取请扫码

"数艺设"社区平台，**为艺术设计从业者提供专业的教育产品。**

■ 与我们联系

我们的联系邮箱是 szys@ptpress.com.cn。如果您对本书有任何疑问或建议，请您发邮件给我们，并请在邮件标题中注明本书书名及 ISBN，以便我们更高效地做出反馈。

如果您有兴趣出版图书、录制教学课程，或者参与技术审校等工作，可以发邮件给我们；有意出版图书的作者也可以到"数艺设"社区平台在线投稿（直接访问 www.shuyishe.com 即可）。如果学校、培训机构或企业想批量购买本书或"数艺设"出版的其他图书，也可以发邮件联系我们。

如果您在网上发现针对"数艺设"出品图书的各种形式的盗版行为，包括对图书全部或部分内容的非授权传播，请您将怀疑有侵权行为的链接通过邮件发给我们。您的这一举动是对作者权益的保护，也是我们持续为您提供有价值的内容的动力之源。

■ 关于"数艺设"

人民邮电出版社有限公司旗下品牌"数艺设"，专注于专业艺术设计类图书出版，为艺术设计从业者提供专业的图书、U 书、课程等教育产品。出版领域涉及平面、三维、影视、摄影与后期等数字艺术门类，字体设计、品牌设计、色彩设计等设计理论与应用门类，UI 设计、电商设计、新媒体设计、游戏设计、交互设计、原型设计等互联网设计门类，环艺设计手绘、插画设计手绘、工业设计手绘等设计手绘门类。更多服务请访问"数艺设"社区平台 www.shuyishe.com。我们将提供及时、准确、专业的学习服务。

目录
CONTENTS

第3篇
精通篇

第6章 跟踪与稳定技术

第7章 内置视频特效

第**4**篇
实战篇

第 9 章　完美炫彩光效

第**1**篇

入门篇

第**1**章

After Effects CS6
快速入门

本章主要讲解 After Effects CS6 软件的启动方法，After Effects CS6 软件的工作界面的自定义及相关工具栏工具的应用，项目及合成的创建方法，合成项目的保存，素材的导入方法及常见素材的导入设置，素材的归类管理，文件夹的应用及编辑，素材的查看移动，素材入点和出点的设置方法。

教学目标

了解 After Effects CS6 操作界面
了解 After Effects CS6 相关工具的使用
掌握项目、合成文件的操作
学习素材的导入及管理

要学习 After Effects CS6，首先要了解它的操作界面，认识它的工作区，下面具体讲解这些内容。

1.1.1 启动After Effects CS6

单击"开始 | 所有程序 | After Effects CS6"命令，便可启动 After Effects CS6 软件。如果已经在桌面上创建了 After Effects CS6 的快捷方式，则可以直接双击桌面上的 After Effects CS6 快捷图标，启动该软件，如图 1.1 所示。

图1.1 After Effects CS6 启动画面

等待一段时间后，After Effects CS6 被打开，新的 After Effects CS6 工作界面呈现出来，如图 1.2 所示。

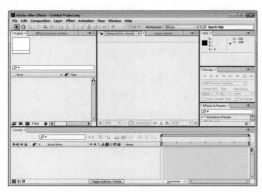

图1.2 After Effects CS6 工作界面

练习1-1 After Effects CS6工作界面介绍 重点

难　　度：	★ ★
工程文件：无	
在线视频：第 1 章 \ 练习 1-1　After Effects CS6　工作界面介绍 .avi	

After Effects CS6 在界面上更加合理地分配了各个窗口的位置，根据制作内容的不同，可将界面设置成不同的模式，如动画、绘图、特效等，执行菜单栏中的 Windows（窗口）|Workspace（工作界面）命令，可以看到其子菜单中包含多种工作模式子选项，包括 All Panels（所用面板）、Animation（动画）、Effects（特效）等模式，如图 1.3 所示。

图1.3 多种工作模式

执行菜单栏中的 Windows（窗口）| Workspace（工作界面）|Animation（动画）命令，操作界面切换到动画工作界面中，整个界面以"动画控制窗口"为主，突出显示了动画控制区，如图 1.4 所示。

图1.4 动画控制界面

执行菜单栏中的 Windows（窗口）|
Workspace（工作界面）|Paint（绘图）命令，
操作界面切换到绘图控制界面中，整个界面以
"绘图控制窗口"为主，突出显示了绘图控制
区域，如图1.5所示。

图1.5 绘图控制界面

练习1-2 自定义工作模式

难　　度：	★★★
工程文件：	无
在线视频：	第1章\练习1-2 自定义工作模式 .avi

不同的用户对工作模式的要求也不尽相同，
如果在预设的工作模式中没有找到自己需要的模
式，用户也可以根据自己的喜好设置工作模式。

01 首先，可以从窗口菜单中选择需要的面板或窗
口，然后打开它，根据需要调整窗口和面板，调
整的方法如图1.6所示。

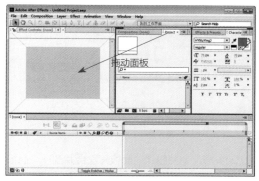

图1.6 拖动面板过程

02 当另一个面板中心显示停靠效果时，释放鼠
标，两个面板将合并在一起，如图1.7所示。

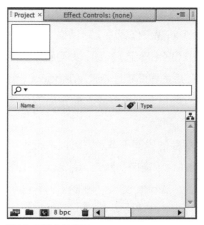

图1.7 面板合并效果

03 如果想将某个面板单独脱离出来，可以在拖动
面板的同时按住Ctrl键，释放鼠标后，就可以将
面板单独脱离出来，脱离的效果如图1.8所示。

图1.8 脱离面板

图1.9 保存自己的界面

04 如果想将单独脱离的面板再次合并到一个面板中，可以应用前面的方法，拖动面板到另一个可停靠的面板中，显示停靠效果时释放鼠标。

1.1.2 保存工作界面

After Effects CS6 还可以根据自己的习惯自定义新的工作界面，当界面面板调整满意后，执行菜单栏中的 Windows（窗口）| Workspace（工作界面）| New Workspace（新建工作界面）命令，在打开的 New Workspace（新建工作界面）对话框中输入一个名称，单击 OK（确定）按钮，即可将新的界面保存，保存后的界面将显示在 Windows（窗口）| Workspace（工作界面）命令后的子菜单中，如图1.9 所示。

如果对保存的界面不满意，可以执行菜单栏中的 Windows（窗口）| Workspace（工作界面）| Delete Workspace（删除工作界面）命令，从打开的 Delete Workspace(删除工作界面)对话框中选择要删除的界面名称，单击 Delete（删除）按钮。

1.1.3 工具栏的介绍

执行菜单栏中的菜单 Windows（窗口）| Tools（工具）命令，或按"Ctrl + 1"组合键，打开或关闭工具栏，工具栏中包含了常用的编辑工具，使用这些工具可以在合成窗口中对素材进行编辑操作，如移动、缩放、旋转、输入文字、创建遮罩、绘制图形等，工具栏如图1.10 所示。

图1.10 工具栏

在工具栏中，有些工具按钮的右下角有一个黑色的三角形箭头，表示该工具还包含有其他工具，在该工具上按下鼠标不放，即可显示出其他工具，如图1.11 所示。

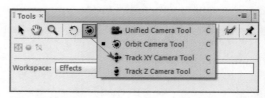

图1.11 显示其他工具

1.1.4 浮动面板的介绍

1. Align & distribute（对齐与分布）面板

执行菜单栏中的菜单 Windows（窗口）| Align & distribute（对齐与分布）命令，可以打开或关闭"对齐与分布"面板。

"对齐与分布"面板命令主要对素材进行对齐与分布处理。"对齐"面板及说明如图1.12所示。

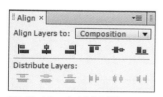

图1.12 Align（对齐）面板

2. Info（信息）面板

执行菜单栏中的Windows（窗口）| Info（信息）命令，或按"Ctrl + 2"组合键，可以打开或关闭"信息"面板。

"信息"面板主要用来显示素材的相关信息，在"信息"面板的上部分，主要显示如RGB值、Alpha通道值、鼠标在合成窗口中的 x 和 y 轴坐标位置；在"信息"面板的下部分，根据选择素材的不同，主要显示选择素材的名称、位置、持续时间、出点和入点等信息。"信息"面板及说明如图1.13所示。

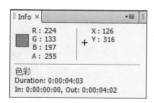

图1.13 Info（信息）面板

3. Time controls（时间控制）面板

执行菜单栏中的 Windows（窗口）| Preview（预演）命令，或按"Ctrl + 3"组合键，将打开或关闭"时间控制"面板。

"时间控制"面板中的命令主要用来控制素材图像的播放与停止，进行合成内容的预演操作，还可以进行预演的相关设置。"时间控制"面板及说明如图1.14所示。

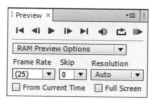

图1.14 Preview（预演）面板

4. Project（项目）面板

Project（项目）面板位于界面的左上角，主要用来组织、管理视频节目中使用的素材，视频制作使用的素材，都要首先导入Project(项目)面板中。在此窗口中可以对素材进行预览。

可以通过文件夹的形式管理Project（项目）面板，将不同的素材以不同的文件夹分类导入，以便视频编辑时操作方便，文件夹可以展开，也可以折叠，这样更便于 Project（项目）的管理，如图 1.15 所示。

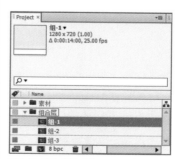

图1.15 导入素材后的Project（项目）面板

素材目录区的上方表头标明了素材、合成或文件夹的属性显示，显示每个素材不同的属性。

- **Name（名称）**：显示素材、合成或文件夹的名称，单击该图标，可以将素材以名称的方式进行排序。
- **Label（标记）**：可以利用不同的颜色区分项目文件。同样，单击该图标，可以将素材以标记的方式进行排序。如果要修改某个素材的标记颜色，直接单击该素材右侧的颜色按钮，在弹出的快捷菜单中选择适合的颜色即可。

- **Type（类型）**：显示素材的类型，如合成、图像或音频文件。同样，单击该图标，可以将素材以类型的方式进行排序。
- **Size（大小）**：显示素材文件的大小。同样，单击该图标，可以将素材以大小的方式进行排序。
- **Duration（持续时间）**：显示素材的持续时间。同样，单击该图标，可以将素材以持续时间的方式进行排序。
- **File Path（文件路径）**：显示素材的存储路径，以便于素材的更新与查找，方便素材的管理。
- **Date（日期）**：显示素材文件创建的时间及日期，以便更精确地管理素材文件。
- **Comment（备注）**：单击需要备注的素材的该位置，激活文件并输入文字对素材进行备注说明。

5. 时间线面板

时间线面板是工作界面的核心部分，视频编辑工作的大部分操作都是在时间线面板中进行的。它是进行素材组织的主要操作区域。当添加不同的素材后，将产生多层效果，然后通过层的控制完成动画的制作，如图1.16所示。

图1.16 时间线面板

在时间线面板中，有时会创建多条时间线，多条时间线将并列排列在时间线标签处，如果要关闭某个时间线，可以在该时间线标签位置单击关闭 ✕ 按钮将其关闭，如果想再次打开该时间线，在项目窗口中双击该合成对象即可。

6. Composition（合成）窗口

Composition（合成）窗口是视频效果的预览区，在进行视频项目的安排时，它是最重要的窗口，在该窗口中可以预览到编辑时的每一帧的效果，如果要在节目窗口中显示画面，首先要将素材添加到时间线上，并将时间滑块移动到当前素材的有效帧内，才可以显示，如图1.17所示。

图1.17 Composition（合成）窗口

7. 层窗口

在层窗口中，默认情况下是不显示图像的，如果要在层窗口中显示画面，有两种方法可以实现：一种是双击 Project（项目）面板中的素材；另一种是直接在时间线面板中双击该素材层。素材显示效果如图1.18所示。

层窗口是进行素材修剪的重要部分，一般素材的前期处理，如入点和出点的设置，处理的方法有两种：一种是可以在时间布局窗口，直接通过拖动改变层的入点和出点；另一种是可以在层窗口中，移动时间滑条到相应位置，单击"入点"按钮设置素材入点，单击"出点"按钮设置素材出点。处理完成后将素材加入到轨道中，然后在 Composition（合成）窗口中进行编排，以制作出符合要求的视频文件。

图1.18 素材显示效果

8. Effects&Presets

Effects&Presets（特效面板）中包含了 Animation Presets（动画预置）、Audio（音频）、Blur & Sharpen（模糊和锐化）、Channel（通道）和 Color Correction（色彩校正）等多种特效，是进行视频编辑的重要部分，主要针对时间线上的素材进行特效处理。一般常见的特效都是利用 Effects&Presets 中的特效完成的。特效控制面板如图 1.19 所示。

图1.19 Effects Controls（特效控制）面板

9. Effects Controls（特效控制）面板

Effects Controls（特效控制）面板主要用于对各种特效进行参数设置，当一种特效添加到素材上面时，该面板将显示该特效的相关参数设置，可以通过参数的设置对特效进行修改，以便达到需要的最佳效果，如图 1.20 所示。

图1.20 特效控制面板

10. Character（字符）面板

通过工具栏或是执行菜单栏中的 Windows 窗口 |Character（字符）命令打开 Character（字符）面板。Character 主要用来对输入的文字进行相关属性的设置，包括字体、字号、颜色、描边、行距等参数。Character（字符）面板如图 1.21 所示。

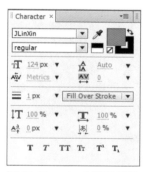

图1.21 Character（字符）面板

1.1.5 图层的显示、锁定与重命名 重点

在进行视频编辑过程中，为了便于多图层的操作不出现错误，图层的"显示""锁定""重命名"也是经常用到的。下面来看这几种图层的设置方法。

● **图层的显示与隐藏：** 在图层的左侧，有一个图层显示与隐藏的图标 ●，单击该图标，可以将图层在显示与隐藏之间切换。图层的隐藏不但可以关闭该图层图像在合成窗口中的显示，还影响最终的输出效果，如果想在输出的画面中出现该图层，还要将其显示。

- **音频的显示与隐藏**：在图层的左侧，有一个音频图标，添加音频层后，单击音频层左侧的音频图标 ◀)，图标将会消失，在预览合成时将听不到声音。

- **图层的单独显示**：在图层的左侧，有一个图层单独显示的图标 ●，单击该图标，其他层的视频图标就会变为灰色，在合成窗口中只显示开启单独显示图标的层，其他层处于隐藏状态。

- **图层的锁定**：在图层的左侧，有一个图层锁定与解锁的图标 🔒，单击该图标，可以将图层在锁定与隐藏之间切换。图层锁定后，将不能再对该图层进行编辑，要想重新选择编辑，就要首先对其解除锁定。图层的锁定只影响用户对该层的选择编辑，不影响最终的输出效果。

- **重命名**：首先单击选择图层，并按下键盘上的Enter键，激活输入框，然后直接输入新的名称即可。图层的重命名可以更好地对不同图层进行操作。

在时间线面板的中部，还有一个参数区，主要用来对素材层显示、质量、特效、运动模糊等属性进行设置与显示，如图1.22所示。

![图标]
图1.22 属性区

- **🔻隐藏图标**：单击隐藏图标，可以将选择图层隐藏，而图标样式会变为扁平，但时间线面板中的层不发生任何变化，这时要在时间线面板上方单击隐藏按钮，开启隐藏功能操作。

- **✷塌陷图标**：单击塌陷图标后，嵌套层的质量会提高，渲染时间减少。

- **◣质量图标**：可以设置合成窗口中素材的显示质量，单击图标可以切换高质量与低质量两种显示方式。

- **fx特效图标**：在层上增加滤镜特效命令后，当前层将显示特效图标，单击特效图标后，当前层就取消了特效命令的应用。

- **▦帧融合图标**：可以在渲染时对影片进行柔和处理，通常在调整素材播放速率后单击应用。首先在时间线面板中选择动态素材层，然后单击帧融合图标，最后在时间线面板上方开启帧融合按钮。

- **◐运动模糊图标**：可以在After Effects CS6软件中，开启或关闭模拟动画真实的模糊效果。

- **◉图层调整图标**：可以将原层制作成透明层，在开启Adjustment Layer（调整层）图标后，在调整层下方的这个层上可以同时应用其他效果。

- **◈三维属性图标**：可以将二维层转换为三维层操作，开启三维层图标后，层将具有z轴属性。

时间线面板的中间部分还包含了6个开关按钮，用来对视频进行相关的属性设置，如图1.23所示。

![图标]
图1.23 开关按钮

- **🖼实时预览按钮**：单击选择并拖动图像时不会出现线框，而关闭实时预览按钮后，在合成窗口中拖动图像时将以线框模式移动。

- **🎥3D草图按钮**：在三维环境中进行制作时，可以将环境中的阴影、摄像机和模糊等功能状态屏蔽。

在时间线面板中，还有很多其他的参数设置，可以通过单击时间线面板右上角的时间线菜单打开，也可以在时间线面板中，在各属性名称上右击，通过 Columns（列）子菜单选项打开，如图1.24所示。

图1.24 快捷菜单

1.2 项目、合成文件的操作

　　本节将通过几个简单实例讲解创建项目和保存项目的基本步骤。这个实例虽然效果和操作都比较简单，但是包括许多基本的操作，初步体现了使用 After Effects CS6 的乐趣。本节的重点在于基本步骤和基本操作的熟悉和掌握；强调总体步骤的清晰、明确。

练习1-3 创建项目及合成文件 重点

难　度：	★ ★
工程文件：	无
在线视频：	第 1 章 \ 练习 1-3 创建项目及合成文件 .avi

　　编辑视频文件时，首先要做的就是创建一个项目文件，规划好项目的名称及用途，根据不同的视频用途创建不同的项目文件。创建项目的方法如下。

01 启动After Effects CS6软件，执行菜单栏中的New（新建）| New Project（新建项目）命令，或按Ctrl + Alt + N 组合键，这样就创建了一个项目文件。

02 执行菜单栏中的Composition（合成）| New Composition（新建合成）命令，也可以在Project（项目）面板中右击，从弹出的快捷菜单中选择New Composition（新建合成）命令，打开 Composition Settings（合成设置）对话框，如图1.26所示。

图1.26 Composition Settings（合成设置）对话框

03 在Composition Settings（合成设置）对话框中输入合适的名称、尺寸、帧速率、持续时间等内容后，单击OK（确定）按钮，即可创建一个合成文件，在Project（项目）面板中可以看到此文件。

练习1-4 保存项目文件 （重点）

难　　度：	★
工程文件：	无
在线视频：	第1章\练习1-4 保存项目文件.avi

制作完项目及合成文件后，需要及时保存项目文件，以免计算机出错或突然停电带来不必要的损失。保存项目文件的方法有以下两种。

01 如果是新创建的项目文件，可以执行菜单栏中的File（文件）| Save（保存）命令，或按Ctrl + S组合键，此时将打开Save As（另存为）对话框，如图1.27所示。在该对话框中设置适当的保存位置、文件名和文件类型，然后单击"保存"按钮即可保存文件。

图1.27 Save As（另存为）对话框

02 如果不想覆盖原文件而另外保存一个副本，此时可以执行菜单栏中的File（文件）| Save As（另存为）命令，打开Save As（另存为）对话框，设置相关的参数，保存为另外的副本。

03 还可以将文件以副本的形式进行另存，这样不会影响原文件的保存效果，执行菜单栏中的File（文件）| Save a Copy（保存一个副本）命令，将文件以复制的形式另存为一个副本，其参数设置与保存的参数相同。

练习1-5 合成的嵌套 （难点）

难　　度：	★ ★
工程文件：	无
在线视频：	第1章\练习1-5 合成的嵌套.avi

一个合成中的素材可以分别提供给不同的合成使用，而一个项目中的合成可以分别是独立的，也可以是相互之间存在"引用"的关系。不过，在合成之间的关系中并不可以相互"引用"，只存在一个合成使用另一个图层，也就是一个合成嵌套另一个合成的关系，如图1.28所示。

图1.28 合成的嵌套

1.3 素材的导入

在 After Effects CS6 中，素材的导入非常关键，要想做出丰富多彩的视觉效果，单单凭借 After Effects CS6 软件是不够的，还要许多外在的软件辅助设计，这时就要将其他软件做出的不同类型格式的图形、动画效果导入 After Effects CS6 中应用，而对于不同类型格式，After Effects CS6 又有不同的导入设置。根据选项设置的不同，所导入的图片不同；根据格式的不同，导入的方法也不同。

进行影片的编辑时，首要的任务是导入要编辑的素材文件。素材的导入主要是将素材导入 Project（项目）面板中或是相关文件夹中。Project（项目）面板导入素材的方法主要有下面几种。

- 执行菜单栏中的File（文件）| Import（导入）| File命令，或按Ctrl + I组合键，在打开的Import File（导入文件）对话框中选择要导入的素材，然后单击"打开"按钮即可。
- 在Project（项目）面板的列表空白处，单击鼠标右键，从弹出的快捷菜单中选择Import（导入）| File（文件）命令，在打开的Import File对话框中选择要导入的素材，然后单击"打开"按钮即可。
- 在Project（项目）面板的列表空白处双击，在打开的Import File对话框中选择要导入的素材，然后单击"打开"按钮即可。
- 在Windows的资源管理器中选择需要导入的文件，直接拖动到After Effects CS6软件的Project（项目）面板中即可。

> **提示**
>
> 如果要同时导入多个素材，只需在按住 Ctrl 键的同时逐个点选所需素材；或是在按住 Shift 键的同时，选择开始的一个素材，然后单击最后的一个素材选择多个连续的文件即可。也可以应用菜单 File| Import(导入)| Multiple File(多个文件)命令，多次导入需要的文件。

练习1-6 JPG格式静态图片的导入 （重点）

难　　度：★
工程文件：第1章\静态素材.jpg
在线视频：第1章\练习1-6 JPG格式静态图片的导入.avi

01 执行菜单栏中的File（文件）| Import（导入）| File命令，或按Ctrl + I组合键，也可以应用上面讲过的任意一种其他方法，打开Import File对话框，如图1.29所示。

02 在打开的Import File对话框中选择要导入的文件，然后单击"打开"按钮，即可将文件导入，此时从Project（项目）面板可以看到导入的图片效果。

图1.29 导入图片的过程及效果

> **提示**
>
> 有些常用的动态素材如 .avi .tif 格式的动态素材和不分层静态素材的导入方法与 JPG 格式静态图片的导入方法相同。另外，音频文件的导入方法也与常见不分层静态图片的导入方法相同，直接选择素材然后导入即可，导入后的素材文件将位于 Project（项目）面板中。

练习1-7 序列素材的导入 重点

| 难　　度：★★ |
| 工程文件：第1章\序列素材 |
| 在线视频：第1章\练习1-7 序列素材的导入 .avi |

01 执行菜单栏中的File（文件）| Import（导入）| File命令，或按Ctrl + I组合键，也可以应用上面讲过的任意一种其他方法，打开Import File（导入文件）对话框，在对话框的下面勾选Targa Sequence（序列图片）复选框，如图1.30所示。

02 单击"打开"按钮，可将图片以序列图片的形式导入，一般导入后的序列图片为动态视频文件，如图1.31所示。

图1.30　"导入"设置　　　　图1.31　导入效果

> **提示**
>
> 导入序列图片时，还可以从特定的位置开始导入某一段的序列效果，如从中间的某个图片开始。如果选择某个图片而不勾选Targa Sequence（序列图片）复选框，则导入的图片是静态的单一图片效果。

03 导入图片时，还将产生一个Interpret Footage（解释素材）对话框，在该对话框中可以对导入的素材图片进行通道的设置，主要用于设置通道的透明情况，如图1.32所示。

图1.32　Interpret Footage（解释素材）对话框

练习1-8 PSD格式素材的导入 难点

| 难　　度：★★★ |
| 工程文件：第1章\风车 .psd |
| 在线视频：第1章\练习1-8 PSD 格式素材的导入 .avi |

01 执行菜单栏中的File（文件）| Import（导入）| File命令，或按Ctrl + I组合键，也可以应用上面讲过的任意一种其他方法，打开Import File（导入文件）对话框，选择一个PSD格式的分层图片，如图1.33所示。该图片在Photoshop 软件中的图层分布效果如图1.34所示。

图1.33　导入文件　　　　图1.34　图层分布效果

02 单击"打开"按钮，打开一个以图层名命名的对话框，如图1.35所示。在该对话框中， 可以选择要导入的图层，可以是整个图层，也可以是某个单独图层。

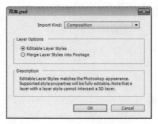

图1.35　"风车.psd"对话框

03 在导入类型中选择不同的选项，会有不同的导入效果。Footage（素材）、Composition（合成）和Composition-Cropped Layers（裁剪层合成）导入效果分别如图1.36、图1.37、图1.38所示。

图1.36 Footage（素材）导入效果

图1.37 Composition（合成）导入效果

图1.38 Composition-Cropped Layers（裁剪层合成）导入效果

提示

在导入类型中，分别选择 Composition（合成）和 Composition-Cropped Layers（裁剪层合成）导入素材，导入后的效果在项目面板中看似是一样的，

但是选择 Composition（合成）选项将 PSD 格式的素材导入项目面板中时，每层大小取文档大小；选择 Composition－Cropped Layer（裁剪层合成）选项将 PSD 格式的素材导入项目面板中时，取每层的非透明区域作为每层的大小，（即保留每层的非透明区域）。也就是说，Composition（合成）选项是以合成为大小，就是说你的层不管有多大，都是 720×576 的尺寸，Composition－Cropped Layer（裁剪层合成）选项是以图层本身为大小。

04 选择Footage（素材）导入类型时，Layer Options（图层选项）下面的两个选项处于可用状态，选择Merged Layers（合并图层）单选框，导入的图片将是所有图层合并后的效果；选择Choose Layer（选择图层）单选框，可以从其右侧的下拉列表中选择PSD分层文件的某个图层上的素材导入。

提示

Choose Layer（选择图层）右侧的下拉列表中的图层数量及名称，取决于在 Photoshop 软件中的图层及名称设置。

05 设置完成后单击OK（确定）按钮，即可将设置好的素材导入Project（项目）面板中。

1.4 素材的管理

使用 After Effects CS6 软件进行视频编辑时，由于有时需要大量的素材，而且导入的素材在类型上又各不相同，如果不加以归类，将对以后的操作造成很大的麻烦，这时就需要对素材进行合理分类与管理。

1.4.1 使用文件夹归类管理素材

1. 创建文件夹

虽然在制作视频编辑中应用的素材很多，但使用的素材还是有规律可循的，一般可以分为静态图像素材、视频动画素材、声音素材、标题字幕、合成素材等，有了这些素材规律，就可以创建一些文件夹放置相同类型的文件，以便于快速查找。

在 Project（项目）面板中创建文件夹的方法有多种。

执行菜单栏中的 File（文件）| New（新建）| New Folder（新建文件夹）命令，创建一个新的文件夹。

在 Project（项目）面板中右击，从弹出的快捷菜单中选择 New Folder（新建文件夹）命令。

在 Project（项目）面板的下方单击 Create a new Folder（创建一个新文件夹） 按钮。

练习1-9 重命名文件夹 重点

难　度:	★
工程文件:	无
在线视频:	第 1 章 \ 练习 1-9 重命名文件夹 .avi

新创建的文件夹将以系统未命名 1，2…的形式出现，为了便于操作，需要对文件夹重新命名。重命名的方法如下。

01 在Project（项目）面板中选择需要重命名的文件夹。

02 按键盘上的Enter键，激活输入框。

03 输入新的文件夹名称。图1.39所示为重命名文件夹后的效果。

图1.39 重命名文件夹后的效果

2. 素材的移动和删除

有时导入的素材或新建的图像并不是放置在对应的文件夹中，这时就需要对它进行移动，移动的方法很简单，只选择要移动的素材，然后将其拖动到对应文件夹上释放鼠标即可。

对于不需要的素材或文件夹，可以通过下列方法删除。

- 选择将要被删除的素材或文件夹，然后按键盘上的Delete键。
- 选择将要被删除的素材或文件夹，然后单击 Project（项目）面板下方的Delete selected project items（删除选择项目）按钮即可。
- 执行菜单栏中的File（文件）| Consolidate All Footage（删除所有重复导入的素材）命令，可以将Project（项目）面板中重复导入的素材删除。
- 执行菜单栏中的File（文件）| Remove Unused Footage（删除没有使用的素材）命令，可以将Project（项目）面板中没有应用到的素材全部删除。
- 执行菜单栏中的File（文件）| Reduce Project（减少项目）命令，可以将Project（项目）面板中选择对象以外的其他素材全部删除。

3. 素材的替换

在进行视频处理过程中，如果导入 After Effects CS6 软件中的素材不理想，可以通过替换方式修改，具体操作如下。

01 在Project（项目）面板中选择要替换的图片。

02 执行菜单栏中的File（文件）| Replace Footage（替换素材）| File（文件）命令，也可以直接在当前素材上右击，从弹出的快捷菜单中选择 Replace Footage（替换素材）| File（文件）命令。此时将打开Replace Footage File（替换素材文件）对话框。

03 在该对话框中选择一个要替换的素材，然后单击"打开"按钮。

1.4.2 添加素材 重点

下面详细讲解添加素材的方法，具体操作如下。

01 执行菜单栏中的Composition（合成）| New Composition（新建合成）命令，打开Composition Settings（合成设置）对话框并进行适当的参数设置，如图1.40所示。

图1.40 Composition Settings（合成设置）对话框

02 执行菜单栏中的File（文件）| Import（导入）| File（文件）命令，或按Ctrl + I组合键打开Import File（导入文件）对话框，然后选择一个合适的图片将其导入。

03 在Project（项目）面板中选择刚导入的素材，然后按住鼠标将其拖动到时间线面板中。拖动素材的过程如图1.41所示。

图1.41 拖动素材的过程

04 从图1.41中可以看到，当素材拖动到时间线面板中时，鼠标会有相应的变化，此时释放鼠标即可将素材添加到时间线面板中，如图1.42所示，这样，在合成窗口中也将看到素材的预览效果。

图1.42 添加素材后的效果

1.4.3 查看和移动素材

1. 查看素材

查看某个素材，可以在Project（项目）面板中直接双击这个素材，系统将根据不同类型的素材打开不同的浏览效果，如静态素材将打开Footage（素材）窗口，动态素材将打开对应的视频播放软件预览，静态和动态素材的预览效果分别如图1.43和图1.44所示。

图1.43 静态素材的预览效果

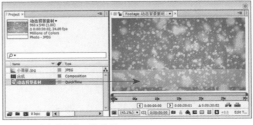

图1.44 动态素材的预览效果

如果想在 Footage（素材）窗口中显示动态素材，可以按住 Alt 键，然后在 Project（项目）面板中双击该素材。

2. 移动素材

默认情况下添加的素材起点都位于 00:00:00:00 帧的位置，如果想将起点位于其他时间帧的位置，可以通过拖动持续时间条的方法改变，拖动的效果如图 1.45 所示。

图1.45 移动素材

在拖动持续时间条时，不但可以将起点后移，也可以将起点前移，即持续时间条可以向前或向后随意移动。

1.4.4 设置入点和出点

视频编辑中角色的设置一般都有不同的出场顺序，有些贯穿整个影片，有些只显示数秒，这样就形成了角色的入点和出点的不同设置。所谓入点，就是影片开始的时间位置；所谓出点，就是影片结束的时间位置。设置素材的入点和出点，可以从 Layer（层）窗口或时间线面板中设置。

1. 从 Layer（层）窗口设置入点与出点

首先将素材添加到时间线面板，然后在时间线面板中双击该素材，打开该层对应的 Layer（层）窗口，如图 1.46 所示。

图1.46 Layer（层）窗口

在 Layer（层）窗口中拖动时间滑块到需要设置入点的位置，然后单击 Set In point to current time（在当前位置设置入点）按钮，即可在当前时间位置为素材设置入点。采用同样的方法，将时间滑块拖动到需要设置出点的位置，然后单击 Set Out point to current time（在当前位置设置出点）按钮，即可在当前时间位置为素材设置出点。入点和出点设置后的效果如图 1.47 所示。

图1.47 入点和出点设置后的效果

2. 从时间线面板设置入点与出点

在时间线面板中设置素材的入点和出点，首先也要将素材添加到时间线面板中，然后将光标放置在素材持续时间条的开始或结束位置，当光标变成双箭头时，向左或向右拖动鼠标，即可修改素材的入点或出点的位置。图 1.48 所示为修改入点的操作效果。

图1.48 修改入点的操作效果

1.5 知识拓展

本章首先讲解了 After Effects CS6 的操作界面，然后详细讲解了项目及合成文件的知识，为以后的动画学习打下坚实基础。

1.6 拓展训练

本章为读者朋友安排了 2 个拓展练习，以帮助大家巩固本章内容。

训练1-1 Project（项目）面板

◆实例分析

Project（项目）面板主要用来组织、管理动画素材。本例讲解 Project（项目）面板的使用技巧。

难　　度：★
工程文件：无
在线视频：第 1 章 \ 训练 1-1 Project（项目）面板 .avi

◆本例知识点

Project（项目）面板

训练1-2 Timeline（时间线）面板

◆实例分析

Timeline（时间线）面板是动画制作的操作台，After Effects CS6 中所有动画的制作几乎都在这里完成，下面讲解它的使用技巧。

难　　度：★ ★
工程文件：无
在线视频：第 1 章 \ 训练 1-2 Timeline（时间线）面板 .avi

◆本例知识点

Timeline（时间线）面板

课堂笔记

第 **2** 章

层及层基础动画

本章主要讲解层、灯光及摄像机的使用，重点讲解层属性的设置，包括定位点、位置、缩放和不透明度参数的应用知识，并通过几个具体的实例详细讲解这些功能的实战应用技巧。

教学目标

了解层的分类

了解灯光层的设置

掌握聚光灯的创建及设置

掌握重点层属性的动画制作

2.1 层的使用

在 After Effects CS6 软件中，层是进行特效添加和合成设置的场所，大部分的视频编辑都是在层上完成的，它的主要功能是方便图像处理操作以及显示或隐藏当前图像文件中的图像，还可以进行图像不透明度、模式设置以及图像特殊效果的处理等，方便设计者对其图像的组合一目了然，并且可非常容易地对图像进行编辑和修改。

2.1.1 层的类型介绍

在编辑图像的过程中，运用不同的图层类型产生的图像效果也各不相同。 After Effects 软件中的图层类型主要有素材层、文字（Text）层、固态（Solid）层、灯光（Light）层、摄像机（Camera）层、虚拟物体（Null Object）层和调节层（Adjustment Layer），如图 2.1 所示。下面分别对其进行讲解。

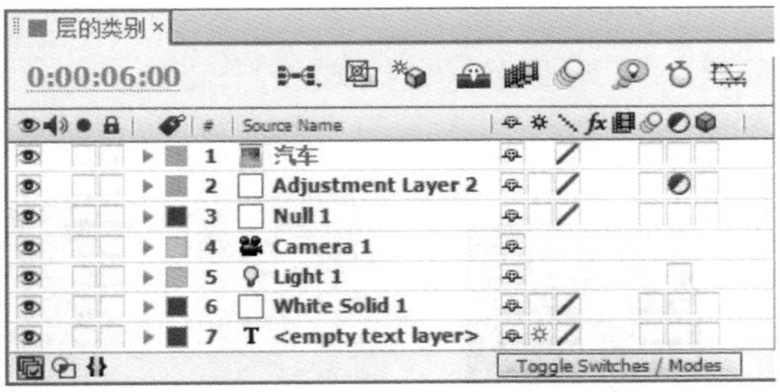

图2.1 常用图层说明

1. 素材层

素材层主要包括从外部导入 After Effects CS6 软件中，然后添加到时间线面板中的素材形成的层；其实，文字层、固态层等也可以称为素材层，这里为了更好地说明，将素材层分离了出来，以便更好地理解。

2. 文字层

在工具栏中选择文字工具，或执行菜单栏中的 Layer（层）| New（新建）| Text（文字）命令，都可以创建一个文字层。当选择 Text（文字）命令后，Composition（合成）窗口中将出现一个闪动的光标符号，此时可以应用相应的输入法直接输入文字。

文字层主要用来输入横排或竖排的说明文字，用来制作如字幕、影片对白等文字性的东西，它是影片中不可缺少的部分。

3. 固态层

执行菜单栏中的 Layer（层）| New（新建）| Solid（固态层）命令，即可创建一个固态层，它主要用来制作影片中的蒙版效果，有时添加特效制作出影片的动态背景，当选择 Solid（固态层）命令时，将打开 Solid Settings（固态层设置）对话框，如图 2.2 所示。在该对话框中，可以对固态层的名称、大小、颜色等参数进行设置。

图2.2 Solid Settings（固态层设置）对话框

4. 灯光层

执行菜单栏中的 Layer（层）| New（新建）| Light（灯光）命令，将打开 Light Settings（灯光设置）对话框，在该对话框中可以通过 Light Type（灯光类型）创建不同的灯光效果。灯光设置对话框如图2.3所示。

图2.3 Light Settings（灯光设置）对话框

5. 摄像机层

执行菜单栏中的 Layer（层）| New（新建）| Camera（摄像机）命令，将打开 Camera Settings（摄像机设置）对话框。在该对话框中可以设置摄像机的名称、缩放、视角、镜头类型等多种参数。摄像机设置对话框如图2.4所示。

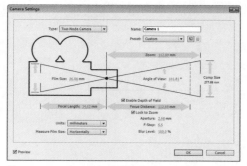

图2.4 Camera Settings（摄像机设置）对话框

摄像机是 After Effects CS6 中制作三维景深效果的重要工具之一，配合灯光的投影可以轻松实现三维立体效果，通过设置摄像机的焦距、景深、缩放等参数，可以使三维效果更加逼真。

摄像机具有方向性，可以直接通过拖动摄像机和目标点改变摄像机的视角，从而更好地操控三维画面。工具栏中包含众多的摄像机控制工具，使得摄像机的应用更加理想。图2.5所示为创建 Camera（摄像机）后，经过调整参数，素材在4个 View（视图）中的显示效果。

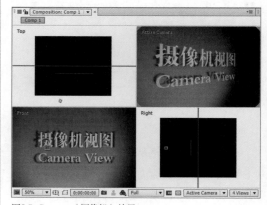

图2.5 Camera（摄像机）效果

6. 虚拟物体层

执行菜单栏中的 Layer（层）| New（新建）| Null Object（虚拟物体）命令，在时间线面板中将创建一个虚拟物体。

虚拟物体是一个线框体，它有名称和基本的参数，但不能渲染。它主要用于层次链接，辅助多层同时变化，通过它可以与不同的对象链接，也可以将虚拟对象用作修改的中心。当修改虚拟对象参数时，其链接的所有子对象与它一起变化。通常，虚拟对象使用这种方式设置链接运动的动画。

虚拟对象的另一个常用用法是在摄影机的动画中。可以创建一个虚拟对象并且在虚拟对象内定位目标摄影机。然后可以将摄影机和其目标链接到虚拟对象，并且使用路径约束设置虚拟对象的动画。摄影机将沿路径跟随虚拟对象运动。

7. Adjustment Layer（调节层）

执行菜单栏中的 Layer（层）| New（新建）| Adjustment Layer（调节层）命令，在时间线面板中将创建一个 Adjustment Layer（调节层）。

调节层主要辅助场景影片进行色彩和特效的调整，创建调节层后，直接在调节层上应用特效，可以对调节层下方的所有图层同时产生该特效，这样就避免了不同图层应用相同特效时逐个设置的烦琐操作。

2.1.2　修改灯光层　重点

创建灯光后，如果再想对灯光的参数进行修改，可以在时间线面板中双击该灯光，再次打开 Light Settings（灯光设置）对话框，对灯光的相关参数进行修改。

灯光是基于计算机的对象，其模拟灯光，如家用或办公室灯、舞台和电影工作时使用的灯光设备以及太阳光本身。不同种类的灯光对象可用不同的方式投射灯光、用于模拟真实世界不同种类的光源。在 Light Type（灯光类型）右侧的下拉菜单中包括 4 种灯光类型，分别为 Parallel（平行光）、Spot（聚光）、Point（点光）、Ambient（环境光），应用不同的灯光将产生不同的光照效果。

- **Parallel（平行光）**：平行光主要用于模拟太阳光，当太阳在地球表面上投射时，所有平行光以一个方向投射平行光线，光线亮度均匀，没有明显的亮暗分别。平行光具有一定的方向性，还具有投射阴影的能力，选择平行光后，可以看到一条直线，连接灯光和目标点，可以移动目标点，改变灯光照射的方向。图2.6所示为选择Parallel（平行光）后，经过调整参数后，素材在4个View（视图）中的显示效果。

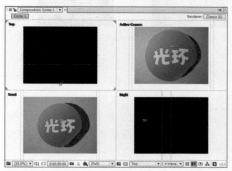

图2.6　Parallel（平行光）效果

> **提示**
>
> 在应用灯光的投影效果时，要打开 Light Settings（灯光设置）对话框中的 Casts Shadows（投射阴影）复选框。在要投射阴影的层中，打开 Material Options（材质选项）下的 Casts Shadows（投射阴影）参数，即启动为 On（打开）。在接受投影的层中，打开 Material Options（材质选项）下的 Accepts Shadows（接受阴影）参数，即启动为 On（打开），这样才能看到投影效果。

- **Spot（聚光）**：聚光灯有时也叫目标聚光灯，像舞台上的投影灯一样投射聚焦的光束。可以通过Cone Angle（锥形角度）参数和Cone Feather（锥角柔化）改变聚光灯的照射范围和边缘柔和程度，可以在Composition（合成）窗口中通过拖动聚光灯和目标点改变聚光灯的位置和照射效果。选择Spot（聚光）灯，可以看到聚光灯和目标点，聚光灯不但具有方向性，并可以投身阴影，还具有范围性，并可以通过Light Settings（灯光设置）对话框中的Shadow Darkness（阴影深度）和Shadow Diffusion（阴影扩散）调整阴影颜色的浓度和阴影的柔和程度。图2.7所示为选择

Spot（聚光），经过调整参数后，素材在4 个
View（视图）中的显示效果。

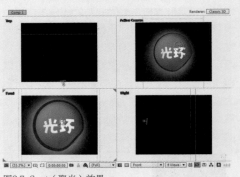

图2.7 Spot（聚光）效果

- **Point（点光）**：点光模拟点光源从单个光源
向各个方向投射光线。类似于家庭中常见的灯
泡，点光没有方向性，但具有投射阴影的能
力，点光的强弱与距离物体的远近有关，具有
近亮远暗的特点，即离点近的地方更亮些，离
点远的地方会暗些。如图2.8所示为选择Point
（点光），经过调整参数后，素材在View（视
图）中的显示效果。

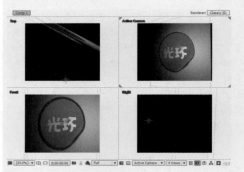

图2.8 Point（点光）效果

- **Ambient（环境光）**：它与Parallel（平行
光）非常相似，但Ambient（环境光）没有光
源可以调整，没有明暗的层次感，直接照亮所
有对象，不具有方向性，也不能投射阴影，一
般只用来加亮场景，与其他灯光混合使用。图
2.9所示为选择Ambient（环境光），经过调整
参数后，素材在4个View（视图）中的显示
效果。

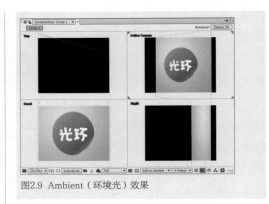

图2.9 Ambient（环境光）效果

练习2-1 聚光灯的创建及投影设置 （难点）

难　　度：	★ ★ ★

工程文件：第2章\黑色闹钟.psd

在线视频：第2章\练习2-1 聚光灯的创建及投影设置.avi

通过对上面知识的学习，读者应该可以理
解灯光的基本知识。下面通过实例讲解聚光灯
的创建及投影设置，以加深对灯光创建及阴影
表现的理解。

01 导入素材。执行菜单栏中的File（文件）|
Import（导入）| File（文件）命令，或按Ctrl + I
组合键，打开Import File（导入文件）对话框，
选择配套资源中的"工程文件\ 第2章\黑色闹钟
.psd"文件。

02 在Import File（导入文件）对话框中单击
"打开"按钮，打开"黑色闹钟.psd"对话框，
在Import Kind（导入类型）右侧的下拉菜单中选
择Composition（合成）命令，如图2.10
所示。

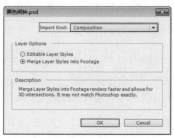

图2.10 选择合成

03 单击OK（确定）按钮，将素材导入到Project（项目）面板中，导入后的合成素材效果如图2.11所示。从图2.11中可以看到导入的合成文件"黑色闹钟"和一个文件夹。

图2.11 导入的素材效果

04 在Project（项目）面板中双击黑色闹钟合成文件，从Composition（合成）窗口可以看到层素材的显示效果，如图2.12所示。

图2.12 层素材的显示效果

05 在时间线面板中单击"闹钟"和"背景"层右侧的三维层开关位置，打开这两个层的三维属性，如图2.13所示。

图2.13 打开三维属性

> **提示**
>
> 灯光和摄像机一样，只能在三维层中使用，所以，在应用灯光和摄像机时，一定要先打开层的三维属性。

06 执行菜单栏中的Layer（层）| New（新建）| Light（灯光）命令，打开Light Settings（灯光设置）对话框，在该对话框中设置灯的Name（名称）为"聚光灯01"，设置Light Type（灯光类型）为Spot（聚光灯），其他设置如图2.14所示。

图2.14 Light Settings（灯光设置）对话框

07 单击OK（确定）按钮，即可创建一个聚光灯，此时从Composition（合成）窗口中可以看到创建聚光灯后的效果，如图2.15所示。

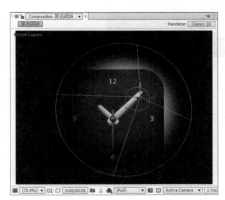

图2.15 聚光灯效果

> **提示**
>
> 创建灯光时，如果不为灯光命名，灯光将默认按Light 1、Light 2、…依次命名，这与摄像机、固态层、虚拟物体等的创建名称方法相同。

08 切换视图。首先，为了更好地观察视图，将视图切换为4个View（视图），在Composition（合成）窗口中单击其下方的Select View Layout（选择视图布局） 1 View ▼ 按钮，然后从弹出的快捷菜单中选择4 Views（视图）命令，如图2.16

所示。

图2.16 选择4 Views（4视图）命令

09 应用4 Views（视图）命令后，Composition（合成）窗口中将出现4个窗口。

10 下面设置投影。因为灯光的照射比较直接，首先改变一下聚光灯的方向，在动态摄像机视图中选择聚光灯，然后按住鼠标拖动，将其改变一定的位置，如图2.17所示。

图2.17 修改摄像机位置

11 因为两个层距离很近，不容易看出投影效果，所以在"聚光灯01"层中修改它的Position（位置）z轴的值为-20。因为其为投影层，设置Material Options（材质选项）下的Casts Shadows（投射阴影）为打开状态。在"背景"层中，因为其为接受投影层，所以设置Material Options（材质选项）下的Accepts Shadows（接受阴影）为打开状态，如图2.18所示。

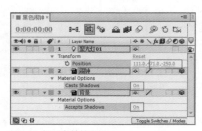

图2.18 投影参数的设置

12 参数设置完成后，从Composition（合成）窗口中就可以清楚地看到黑色闹钟的投影效果了，如图2.19所示。这样就完成了聚光灯的创建及投影的设置过程。

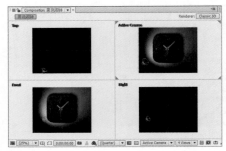

图2.19 投影效果

2.1.3 查看当前视图

如果想查看当前视图为哪个视图，可以直接单击该窗口，Composition（合成）窗口下方的 3D View Popup（3D 视图）[Active Camera ▼] 区域将显示该窗口的视图名称，如果想要改变该视图，可以单击 3D View Popup（3D 视图）[Active Camera ▼] 按钮，从弹出的快捷菜单中选择某个视图即可。

01 下面设置投影。因为灯光的照射比较直接，首先改变一下聚光灯的方向，在动态摄像机视图中选择聚光灯，然后按住鼠标拖动，将其改变一定的位置，如图2.20所示。

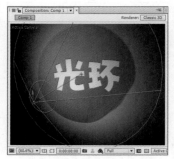

图2.20 修改摄像机位置

02 因为两个图层距离很近，不容易看出投影效果，所以在"光环"层中修改它的Position（位置）z轴的值为-50。因为其为投影层，设置

Material Options（材质选项）下的Casts Shadows（投射阴影）为打开状态。在"背景"层中，因为其为接受投影层，所以在"光环""背景"设置Material Options（材质选项）下的Accepts Shadows（接受阴影）为打开状态，如图2.21所示。

图2.21 投影参数的设置

03 参数设置完成后，从Composition（合成）窗口中可以清楚地看到光环的投影效果，如图2.22所示。这样就完成了聚光灯的创建及投影的设置过程。

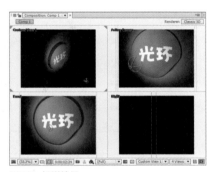

图2.22 投影效果

2.1.4 摄像机视图

在三维合成中，可以使用不同的视角预览合成中的效果。在三维图层的角度或位置不变的情况下，如果视角发生变化，其合成中的效果也会发生相应的改变。其中视角可以由建立和创建三维摄像机实现。

在Composition（合成）窗口下方视图类型的下拉列表中可以选择不同的视图方式，如图2.23所示。

图2.23 摄像机的视图类型

- **Active Camera（活动摄像机）**：即当前时间线面板中使用的摄像机，如图时间线面板中还未建立摄像机，系统会使用一个默认的摄像机视图。
- **Front（前视图）**：从正前方的视角观看，这是一个正视图的视角，不会显示出图像的透视效果。
- **Left（左视图）**：从左侧观看的正视图。
- **Top（顶视图）**：从顶部观看的正视图。
- **Back（后视图）**：从后方观看的正视图。
- **Right（右视图）**：从右侧观看的正视图。
- **Bottom（底视图）**：从底部观看的正视图。
- **Custom View1（自定义视图1）**：从左上方观看的一个自定义的透视图。
- **Custom View2（自定义视图2）**：从上前方观看的一个自定义的透视图。
- **Custom View3（自定义视图3）**：从右上前方观看的一个自定义的透视图。

这些就是After Effects CS6预设的视图方式，第一个Active Camera（活动摄像机）为默认的摄像机视图，Front、Left、Top、Back、Right、Bottom这几个视图为正交视图（或称为直角视图）。Custom View1（自定义视图1）、Custom View2（自定义视图2）、Custom View3（自定义视图3）是以透视的方式显示合成中的图层。

2.1.5 层的基本操作

层是 After Effects CS6 软件的重要组成部分，几乎所有的特效及动画效果都是在层中完成的，特效的应用首先要添加到层中，才能制作出最终效果。层的基本操作包括创建层、选择层、层顺序的修改、查看层列表、层的自动排序等，掌握这些基本的操作，才能更好地管理层，并应用层制作优质的影片效果。

1. 创建层

层的创建非常简单，只将导入 Project（项目）面板中的素材拖动到时间线面板中即可创建层，如果同时拖动几个素材到 Project（项目）面板中，就可以创建多个层。也可以双击导入的合成文件打开一个合成文件，这样也可以创建层。

> **提示**
>
> 在时间线面板中由于素材层种类不同，层的颜色也会有所区别。在时间线面板中，使用鼠标单击层的开始和结束部分，然后拖动鼠标，这样操作可以缩短或延长层的长度，如图 2.24 所示。

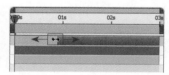

图2.24 层长度

> **提示**
>
> 单击层的中间部分可以移动层，能够对层的起始显示部分进行调整，如需层向后摆放，则向右拖动鼠标，反之亦然，如图 2.25 所示。

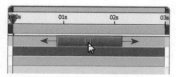

图2.25 层位置

2. 选择层

要想编辑层，首先要选择层。选择层可以在时间线面板或 Composition（合成）窗口中完成。

如果要选择某一个层，可以在时间线面板中直接单击该层名称位置，也可以在 Composition（合成）窗口中单击该层中的任意素材图像。

如果要选择多个层，可以在按住 Shift 键的同时，选择连续的多个层；也可以按住 Ctrl 键依次单击要选择的层名称位置，这样可以选择多个不连续的层。如果选择错误，可以按住 Ctrl 键再次选择层名称位置，取消该层的选择。

如果要选择全部层，可以执行菜单栏中的 Edit（编辑）| Select All（选择全部）命令，或按 Ctrl + A 组合键；如果要取消层的选择，可以执行菜单栏中的 Edit（编辑）| Deselect All（取消全部）命令，或在时间线面板中的空白处单击，即可取消层的选择。

选择多个层还可以从时间线面板中的空白处单击拖动一个矩形框，与框有交叉的层将被选择，如图 2.26 所示。

图2.26 框选层效果

3. 删除层

有时由于操作错误，可能会产生多余的层，这时需要将其删除。删除层的方法十分简单，首先选择要删除的层，然后执行菜单栏中的 Edit（编辑）| Clear（清除）命令，或按 Delete 键，即可将层删除图 2.27 所示为删除层前后的效果。

图2.27 删除层前后的效果

4. 层的顺序

应用 Layer（层）| New（新建）下的子命令，或其他方法创建新层时，新创建的层都位于所有层的上方，但有时根据场景的安排，需要将层进行前后移动，这时就要调整层顺序，在时间线面板中，通过拖动可以轻松完成层的顺序修改。

选择某个层后，按住鼠标拖动它到需要的位置，当出现一个黑色的长线时释放鼠标，即可改变层顺序，拖动的效果如图2.28所示。

图2.28 修改层顺序

改变层顺序，还可以应用菜单命令。Layer（层）菜单中包含多个移动层的命令，分别为

- **Bring Layer to Front（移到顶部）：** 将选择层移动到所有层的顶部，组合键"Ctrl + Shift +]"。
- **Bring Layer Forward（上移一层）：** 将选择层向上移动一层，组合键"Ctrl +]"。
- **Send Layer Backward（下移一层）：** 将选择层向下移动一层，组合键"Ctrl + ["。
- **Send Layer to Back（移动底层）：** 将选择层移动到所有层的底部，组合键"Ctrl + Shift + ["。

5. 层的复制与粘贴

"复制"命令可以将相同的素材快速重复使用，选择要复制的层后，执行菜单栏中的 Edit（编辑）| Copy（复制）命令，或按"Ctrl + C"组合键，可以复制层。

在需要的合成中执行菜单栏中的 Edit（编辑）| Paste（粘贴）命令，或按"Ctrl + V"组合键，即可粘贴层，粘贴的层将位于当前选择层的上方。

另外，还可以应用"副本"命令复制层，执行菜单栏中的 Edit（编辑）| Duplicate（副本）命令，或按"Ctrl + D"组合键，快速复制一个位于所选层上方的同名副本层，如图2.29所示。

图2.29 制作副本前后的效果

提示

Duplicate（副本）、Copy（复制）和 Paste（粘贴）的不同之处在于：Duplicate（副本）命令只能在同一个合成中完成副本的制作，不能跨合成复制；而 Copy（复制）和 Paste（粘贴）命令可以在不同的合成中完成复制。

6. 序列层

序列层就是将选择的多个层按一定的次序进行自动排序，并根据需要设置排序的重叠方式，还可以通过持续时间设置重叠的时间，选择多个层后，执行菜单栏中的 Animation（动画）| Keyframe Assistant（关键帧助理）| Sequence Layers（层序列）命令，打开 Sequence Layers（层序列）对话框，如图2.30所示。

图2.30 Sequence Layers（层序列）对话框

通过不同的参数设置，将产生不同的层过渡效果。Off（直接过渡）表示不使用任何过渡效果，直接从前素材切换到后素材；Dissolve Front Layer（前层渐隐）表示前素材逐渐透明消失，后素材出现；Cross Dissolve Front and Back Layers（交叉渐隐）表示前素材和后素材以交叉方式渐隐过渡。

2.2 层属性设置

时间线面板中，每个层都有相同的基本属性设置，包括层的定位点、位置、缩放、旋转和透明度，这些常用层属性是进行动画设置的基础，也是修改素材比较常用的属性设置，它是掌握基础动画制作的关键。

2.2.1 层列表

当创建一个层时，层列表也相应出现，应用的特效越多，层列表的选项就越多，层的大部分属性修改、动画设置，都可以通过层列表中的选项完成。

层列表具有多重性，有时一个层的下方有多个层列表，应用时可以一一展开进行属性的修改。

展开层列表，可以单击层前方的 ▶ 按钮，当 ▶ 按钮变成 ▼ 状态时，表明层列表被展开，如果单击 ▼ 按钮，使其变成 ▶ 状态时，表明层列表被关闭。图2.31所示为层列表的显示效果。

图2.31 层列表的显示效果

提示

在层列表中，还可以快速应用组合键打开相应的属性选项。如按 A 键可以打开 Anchor Point（定位点）选项；按 P 键可以打开 Position（位置）选项等。详细使用可参考本书后面的附录内容。

2.2.2 Anchor Point（定位点）

Anchor Point（定位点）主要用来控制素材的旋转中心，即素材的旋转中心点位置，默认的素材定位点位置一般位于素材的中心位置。在 Composition（合成）窗口中选择素材后，可以看到一个 ✦ 标记，这就是定位点，如图2.32所示。

定位点在标志中间的旋转效果

定位点不在标志中间的旋转效果

图2.32 定位点关于标志旋转效果

定位点的修改可以通过下面3种方法完成。

- **方法1：** 应用工具 。首先选择当前层，然后单击工具栏中的 工具按钮，或按Y键，将鼠标移动到Composition（合成）窗口中，拖动定位点 ✦ 到指定的位置释放鼠标即可，如图2.33所示。

图2.33 移动定位点过程

- **方法2：** 输入修改。单击展开当前层列表，或按A键，将光标移动到Anchor Point（定位点）右侧的数值上，当光标变成 ![] 状时，按住鼠标拖动即可修改定位点的位置，如图2.34所示。

图2.34 拖动修改定位点位置

- **方法3：** 利用对话框修改。通过Edit Value（编辑值）修改。展开层列表后，在Anchor Point（定位点）上右击，从弹出的菜单中选择Transform（变换）命令，打开Anchor Point（定位点）对话框，如图2.35所示。

图2.35 Anchor Point（定位点）对话框

2.2.3 Position（位置）

Position（位置）用来控制素材在Composition（合成）窗口中的相对位置，为

了获得更好的效果，可将 Position（位置）和 Anchor Point（定位点）参数结合起来应用，它的修改也有 3 种方法。

- **方法1：** 直接拖动。在时间线或Composition（合成）窗口中选择素材，然后使用Selection Tool（选择工具）![] 按钮，或按V键，在Composition（合成）窗口中按住鼠标拖动素材到合适的位置，如图2.36所示。如果按住Shift键拖动，可以将素材沿水平或垂直方向移动。

图2.36 修改素材位置

- **方法2：** 组合键修改。选择素材后，按键盘上的方向键修改位置，每按1次，素材将向相应方向移动1个像素，如果辅助Shift键，素材将向相应方向1次移动10个像素。
- **方法3：** 输入修改。单击展开层列表，或直接按P键，然后单击Position（位置）右侧的数值，激活后直接输入数值修改素材位置。也可以在Position（位置）上右击，从弹出的菜单中选择Edit Value（编辑值）命令，打开Position（位置）对话框重新设置参数，以修改素材位置，如图2.37所示。

图2.37 Position（位置）对话框

练习2-2 位移动画

难　度：★★
工程文件：第 2 章 \ 位移动画
在线视频：第 2 章 \ 练习 2-2 位移动画 .avi

通过修改素材的位置，可以轻松地制作出精彩的位置动画效果，下面制作一个位置动画效果，通过该实例的制作，学习帧时间的调整方法，了解关键帧的使用，掌握路径的修改技巧。

01 打开工程文件。执行菜单栏中的File（文件）| Open Project（打开项目）命令，打开"打开"对话框，选择配套资源中的"工程文件 \ 第2章\ 位置动画 \ 位移动画练习.aep"文件。

02 将时间调整到00:00:00:00的位置，在时间线面板中使用Ctrl加选选择"夏""天""来"和"了"4个文字层，然后按P键展开Position（位置），单击4个图层的Position（位置）左侧的码表按钮，在当前时间设置关键帧，并且修改Position（位置）的值，"夏"层的Position（位置）为（220，445，10000），"天"层的Position（位置）为（330，445，10000），"来"层的Position（位置）为（440，445，10000），"了"层的Position（位置）为（550，445，10000），如图2.38所示。

图2.38 设置关键帧

03 添加完关键帧位置后，素材的位置也将跟着变化，此时，Composition（合成）窗口中的素材效果如图2.39所示。

图2.39 素材的变化效果

04 将时间调整到00:00:01:00的位置。修改Position（位置）的值，"夏"层的Position

（位置）为（220，380，-300），单击"天"层的Position（位置）左侧的记录关键帧按钮，在当前时间设置关键帧，但不修改Position（位置）的值，如图2.40所示。

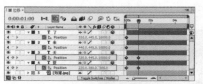

图2.40 修改位置添加关键帧

05 修改完关键帧位置后，素材的位置也将跟着变化，此时Composition（合成）窗口中的素材效果如图2.41所示。

图2.41 素材的变化效果

06 将时间调整到00:00:02:00的位置。修改Position（位置）的值，"天"层的Position（位置）为（330，380，-300），单击"来"层的Position（位置）左侧的记录关键帧按钮，在当前时间设置关键帧，但不修改Position（位置）的值，如图2.42所示。

图2.42 关键帧位置设置及图像效果1

07 将时间调整到00:00:03:00的位置。修改Position（位置）的值，"来"层的Position（位置）为（440，380，-300），单击"了"层的Position（位置）左侧的记录关键帧 ⌃ 按钮，在当前时间设置关键帧，但不修改Position（位置）的值，如图2.43所示。

图2.43 关键帧位置设置及图像效果2

08 将时间调整到00:00:04:00的位置。修改Position（位置）的值，"了"层的Position（位置）为（550，380，-300），如图2.44所示。

图2.44 关键帧位置设置及图像效果3

09 这样就完成了位置动画的制作，按空格键或小键盘上的0键，可以预览动画的效果，其中的几帧画面如图2.45所示。

图2.45 位置动画效果

2.2.4 Scale（缩放）

　　缩放属性用来控制素材的大小，可以通过直接拖动的方法改变素材大小，也可以通过修改数值改变素材的大小。利用负值的输入，还可以使用缩放命令翻转素材，修改的方法有以下3种。

● **方法1**：直接拖动缩放。在Composition（合成）窗口中使用Selection（选择）工具选择素材，可以看到素材上出现8个控制点，拖动控制点就可以完成素材的缩放。其中，4个角的点可以水平、垂直同时缩放素材；两个水平中间的点可以水平缩放素材；两个垂直中间的点可以垂直缩放素材，如图2.46所示。

图2.46 缩放效果

● **方法2**：输入修改。单击展开层列表，或按S键，然后单击Scale（缩放）右侧的数值，激活后直接输入数值修改素材大小，如图2.47所示。

图2.47 修改数值

- **方法3:** 利用对话框修改。展开层列表后,在Scale(缩放)上右击,从弹出的菜单中选择Transform(变换)命令,打开Scale(缩放)对话框,如图2.48所示,在该对话框中设置新的数值即可。

图2.48 Scale(缩放)对话框

练习2-3 缩放动画

难　　度:	★
工程文件:	第2章\缩放动画
在线视频:	第2章\练习2-3 缩放动画.avi

下面通过实例讲解缩放动画的应用方法,通过本例的学习,掌握关键帧的复制和粘贴方法,掌握缩放动画的制作技巧。

01 执行菜单栏中的File(文件)| Open Project(打开项目)命令,打开"打开"对话框,选择配套资源中的"工程文件\第2章\缩放动画\缩放动画练习.aep"文件。

02 将时间调整到00:00:00:00的位置,在时间线面板中选择"车"层,然后按S键,展开Scale(缩放)属性,单击Scale(缩放)属性左侧的码表按钮,在当前时间设置一个关键帧,修改Scale(缩放)的值为(25,25),如图2.49所示。

图2.49 修改缩放值

03 保持时间在00:00:00:00的位置,然后按P键,展开Position(位置),修改Position(位置)的值为(663,384),如图2.50所示。

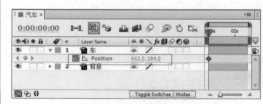

图2.50 00:00:02:00帧时间参数设置

04 将时间调整到00:00:02:24的位置,在时间线面板中选择"车"层,然后按U键,展开已经记录关键帧的属性,修改Position(位置)的值为(648,420),修改Scale(缩放)的值为(100,100),如图2.51所示。

图2.51 修改缩放值

05 这样就完成了缩放动画的制作,按空格键或小键盘上的0键,可以预览动画的效果,其中的几帧画面如图2.52所示。

图2.52 缩放动画效果

2.2.5 Rotation（旋转）

旋转属性用来控制素材的旋转角度，依据定位点的位置，使用旋转属性，可以使素材产生相应的旋转变化。旋转操作可以通过以下3种方式进行。

• **方法1**：利用工具旋转。首先选择素材，然后单击工具栏中的Rotation Tool（旋转工具）按钮，或按W键，选择旋转工具，然后移动鼠标到Composition（合成）窗口中的素材上，可以看到光标呈状，光标放在素材上直接拖动鼠标即可旋转素材，如图2.53所示。

图2.53 旋转操作效果

• **方法2**：输入修改。单击展开层列表，或按R键，然后单击Rotation（旋转）右侧的数值，激活后直接输入数值修改素材旋转度数，如图2.54所示。

图2.54 输入数值修改旋转度数

提示

旋转的数值不同于其他数值，它的表现方式为0×+0.0，这里，加号前面的0×表示旋转的周数，如旋转1周，输入1×，即旋转360，旋转2周，输入2×，以此类推。加号后面的0.0表示旋转的度数，它是一个小于360°的数值，如输入30.0，表示将素材旋转30°。输入正值，素材将按顺时针方向旋转；输入负值，素材将按逆时针旋转。

• **方法3**：利用对话框修改。展开层列表后，在Rotation（旋转）上右击，从弹出的菜单中选择Transform（变换）命令，打开Rotation（旋转）对话框，如图2.55所示，在该对话框中设置新的数值即可。

图2.55 Rotation（旋转）对话框

练习2-4 旋转动画

难　　度：★★
工程文件：第2章\旋转动画
在线视频：第2章\练习2-4 旋转动画.avi

下面通过旋转属性修改表针的旋转效果。通过配合的制作，学习旋转属性的设置技巧。

01 执行菜单栏中的File（文件）| Open Project（打开项目）命令，打开"打开"对话框，选择配套资源中的"工程文件\第2章\旋转动画\旋转动画练习.aep"文件。

02 将时间调整到00:00:00:00的位置，在时间线面板中选择"分针"层，再按键盘上的R键，打开Rotation（旋转）属性，单击左侧的码表按钮，在当前时间设置一个关键帧，再将"分针"层的Rotation（旋转）的数值设置为-52，如图2.56所示。

图2.56 00:00:00:00帧位置参数设置

03 保持时间在00:00:00:00的位置，选择"时钟"层，再按键盘上的R键，打开Rotation（旋转）属性，单击左侧的码表按钮，在当前时间设置一个关键帧，再将"分针"层的Rotation

（旋转）的数值设置为112，如图2.57所示。

图2.57 00:00:00:00帧时间参数设置

04 将时间调整到00:00:04:24的位置，在时间线面板中修改"分针"层Rotation（旋转）的值为1X+308，修改"时针"层Rotation（旋转）的值为172。

05 这样就完成了旋转动画的制作，按空格键或小键盘上的0键，可以预览动画的效果，其中的几帧画面如图2.58所示。

图2.58 旋转动画其中的几帧画面效果

2.2.6 Opacity（透明度）重点

透明度属性用来控制素材的透明程度。一般来说，除了包含通道的素材具有透明区域，其他素材都以不透明的形式出现，要想使素材透明，就要使用透明度属性修改。透明度的修改方式有以下两种。

- **方法1**：输入修改。单击展开层列表，或按T键，然后单击Opacity（不透明度）右侧的数值，激活后直接输入数值修改素材透明度，如图2.59所示。

图2.59 修改透明数值

- **方法2**：利用对话框修改。展开层列表后，在

Opacity（不透明度）上右击，从弹出的菜单中选择Edit Value（编辑值）命令，打开Opacity（不透明度）对话框，如图2.60所示，在该对话框中设置新的数值即可。

图2.60 Opacity（透明度）对话框

练习2-5 不透明度动画

难　　度：	★
工程文件：第2章\不透明度动画	
在线视频：第2章\练习2-5 不透明度动画.avi	

前面讲解了透明度应用的基本知识，下面通过实例详细讲解透明度动画的制作过程，通过本实例的制作，掌握透明度的设置方法及动画制作技巧。

01 执行菜单栏中的File（文件）| Open Project（打开项目）命令，打开"打开"对话框，选择配套资源中的"工程文件\第2章\不透明度动画\不透明度动画练习.aep"文件。

02 将时间调整到00:00:00:00的位置，在时间线面板中，使用Ctrl键加选进行选"夏""天""来"和"了"4个文字层，然后按T键，展开Opacity（不透明度），单击4个图层的Opacity（不透明度）左侧的码表按钮，在当前时间设置关键帧，并且修改Opacity（不透明度）的值，"夏"层的Opacity（不透明度）为0，"天"层的Opacity（不透明度）为0，"来"层的Opacity（不透明度）为0，"了"层的Opacity（不透明度）为0，如图2.61所示。

图2.61 设置关键帧

03 添加完关键帧位置后，素材的位置也将跟着变化，此时Composition（合成）窗口中的素材效果如图2.62所示。

图2.62 素材的变化效果

04 将时间调整到00:00:01:00的位置。修改Opacity（不透明度）的值，"夏"层的Opacity（不透明度）为100%，单击"天"层的Opacity（不透明度）左侧的记录关键帧 按钮，在当前时间设置关键帧，但不修改Opacity（不透明度）的值，如图2.63所示。

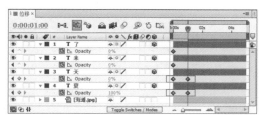

图2.63 修改位置添加关键帧

05 修改完关键帧位置后，素材的位置也将跟着变化，此时Composition（合成）窗口中的素材效果如图2.64所示。

图2.64 素材的变化效果

06 将时间调整到00:00:02:00的位置。修改Opacity（不透明度）的值，"天"层的Opacity（不透明度）为100%，单击"来"层的Opacity（不透明度）左侧的记录关键帧 按钮，在当前时间设置关键帧，但不修改Opacity（不透明度）的值，如图2.65所示。

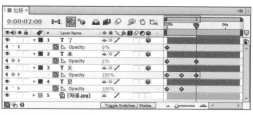

图2.65 关键帧位置设置及图像效果1

07 将时间调整到00:00:03:00的位置。修改Opacity（不透明度）的值，"来"层的Opacity（不透明度）为100%，单击"了"层的Position（位置）左侧的记录关键帧 按钮，在当前时间设置关键帧，但不修改Opacity（不透明度）的值，如图2.66所示。

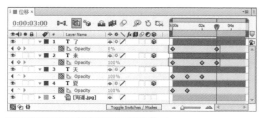

图2.66 关键帧位置设置及图像效果2

08 将时间调整到00:00:04:00的位置。修改Opacity（不透明度）的值，"了"层的Opacity（不透明度）为100%，如图2.67所示。

的几帧画面如图2.68所示。

图2.67 关键帧位置设置及图像效果3

09 这样就完成了不透明度动画的制作，按空格键或小键盘上的0键，可以预览动画的效果，其中

图2.68 位置动画效果

2.3 知识拓展

　　本章主要讲解基础动画的控制。After Effects CS6 最基本的动画制作离不开位置、缩放、旋转、不透明度和定位点的设置，本章就从基础入手，让零起点读者轻松起步，迅速掌握动画制作核心技术，掌握 After Effects CS6 动画制作的技巧。

2.4 拓展训练

　　本章通过 3 个课后习题，着重讲解 Position（位置）、Rotation（旋转）属性的动画应用。

训练2-1 位移动画

◆实例分析

　　通过修改素材的位置，可以很轻松地制作出精彩的位置动画效果。下面就来制作一个位置动画效果，完成的动画流程画面如图 2.69 所示。

难　度：★★
工程文件：第 2 章 \ 位移动画
在线视频：第 2 章 \ 训练 2-1 位移动画 .avi

图2.69 动画流程画面

◆本例知识点

1．学习帧时间的调整方法
2．学习 Position（位置）的使用

训练2-2 行驶的汽车

◆实例分析

本例主要讲解利用 Rotation（旋转）属性制作位移旋转动画的效果，完成的动画流程画面如图 2.70 所示。

难　　度: ★★
工程文件: 第 2 章＼训练 旋转动画
在线视频: 第 2 章＼训练 2-2 行驶的汽车 .avi

图2.70 动画流程画面

◆本例知识点

1．了解 Position（位置）属性
2．学习 Rotation（旋转）的使用

训练2-3 制作卷轴动画

◆实例分析

本例主要讲解利用 Position（位置）属性制作卷轴动画效果，完成的动画流程画面如图 2.71 所示。

难　　度: ★★★
工程文件: 第 2 章＼卷轴动画
在线视频: 第 2 章＼训练 2-3 制作卷轴动画 .avi

图2.71 动画流程画面

◆本例知识点

1．了解 Position（位置）属性
2．学习 Opacity（不透明度）的应用

第 2 篇

提高篇

第 3 章

关键帧与文字特效动画

本章主要讲解与关键帧以及文字相关的内容，包括关键帧的创建及查看方法，关键帧的选择、移动和删除，关键帧助理的使用，曲线编辑器的查看及关键帧进入与离开的流畅设置方法，文字工具的使用，字符和段落面板的使用，创建基础文字和路径文字的方法，文字的编辑与修改，文字动画的制作技巧。

教学目标

学习关键帧的查看及创建方法

学习关键帧的编辑、修改及关键帧助理的应用

掌握路径文字的应用

掌握文字动画的制作技巧

3.1 创建及查看关键帧

在 After Effects CS6 软件中，所有的动画效果基本上都有关键帧的参与，关键帧是组合成动画的基本元素，关键帧动画至少要通过两个关键帧完成。特效的添加及改变也离不开关键帧，可以说，掌握了关键帧的应用，也就掌握了动画制作的基础和关键。

3.1.1 如何创建关键帧

在 After Effects CS6 软件中，基本上每一个特效或属性都对应一个码表，要想创建关键帧，可以单击该属性左侧的码表，将其激活。这样，在时间线面板中，当前时间位置将创建一个关键帧，取消码表的激活状态，将取消该属性所有的关键帧。

下面讲解怎样创建关键帧。

01 展开层列表。

02 单击Position（位置）左侧的码表按钮，将其激活，这样就创建了一个关键帧，如图3.1所示。

图3.1 创建关键帧

如果码表已经处于激活状态，即表示该属性已经创建了关键帧。可以通过两种方法再次创建关键帧，但不能再使用码表创建关键帧，因为再次单击码表，将取消码表的激活状态，这样就自动取消了所有关键帧。

- **方法1**：通过修改数值。当码表处于激活状态时，说明已经创建了关键帧，此时要创建其他的关键帧，可以将时间调整到需要的位置，然后修改该属性的值，在当前时间帧位置创建一个关键帧。
- **方法2**：通过添加关键帧按钮。将时间调整到需要的位置后，单击该属性左侧的Add or remove

keyframe at current time（在当前时间添加/删除关键帧）按钮，就可以在当前时间位置创建一个关键帧，如图3.2所示。

图3.2 添加/删除关键帧按钮

使用方法2创建关键帧，可以只创建关键帧，而保持属性的参数不变；使用方法1创建关键帧，不但创建关键帧，还修改了该属性的参数。

3.1.2 查看关键帧

创建关键帧后，该属性的左侧将出现关键帧导航按钮，通过关键帧导航按钮，可以快速查看关键帧。关键帧导航效果如图3.3所示。

图3.3 关键帧导航效果

关键帧导航有多种显示方式，并代表不同的含义，◀ 表示 Go to previous keyframe（跳转到上一帧）；◠ 表示 Add or remove keyframe at current time（在当前时间添加/删除关键帧）；▶ 表示 Go to next keyframe（跳转到下一帧）。

当关键帧导航显示为 ◀◇▶ 时，表示当前关键帧左侧有关键帧，而右侧没有关键帧；当关键帧导航显示为 ◀◇▶ 时，表示当前关键帧左侧和右侧都有关键帧；当关键帧导航显示为 ◀◇▶ 时，表示当前关键帧右侧有关键帧，而左侧没有关键帧。单击左侧或右侧的箭头按钮，可以快速地在前一个关键帧和后一个关键帧间进行跳转。

当 Add or remove keyframe at current time（在当前时间添加 / 删除关键帧）为灰色效果 ◇ 时，表示当前时间位置没有关键帧，单击该按钮可以在当前时间创建一个关键帧；当 Add or remove keyframe at current time（在当前时间添加 / 删除关键帧）为黄色效果 ◆ 时，表示当前时间位于关键帧上，单击该按钮将删除当前时间位置的关键帧。

关键帧不但可以显示为方形，还可以显示为阿拉伯数字，在时间线面板中单击右上角的时间线菜单按钮 ▾≡，选择 Use Keyframe Indices（使用关键帧指数）命令，可以将关键帧以阿拉伯数字形式显示；选择 Use Keyframe Icons（使用关键帧图标）命令，可以将关键帧以方形图标的形式显示。两种显示效果如图 3.4 所示。

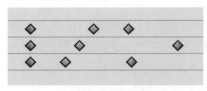

图标显示效果

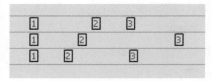

阿拉伯数字显示效果

图3.4 关键帧的不同显示效果

3.2 编辑关键帧

创建关键帧后，有时还需要对关键帧进行修改，这时就要重新编辑关键帧。关键帧的编辑包括选择关键帧、移动关键帧、拉长或缩短关键帧和删除关键帧。

3.2.1 选择关键帧

编辑关键帧的首要条件是选择关键帧。选择关键帧的操作很简单，可以通过下面 4 种方法实现。

- **方法1：** 单击选择。在时间线面板中直接单击关键帧图标，关键帧将显示为黄色，表示已经选定关键帧，如图3.5所示。

图3.5 关键帧的选择

提示

选择关键帧时，辅助 Shift 键，可以选择多个关键帧。

- **方法2：** 拖动选择。在时间线面板中，在关键帧位置空白处单击拖动一个矩形框，在矩形框以内的关键帧将被选中，如图3.6所示。

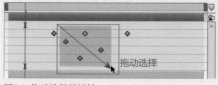

图3.6 拖动选择关键帧

- **方法3：** 通过属性名称。在时间线面板中单击关键帧属性的名称，即可选择该属性的所有关键帧，如图3.7所示。

图3.7 属性名称选择

- **方法4：** Composition（合成）窗口。当创建关键帧动画后，在Composition（合成）窗口中可以看到一条线，并在线上出现控制点，这些控制点对应属性的关键帧，只要单击这些控制点，就可以选择该点对应的关键帧。选中的控制点以实心的方块显示，没有选中的控制点以空心的方块显示，如图3.8所示。

图3.8 Composition（合成）窗口关键帧效果

3.2.2 移动关键帧 （重点）

关键帧的位置可以随意移动，以更好地控制动画效果。可以同时移动一个关键帧，也可以同时移动多个关键帧，还可以将多个关键帧的距离拉长或缩短。

1. 移动关键帧

选择关键帧后，按住鼠标拖动关键帧到需要的位置，这样就可以移动关键帧。移动过程如图3.9所示。

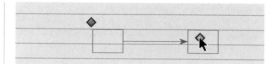

图3.9 移动关键帧

> **提示**
>
> 移动多个关键帧的操作与移动一个关键帧的操作是一样的，选择多个关键帧后，按住鼠标拖动即可移动多个关键帧。

2. 拉长或缩短关键帧

选择多个关键帧后，同时按住鼠标和Alt键，向外拖动拉长关键帧距离，向里拖动缩短关键帧距离。这种距离的改变只是改变所有关键帧的距离大小，关键帧间的相对距离是不变的。

3.2.3 删除关键帧

如果在操作时出现了失误，添加了多余的关键帧，可以将不需要的关键帧删除，删除的方法有以下3种。

- **方法1：** 键盘删除。选择不需要的关键帧，按键盘上的Delete键，即可将选择的关键帧删除。
- **方法2：** 菜单删除。选择不需要的关键帧，执行菜单栏中的Edit（编辑）| Clear（清除）命令，即可将选择的关键帧删除。
- **方法3：** 利用按钮删除。将时间调整到要删除的关键帧位置，可以看到该属性左侧的Add or remove keyframe at current time（在当前时间添加/删除关键帧） 按钮呈黄色的激活状态，单击该按钮，即可将当前时间位置的关键帧删除。这种方法一次只能删除一个关键帧。

> **提示**
>
> 取消码表的激活状态，可以删除该属性的所有关键帧。

3.3 使用关键帧助理

关键帧助理是优化关键帧的处理工具，它可以对关键帧动画的过渡进行控制，以减缓关键帧进入或离开的速度，避免动画的突兀过渡，以使动画效果更符合实际。

3.3.1 Easy Ease（流畅曲线）

Easy Ease（流畅曲线）命令用来控制关键帧进入和离开时的流畅速度，可以使动画在该关键帧时缓进缓出，以消除速度的突然变化。下面来应用流畅曲线命令。

01 首先选择关键帧，如图3.10所示。

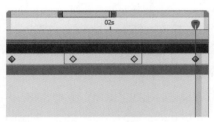

图3.10 选择关键帧

02 在应用关键帧助理命令后，可以应用曲线编辑图查看应用后的效果。曲线编辑图可以通过单击Graph Editor（曲线编辑器）按钮打开，如图3.11所示。

图3.11 Graph Editor（曲线编辑器）效果

03 执行菜单栏中的Animation（动画）|Keyframes Assistant（关键帧助理）|Easy Ease命令，应用Easy Ease后的效果如图3.12所示。

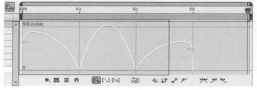

图3.12 应用Easy Ease后的效果

04 此时再次单击Graph Editor（曲线编辑器）按钮，可以看到关键帧由 ◇ 变成了 ⊠ 的形状，如图3.13所示。

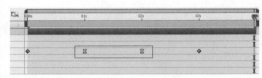

图3.13 关键帧的变化效果

3.3.2 Easy Ease In（流畅曲线进入）

Easy Ease In（流畅曲线进入）命令用来控制关键帧进入时的流畅速度，可以使动画在进入该关键帧时速度减缓，以消除速度的突然变化。下面来应用流畅曲线进入命令。

01 同3.3.1节步骤（1）、（2）的操作。

02 执行菜单栏中的Animation（动画）|Kdyframes Assistant（关键帧助理）|Easy Ease In（流畅曲线进入）命令。应用Easy Ease In后的效果如图3.14所示。

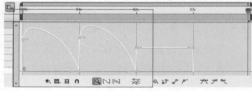

图3.14 应用Easy Ease In后的效果

03 此时再次单击Graph Editor（曲线编辑器）按钮，可以看到关键帧由 ◇ 方形变成了 ▷ 箭头的形状，如图3.15所示。

图3.15 关键帧的变化效果

3.3.3 Easy Ease Out（流畅曲线离开）

Easy Ease Out（流畅曲线离开）命令用来控制关键帧离开时的流畅速度，可以使动画在离开该关键帧时速度减缓，以消除速度的突然变化。下面来应用流畅曲线离开命令。

01 同3.3.1节步骤（1）、（2）的操作。

02 执行菜单栏中的Animation（动画）| Kdyframes Assistant（关键帧助理）| Easy Ease Out（流畅曲线离开）命令。应用Easy Ease Out后的效果如图3.16所示。

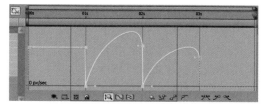

图3.16 应用Easy Ease Out后的效果

03 此时再次单击Graph Editor（曲线编辑器）按钮，可以看到关键帧由◇变成了▷的形状，如图3.17所示。

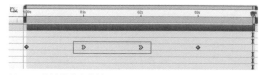

图3.17 关键帧的变化效果

3.4 文本工具

文本工具也叫文字工具，在After Effects CS6中该工具主要用来添加文字内容。

3.4.1 文本的创建

可以使用菜单创建文本，也可以使用工具栏中的文字工具创建文本，创建方法如下。

- **方法1：** 使用菜单。执行菜单栏中的Layer（层）| New（新建）| Text（文本）命令，此时Composition（合成）窗口中将出现一个闪动的光标效果，在时间线面板中将出现一个文字层。使用合适的输入法，直接输入文字即可。
- **方法2：** 使用文本工具。单击工具栏中的Horizontal Type Tool（横排文字工具）按钮或Vertical Type Tool（直排文字工具）按钮，使用横排或直排文字工具直接在Composition（合成）窗口中单击输入文字。横排文字和直排文字的效果如图3.18所示。
- **方法3：** 按Ctrl＋T组合键，选择文字工具。反复按该组合键，可以在横排和直排文字间切换。

图3.18 横排和直排文字的效果

3.4.2 字符和段落面板

Character（字符）和Paragraph（段落）面板是进行文字修改的地方。利用Character（字符）面板，可以对文字的字体、字形、字号、颜色等属性进行修改；利用Paragraph（段落）面板可以对文字进行对齐、缩进等的修改。

打开Character（字符）和Paragraph（段落）面板的方法有以下两种。

- **方法1**：利用菜单。执行菜单栏中的Window（窗口）| Character（字符）或Paragraph（段落）命令，即可打开Character（字符）或Paragraph（段落）面板。
- **方法2**：利用工具栏。在工具栏中选择文字工具；或输入的文字处于激活状态时，在工具栏中单击Toggle the Character and Paragraph panels（打开字符和段落面板）按钮。字符和段落面板分别如图3.19和图3.20所示。

图3.19 Character（字符）面板

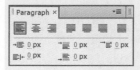

图3.20 Paragraph（段落）面板

3.5 文本属性

创建文字后，时间线面板中将出现一个文字层，展开Text（文本）列表选项，将显示出文字属性选项，如图3.21所示。在这里可以修改文字的基本属性。下面讲解基本属性的修改方法，并通过实例详述常用属性的动画制作技巧。

图3.21 文字属性列表选项

提示

在时间线面板中展开Text（文本）列表选项，More Options（更多选项）中还有几个选项，这几个选项的应用比较简单，主要用来设置定位点的分组形式、组排列、填充与描边的关系、文字的混合模式，这里不再以实例讲解。下面主要用实例讲解Animate（动画）和Path Options（路径选项）的应用。

3.5.1 Animate（动画）

Text（文本）列表选项右侧有一个动画Animate: ⏵按钮，单击该按钮，将弹出一个菜单，该菜单包含了文本的动画制作命令，选择某个命令后，在Text（文本）列表选项中将添加该命令的动画选项，通过该选项，可以制作出更加丰富的文字动画效果。

动画菜单及说明如图3.22所示。

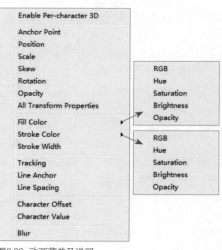

图3.22 动画菜单及说明

练习3-1 文字随机透明动画

难　　度：★★	
工程文件：第3章\透明字动画	
在线视频：第3章\练习3-1 文字随机透明动画 .avi	

前面讲解了动画 Animate: ● 菜单中各选项的功能，下面利用菜单选项制作一个随机文字透明动画，操作如下。

01 执行菜单栏中的File（文件）| Import（导入）| File（文件）命令，或在Project（项目）面板中双击，打开Import File（导入文件）对话框，选择配套资源中的"工程文件\第3章\透明字动画\背景.jpg"素材。

02 单击"打开"按钮，此时会在Project（项目）面板中看到导入的素材。

03 选择背景.jpg层，将背景.jpg层直接拉入时间面板里，以背景.jpg层为合成。

04 执行菜单栏中的Layer（层）| New（新建）| Text（文本）命令，或单击工具栏中的Horizontal Type Tool（横排文字工具）**T.**按钮创建文字层，然后输入文字The picturesque，如图3.23所示。

图3.23 输入文字

05 设置文字字体为"FZQiTi-Si4T"，字号为"150px"，选中"The picturesque"文字，填充颜色为白色。参数的设置如图3.24所示，设置后的效果如图3.25所示。

图3.24 调整文字属性

图3.25 调整后的效果

06 执行菜单栏中的Window（窗口）| Paragraph（段落）命令，打开段落面板。单击居中按钮 **圖**，使文字居中对齐。单击工具栏中的选择工具按钮 **⬉**，在时间线面板中选择"The picturesque"文字层，按P键，打开Position（位置）属性，修改值为（271，362），效果如图3.26所示。

图3.26 调整Position（位置）属性

07 调整时间到00:00:00:00帧的位置，在时间线面板中展开文字层，然后单击Text（文本）右侧的动画按钮 Animate: ● ，从弹出的菜单中选择Opacity（不透明度）命令，如图3.27所示。

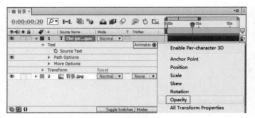

图3.27 选择不透明度命令

08 此时在文字层列表选项中出现一个Animator 1（动画1）的选项组，通过该选项组进行随机透明动画的制作。将该选项组下的Opacity（不透明度）的值设置为0，以便制作透明动画，如图3.28所示。

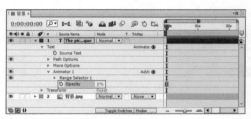

图3.28 设置不透明度

09 展开Animator 1（动画1）选项组中的Range Selector 1（范围选择器1）选项组，单击Start（开始）选项左侧的码表按钮 ，在00:00:00:00帧位置添加一个关键帧，并修改Start（开始）的值为0，如图3.29所示。

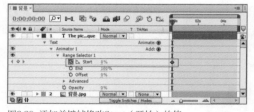

图3.29 添加关键帧修改Start（开始）的值

10 调整时间到00:00:04:00帧的位置，修改Start（开始）的值为100%，系统自动建立一个关键帧，如图3.30所示。

图3.30 修改Start（开始）的值

11 此时按空格键或小键盘上的0键预览动画效果，其中几帧的效果如图3.31所示。

图3.31 文字逐渐透明的几帧画面效果

12 从动画预览中可看到，文字只是逐个透明显示动画，而不是随机透明的动画效果，这就需要设置随机效果，展开Range Selector 1（范围选择器1）选项组中的Advanced（高级）选项组，设置Randomize Order（随机化）为On（开启），打开随机化命令，如图3.32所示。

图3.32 打开随机化设置

13 这样文字的随机透明动画就制作完成了，按空格键或小键盘上的0键预览动画效果，其中几帧的效果如图3.33所示。

图3.33 其中的几帧动画效果

3.5.2 Path（路径）

在 Path Options（路径选项）列表中有一个 Path（路径）选项，通过它可以制作一个路径文字，在 Composition（合成）窗口创建文字并绘制路径，然后通过 Path 右侧的菜单可以制作路径文字效果。

路径文字设置及显示效果如图 3.34 所示。

图3.34 路径文字设置及显示效果

应用路径文字后，Path Options（路径选项）列表中将多出 5 个选项，用来控制文字与路径的排列关系，如图 3.35 所示。

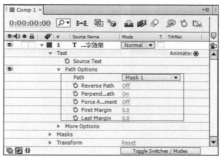

图3.35 增加的选项

这 5 个选项的应用及说明如下所示。

- **Reverse Path（反转路径）**：该选项可以将路径上的文字进行反转。应用反转前后的效果对比如图3.36所示。

Reverse Path（反转路径）为Off 和On

图3.36 应用反转前后的效果对比

- **Perpendicular To Path（与路径垂直）**：该选项控制文字与路径的垂直关系，如果开启垂直功能，不管路径如何变化，文字始终与路径保持垂直。与路径垂直前后的效果对比如图3.37所示。

Perpendicular To Path（与路径垂直）为Off 和On

图3.37 与路径垂直前后的效果对比

- **Force Alignment（强制对齐）**：强制将文字与路径两端对齐。如果文字过少，将出现文字分散的效果。应用强制对齐前后的效果对比如图3.38所示。

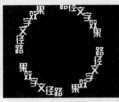

Force Alignment（强制对齐）为Off和On
图3.38 应用强制对齐前后的效果对比

- **First Margin（首字位置）**：用来控制开始文字的位置，通过后面的参数调整，可以改变首字在路径上的位置。
- **Last Margin（末字位置）**：用来控制结束文字的位置，通过后面的参数调整，可以改变终点文字在路径上的位置。

练习3-2 路径文字动画

难 度：★★
工程文件：第3章\路径文字动画
在线视频：第3章\练习3-2 路径文字动画.avi

前面讲解了Path（路径）选项的基本使用知识，下面通过实例来详述Path（路径）选项的应用方法及动画制作技巧。

01 执行菜单栏中的File（文件）| Import（导入）| File（文件）命令，或在Project（项目）面板中双击，打开Import File（导入文件）对话框，选择配套资源中的"工程文件\第3章\路径文字动画\世界之最.jpg"素材。

02 单击"打开"按钮，此时会在Project（项目）面板中看到导入的素材。

03 选择背景.jpg层，将背景.jpg层直接拉入时间面板里，以背景.jpg层为合成。

04 执行菜单栏中的Layer（层）| New（新建）| Text（文本）命令，或点击工具栏中的Horizontal Type Tool（横排文字工具）**T.**按钮，创建文字层，然后输入文字"路径文字动画"，如图3.39所示。

图3.39 输入文字

05 执行菜单栏中的Window（窗口）| Character（字符）命令，打开字符面板。设置一个合适的字体，字号为"40px"。填充颜色为白色。

06 建立路径。选择文字层并单击工具栏中的Pen Tool（钢笔工具）按钮，选择钢笔工具，在Composition（合成）窗口中沿山脉的外形绘制一条曲线，注意控制曲线的弯曲度，如图3.40所示。

图3.40 绘制路径

07 绘制曲线后，在文字层列表中将出现一个Masks（蒙版）选项，展开该选项，可以看到刚绘制的曲线Mask 1（蒙版1），这就是刚绘制的路径。在文字层中，展开Path Options（路径选项）选项组，单击Path（路径）右侧的 None ▼按钮，在弹出的菜单中选择"Mask 1（蒙版1）"命令，如图3.41所示。

图3.41 选择"Mask 1（蒙版1）"命令

08 此时，在Composition（合成）窗口中，可以看到文字自动沿路径排列的效果，如图3.42所示。

图3.42 沿路径排列效果

09 调整时间到00:00:00:00帧的位置，在时间线面板中展开Path Options（路径选项）选项组，单击First Margin（首字位置）左侧的码表 ⏱ 按钮，在当前位置建立关键帧，修改First Margin（首字位置）的值为680，如图3.43所示。

图3.43 建立关键帧修改首字位置的值

10 调整时间到00:00:02:00帧的位置，修改First Margin（首字位置）的值为-270。，如图3.44所示。

图3.44 设置First Margin（首字位置）的值

11 这样文字路径动画就制作完成了，按空格键或小键盘上的0键预览动画效果，其中几帧的效果如图3.45所示。

图3.45 其中几帧的效果

3.6 其他文本的应用

　　除了使用文本工具和菜单命令创建文字，在After Effects CS6 软件中还可以通过Effects & Presets（特效面板）中的 Obsolete（旧版本）特效选项中的特效创建文字。

　　Obsolete（旧版本）特效选项中包括两种文字，即Basic Text（基础文字）和Path Text（路径文字）。与文本工具和菜单命令不同的是，使用特效面板中的 Text（文本）特效选项创建文字，首先需要一个层辅助，一般常用的辅助层是固态层。即这种创建方法需要首先选择一个现有层，如果没有层，便不能应用。

3.6.1 Basic Text（基础文字）重点

Basic Text（基础文字）与前面讲过的文字非常相似，只不过创建的方式不同，因为特效文字的创建，首先需要一个层辅助。利用固态层创建基础文字的基本操作方法如下。

01 执行菜单栏中的Layer（层）| New（新建）| Solid（固态）命令，创建一个固态层，以辅助使用特效文字命令。

02 在Effects & Presets（特效面板）中，展开Obsolete（旧版本）特效选项，然后双击Basic Text（基础文字）选项，打开Basic Text对话框，如图3.46所示。

图3.46 Basic Text对话框

03 在Basic Text对话框中输入文字，然后单击OK（确定）按钮即可创建文字。

Basic Text对话框中包括了对文字基本属性设置的相关命令，不但可以设置字体和字形，还可以通过选中 Direction（方向）选项组中的 Horizontal（水平）或 Vertical（垂直）复选框，输入横排或直排文字。

当选中 Vertical（垂直）复选框时，Rotate（旋转）处于可用状态，它主要设置直排文字的排列形式。如果选中 Rotate（旋转）复选框，文字将产生一个旋转效果；如果不选该复选框，文字就不产生旋转效果。勾选复选框前后的效果对比如图 3.47 所示。

图3.47 勾选复选框前后的效果对比

> **提示**
>
> Rotate（旋转）复选框只对英文起作用，对中文不起作用。

创建基础文字后，在时间线面板中的创建文字的层中展开其选项列表，将看到一个 Effects（特效）选项，展开该选项，即可看到创建的 Basic Text（基础文字）选项及其属性修改选项。如图 3.48 所示，通过这些选项，可以对文字进行更精确的控制修改。

图3.48 Basic Text（基础文字）属性修改选项

下面讲解 Basic Text（基础文字）选项中各属性的含义。

- **在Basic Text（基础文字）右侧，有两个蓝色的链接文字。Reset（重置）**：当进行参数修改时，如果想返回到默认状态，可以单击该链接，将所有修改重置为默认状态；**Edit Text（编辑文字）**：如果对输入的文字不满意，可以单击该文字链接，重新打开Basic Text（基础文字）对话框，对文字进行修改。

- **Position（位置）**：用来控制输入文字在 Composition（合成）窗口中的水平和垂直位置。

- **Fill and Stroke（填充和描边）**：通过 Display Options（显示选项）右侧的下拉菜单，可以设置文字为Fill Only（仅填充）、

Stroke Only（仅描边）、Fill Over Stroke
（填充在描边上）或Stroke Over Fill（描边在
填充上）；通过单击Fill Color（填充颜色）和
Stroke Color（描边颜色）右侧的■色块，打
开Fill Color（填充颜色）和Stroke Color（描
边颜色）对话框，如图3.49所示，通过它可以
设置填充或描边的颜色，也可以单击右侧的 吸管工具吸取颜色；如果文字带有描边，可以
通过修改Stroke Width（描边宽度）的值修改
描边的宽度。

图3.49 "填充颜色和描边颜色"对话框

- Size（字号）：通过右侧的参数，可以修改文
  字的字号大小。
- Tracking（间距）：通过右侧的参数，可以
  修改文字的间距大小；正值文字间距变大，负
  值文字间距缩小。如果正值或负值过大或过
  小，还可以交换文字位置。
- Line Spacing（行距）：通过右侧的参数，
  可以修改段落文字的行间距，正值行间距变
  大，负值行间距变小。如果正值或负值过大或
  过小，还可以交换行。
- Composite On Original（在原物上合
  成）：可以通过单击右侧的文字链接，打开或
  关闭文字与层之间的合成关系，这样可以控制
  除文字以外的其他部分是否覆盖原图像。下面
  是一个创建在花朵层上的文字，关闭与打开
  Composite On Original（在原物上合成）的

效果对比如图3.50所示。

Composite On Original为Off 和On

图3.50 关闭与打开Composite On Original的效果对比

3.6.2 Path Text（路径文字）

Path Text（路径文字）与Basic Text（基
础文字）的创建方法相同，也是首先需要一个
层辅助。利用固态层创建基础文字的基本操作
方法如下。

01 执行菜单栏中的Layer（层）| New（新建）|
Solid（固态）命令，创建一个固态层，以辅助使
用特效文字命令。

02 在Effects & Presets（特效面板）中展开
Obsolete（旧版本）特效选项，然后双击Path
Text（路径文字）选项，此时将打开Path Text
（路径文字）对话框，如图3.51所示。

图3.51 Path Text（路径文字）对话框

03 在Path Text对话框中输入文字，然后单击
OK（确定）按钮，即可创建路径文字。

创建 Path Text 后，在时间线面板创建文
字的层中展开其选项列表，将看到一个 Effects
（特效）选项，展开该选项，即可看到创建的
Path Text 选项及其属性修改选项。如图 3.52
所示，通过这些选项，可以对文字进行更精确
的控制修改。

图3.52 Path Text选项

下面讲解Path Text选项中各属性的含义。

- **Path Options**（路径选项），该选项中有多个选项命令。**Shape Type**（形状类型）：该选项包含4个选项。Bezier（贝塞尔）表示路径为贝塞尔路径，它可以产生两个控制柄，通过修改控制柄可以修改路径文字的效果；Circle（圆）表示路径为圆形，可以通过控制圆心和半径控制圆的大小及文字的排列；Loop（循环）路径文字显示与Circle（圆）相同，只是在文字过多的情况下产生不同的效果，Circle（圆）的文字过多时，将重叠沿圆周重新排列，而Loop（循环）则不会；Line（直线）表示路径为直线效果。4种不同形状类型的显示效果如图3.53所示。**Control Points**（控制点）：用来控制前面讲过的Shape Type（形状类型）上的控制点位置。**Custom Path**（自定义路径）：与文本工具列表中的Path（路径）选项相同，可以选择其他路径作为路径文字的辅助。**Reverse Path**（反转路径）：与文本工具列表中的Reverse Path（反转路径）选项相同，可以对文字进行反转操作。

Bezier（贝塞尔）　　　　　Circle（圆）

Loop（循环）　　　　　Line（直线）

图3.53 4种不同形状类型的显示效果

- **Fill and Stroke**（填充和描边）：主要用来设置文字的填充和描边的颜色、显示及描边的粗细，如图3.54所示。

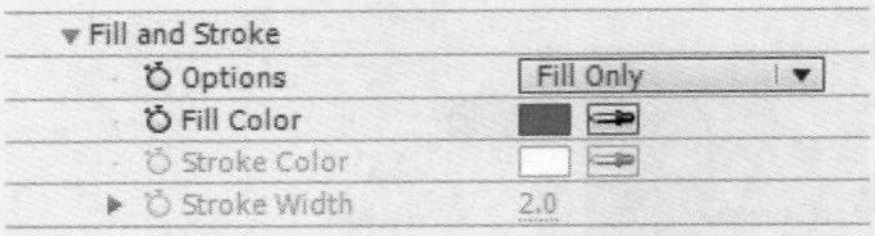

图3.54 Fill and Stroke（填充和描边）选项

- **Character**（字符）：主要用来设置文字的大小、间距、水平和垂直缩放，以及与路径间的关系等，如图3.55所示。

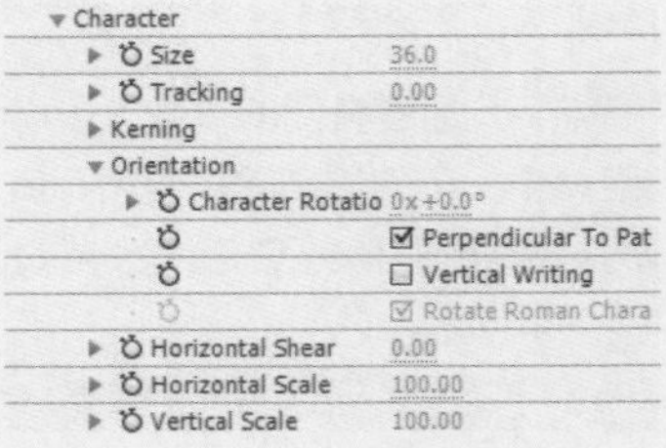

图3.55 Character（字符）选项

- **Paragraph**（段落）：主要用来设置段落文字的对齐方式、左缩进、右缩进、行距和基线偏移等，如图3.56所示。

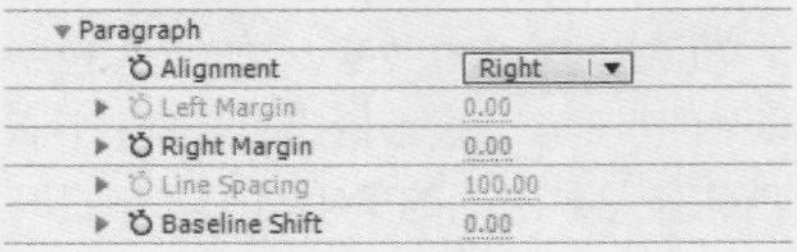

图3.56 Paragraph（段落）选项

- **Advanced**（高级）：用来对字符的可见、消失时间、字符模式等进行设置，如图3.57

所示。

图3.57 Advanced（高级）选项

练习3-3 利用可见字符制作机打字动画

难 度：★★
工程文件：第3章\打字效果
在线视频：第3章\练习3-3 利用可见字符制作机打字动画.avi

前面讲解了 Path Text（路径文字）的基本知识，下面应用路径文字参数中的 Visible Characters（可见字符）属性制作机打字动画效果。

01 执行菜单栏中的File（文件）| Import（导入）| File（文件）命令，或在Project（项目）面板中双击，打开Import File（导入文件）对话框，选择配套资源中的"工程文件\第3章\打字机动画\卡通背景.jpg"素材。

02 单击"打开"按钮，此时会在Project（项目）面板中看到导入的素材。

03 选择卡通背景.jpg层，将卡通背景.jpg层直接拉入时间面板里，以卡通背景.jpg层为合成创造一个新合成。

04 首先创建一个固态层。选择Layer（图层）| New（新建）| Solid（固态层）命令，打开Solid Settings（固态层设置）对话框，设置Name（名称）为文字，Color（颜色）为白色。

05 确认当前选择"文字"层，在Effects & Presets特效面板中展开Obsolete（旧版本）选项组，然后双击Path Text（路径文字）特效，如图3.58所示。

06 双击Path Text（路径文字）特效后，将打开Path Text（路径文字）对话框，在文本框中输入一句话，设置合适的字体和字形，如图3.59所示。

图3.58 特效面板　　　　图3.59 "路径文字"对话框

07 单击OK（确定）按钮，在合成窗口中可以看到此时的文字效果，如图3.60所示。

图3.60 文字效果

08 在Effects Controls（特效控制）面板中展开Path Text（路径文字）选项组，设置Shape Type（形状类型）为Line（线性）并调整位置。修改Fill Color（填充颜色）为黑色，Size（字号）为30，此时修改后的文字效果如图3.61和图3.62所示。

图3.61 参数设置　　　　图3.62 画面效果

09 制作打字动画。调整时间到00:00:00:00帧位置，在时间线面板中的"文字"层展开Effects（特效）选项组，在Path Text（路径文字）选项组中单击Advanced（高级）选项中的Visible Characters（可见字符）左侧的码表 🕘 按钮，在当前建立关键帧，修改Visible Characters（可见字符）的值为0；调整时间到00:00:03:00帧，修改Visible Characters（可见字符）的值为40，如图3.63所示。

图3.63 设置可见字符关键帧

10 这样打字动画就制作完成了，按空格键或小键盘上的0键预览动画效果，其中几帧的效果如图3.64所示。

图3.64 其中的几帧动画效果

练习3-4 旋转文字动画

难　　度：★★★
工程文件：第3章\旋转文字动画
在线视频：第3章\练习3-4 旋转文字动画.avi

本例主要通过 Path Text（路径文字）特效自带的 Shape Type（形状类型）和 Paragraph（段落）选项，制作旋转的文字效果。

01 执行菜单栏中的File（文件）| Import（导入）| File（文件）命令，或在Project（项目）面板中双击，打开Import File（导入文件）对话框，选择配套资源中的"工程文件\第3章\旋转文字动画\背景.jpg"素材。

02 单击"打开"按钮，此时会在Project（项目）面板中看到导入的素材。

03 选择"背景.jpg"层，将"背景.jpg"层直接拉入时间面板里，以"背景.jpg"层为合成创造一个新合成。

04 首先创建一个固态层。执行菜单栏中的Layer（图层）| New（新建）| Solid（固态层）命令，打开Solid Settings（固态层设置）对话框，设置Name（名称）为文字，Color（颜色）为白色。

05 确认当前选择"文字"层，在Effects & Presets特效面板中展开Obsolete（旧版本）选项组，然后双击Path Text（路径文字）特效，如图3.65所示。

06 双击Path Text（路径文字）特效后，将打开Path Text（路径文字）对话框，在文本框中输入一句话，设置合适的字体和字形，如图3.66所示。

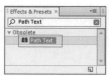

图3.65 双击特效

图3.66 "路径文字"对话框

07 单击OK（确定）按钮，在合成窗口中可以看到此时的文字效果，如图3.67所示。

图3.67 文字效果

08 在Effects Controls（特效控制）面板中展开Path Text（路径文字）选项组，设置Shape Type（形状类型）为Circle（圆形），并将文字调整到以背景层中的手为中心的位置，如图3.68所示。此时修改后的文字效果如图3.69所示。

图3.68 文字参数设置

图3.69 画面效果

09 制作打字动画。调整时间到00:00:00:00帧位置，在时间线面板中的"文字"层展开Effects（特效）选项组，在Path Text（路径文字）选项组中单击Advanced（高级）选项中的Visible Characters（可见字符）左侧的码表 ⏱ 按钮，在当前建立关键帧，修改Visible Characters（可见字符）的值为"0"；调整时间到00:00:02:00帧，修改Visible Characters（可见字符）的值为20，如图3.70所示。

图3.70 设置关键帧

10 制作旋转文字动画。调整时间到00:00:00:00帧位置，在时间线面板中的"文字"层展开Effects（特效）选项组，在Path Text（路径文字）选项组中单击Paragraph（段落）选项中的Left Margin（左空白）左侧的码表 ⏱ 按钮，在当前建立关键帧，并修改当前的值为"0"。调整时间到00:00:02:24帧位置，修改Left Margin（左空白）的值为900，如图3.71所示。

图3.71 设置Left Margin（左空白）关键帧

11 这样旋转文字动画就制作完成了，按空格键或小键盘上的0键预览动画效果，其中几帧的动画效果如图3.72所示。

图3.72 其中几帧的动画效果

3.7 知识拓展

　　本章首先详细讲解了关键帧的创建、编辑及关键帧助理的应用，然后讲解了文字工具的使用，并讲解了字符和段落面板的参数设置，创建基础文字和路径文字的方法，然后讲解了文字属性相关参数的使用，最后通过多个文字动画实例，全面解析文字动画的制作方法和技巧。

3.8 拓展训练

　　本章通过3个课后习题（机打字效果、清新文字和卡片翻转文字动画的制作），提高读者制作各种特效文字动画的水平。

训练3-1 机打字效果

◆ **实例分析**

本例主要讲解利用 Character Offset（字符偏移）属性制作机打字效果。本例最终的动画流程画面如图 3.73 所示。

难　　度：★★	
工程文件：第 3 章 \ 机打字效果	
在线视频：第 3 章 \ 训练 3-1 机打字效果 .avi	

图3.73 动画流程画面

◆ **本例知识点**

1．了解 Character Offset（字符偏移）属性的使用
2．掌握 Opacity（不透明度）属性的使用

训练3-2 清新文字

◆ **实例分析**

本例主要讲解利用 Scale（缩放）属性制作清新文字效果。本例最终的动画流程画面，如图 3.74 所示。

难　　度：★★	
工程文件：第 3 章 \ 清新文字	
在线视频：第 3 章 \ 训练 3-2 清新文字 .avi	

图3.74 动画流程画面

◆ **本例知识点**

1．了解 Scale（缩放）属性的使用
2．了解 Opacity（不透明度）属性的使用
3．了解 Blur（模糊）属性的使用

训练3-3 卡片翻转文字

◆ **实例分析**

本例主要讲解利用 Scale（缩放）文本属性制作卡片翻转效果。完成的动画流程画面如图 3.75 所示。

难　　度：★★★	
工程文件：第 3 章 \ 卡片翻转文字	
在线视频：第 3 章 \ 训练 3-3 卡片翻转文字 .avi	

图3.75 动画流程画面

◆ **本例知识点**

1．学习 Enable Per-charater 3D 属性的使用
2．掌握 Scale（缩放）属性的使用
3．掌握 Blur（模糊）属性的使用

第 **4** 章

蒙版与遮罩操作

本章主要讲解版及蒙版动画的原理，蒙版的应用，包括方形、椭圆形和自由形状蒙版的创建，蒙版形状的修改，节点的选择、调整、转换操作，蒙版属性的设置及修改，蒙版的模式、形状、羽化、透明和扩展的修改及设置，蒙版动画的制作。

教学目标

了解蒙版的作用原理

学习各种形状蒙版的创建方法

学习蒙版形状的修改及节点的转换调整

掌握蒙版属性的设置

掌握蒙版动画的制作技巧

4.1 蒙版动画的原理

蒙版就是通过蒙版层中的图形或轮廓对象，透出下面图层中的内容。简单地说，蒙版层就像一张纸，而蒙版图像就像是在这张纸上挖出的一个洞，通过这个洞观察外界的事物。如一个人拿着一个望远镜向远处眺望，而望远镜在这里就可以当作蒙版层，看到的事物就是蒙版层下方的图像。蒙版的原理如图 4.1 所示。

图4.1 蒙版的原理

一般来说，蒙版需要有两个层，而在 After Effects CS6 软件中，蒙版可以在一个图像层上绘制轮廓以制作蒙版，看上去像是一个层，但读者可以将其理解为两个层：一个是轮廓层，即蒙版层；另一个是被蒙版层，即蒙版下面的层。

蒙版层的轮廓形状决定看到的图像形状，而被蒙版层决定看到的内容。蒙版动画可以理解为一个人拿着望远镜眺望远方，在眺望时不停地移动望远镜，看到的内容就会有不同的变化，这样就形成了蒙版动画；当然，也可以理解为，望远镜静止不动，而看到的画面在移动，即被蒙版层不停运动，以此产生蒙版动画效果。总之，一是蒙版层作变化；二是被蒙版层作运动。

4.2 创建蒙版

蒙版主要用来制作背景的镂空透明和图像间的平滑过渡等。蒙版有多种形状，在 After Effects CS6 软件自带的工具栏中，可以利用相关的蒙版工具创建，如方形、圆形和自由形状蒙版工具。

利用 After Effects CS6 软件自带的工具创建蒙版，首先要具备一个层，可以是固态层，也可以是素材层或其他的层，在相关的层中创建蒙版。一般来说，在固态层上创建蒙版的较多，固态层本身就是一个很好的辅助层。

练习4-1 利用矩形工具创建矩形蒙版图 （重点）

难　　度：★
工程文件：无
在线视频：第 4 章\练习 4-1 利用矩形工具创建矩形蒙版 .avi

矩形蒙版的创建很简单，在 After Effects CS6 软件中自带的有方形蒙版的创建工具，其创建方法如下。

01 单击工具栏中的 Rectangular Tool（矩形工具）按钮，选择矩形工具。

02 在 Composition（合成）窗口中单击拖动即可绘制一个矩形蒙版区域，如图4.2所示。在矩形蒙版区域中，将显示当前层的图像，矩形以外的部分变成透明。

图4.2 矩形蒙版的绘制过程

提示

选择创建蒙版的层，然后双击工具栏中的 Rectangular Tool（矩形工具）□按钮，可以快速创建一个与层素材大小相同的矩形蒙版。绘制矩形蒙版时，如果按住 Shift 键，可以创建一个正方形蒙版。

练习4-2 利用椭圆工具创建椭圆形蒙版

难　　度：★
工程文件：无
在线视频：第 4 章\练习 4-2　利用椭圆工具创建椭圆形蒙版 .avi

椭圆形蒙版的创建方法与方形蒙版的创建方法基本一致，其具体操作如下。

01 单击工具栏中的Ellipse Tool（椭圆工具）◎按钮，选择椭圆工具。

02 在Composition（合成）窗口中单击拖动即可绘制一个椭圆蒙版区域，如图4.3所示，在该区域中，将显示当前层的图像，椭圆以外的部分变成透明。

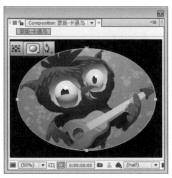

图4.3 椭圆蒙版的绘制过程

提示

选择创建蒙版的层，然后双击工具栏中的 Ellipse Tool（椭圆工具）◎按钮，可以快速创建一个与层素材大小相同的椭圆蒙版，而椭圆蒙版正好是该矩形的内切圆。在绘制椭圆蒙版时，如果按住 Shift 键，可以创建一个圆形蒙版。

练习4-3 利用钢笔工具创建自由蒙版

难　　度：★ ★
工程文件：无
在线视频：第 4 章\练习 4-3 利用钢笔工具创建自由蒙版 .avi

要想随意创建多边形蒙版，就要用到钢笔工具，它不但可以创建封闭的蒙版，还可以创建开放的蒙版。利用钢笔工具的好处在于，它的灵活性更高，可以绘制直线，也可以绘制曲线，可以绘制直角多边形，也可以绘制弯曲的任意形状。

使用钢笔工具创建自由蒙版的过程如下。

01 单击工具栏中的Pen Tool（钢笔工具）♦.按钮，选择钢笔工具。

02 在Composition（合成）窗口中单击创建第1点，然后直接单击可以创建第2点，如果连续单击下去，可以创建一个直线的蒙版轮廓。

03 如果按下鼠标并拖动，则可以绘制一个曲线点，以创建曲线，多次创建后，可以创建一个弯曲的曲线轮廓。当然，直线和曲线是可以混合应用的。

04 如果想要绘制开放蒙版，可以在绘制到需要的程度后，按Ctrl键的同时在合成窗口中单击，结束绘制。如果要绘制一个封闭的轮廓，则可以将光标移到开始点的位置，当光标变成♦。形状时单击，即可将路径封闭。图4.4所示为多次单击创建的彩色区域的轮廓。

图4.4 钢笔工具绘制蒙版的过程

4.3 改变蒙版的形状

创建蒙版也许不能一步到位，有时还需要对现有的蒙版进行再修改，以更适合图像轮廓要求，这时就需要对蒙版的形状进行改变。下面就来详细讲解蒙版形状的改变方法。

4.3.1 节点的选择

不管用哪种工具创建蒙版形状，都可以从创建的形状上发现小的方形控制点，这些方形控制点就是节点。

选择的节点与没有选择的节点是不同的，选择的节点小方块将呈现实心方形，而没有选择的节点呈镂空的方形效果。

选择节点有多种方法，具体如下。

- **方法1：**单击选择。使用Selection Tool（选择工具）▶ 在节点位置单击，即可选择一个节点。如果想选择多个节点，可以在按住Shift键的同时，分别单击要选择的节点。
- **方法2：**使用拖动框。在合成窗口中单击拖动鼠标，将出现一个矩形选框，被矩形选框框住的节点将被选择。图4.5所示为框选前后的效果。

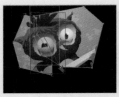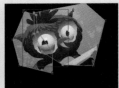

图4.5 框选前后的效果

> **提示**
>
> 如果有多个独立的蒙版形状，按 Alt 键单击其中一个蒙版的节点，可以快速选择该蒙版形状。

4.3.2 节点的移动

移动节点，其实就是修改蒙版的形状，通过选择不同的点并移动，可以将矩形改变成不规则矩形。

移动节点的操作方法如下。

01 选择一个或多个需要移动的节点。

02 使用Selection Tool（选择工具）▶ 拖动节点到其他位置，操作过程如图4.6所示。

图4.6 移动节点的操作过程

4.3.3 添加/删除节点

绘制好的形状还可以通过后期的节点添加或删除操作，改变形状的结构，使用 Add Vertex Tool（添加节点工具）在现有的路径上单击可以添加一个节点通过添加该节点，可以改变现有轮廓的形状；使用 Delete Vertex Tool（删除节点工具），在现有的节点上单击，即可将该节点删除。

添加节点和删除节点的操作方法如下。

01 添加节点。在工具栏中单击Add Vertex Tool（添加节点工具）按钮，将光标移动到路径上需要添加节点的位置。单击即可添加一个节点，多次在不同的位置单击，可以添加多个节点图4.7所示为添加节点前后的效果对比。

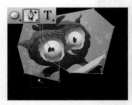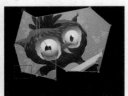

图4.7 添加节点前后的效果对比

02 删除节点。单击工具栏中的Delete Vertex Tool（删除节点工具）按钮，将光标移动到要删除的节点位置单击，即可将该节点删除。删除节点的操作过程及删除后的效果如图4.8所示。

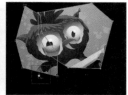

图4.8 删除节点的操作过程及删除后的效果

选择节点后，通过按键盘上的 Delete 键，也可以删除节点。

4.3.4 节点的转换技巧 （难点）

在 After Effects CS6 软件中，节点可以分为两种。

- 一种是角点。点两侧的都是直线，没有弯曲角度。
- 一种是曲线点。点的两侧有两个控制柄，可以控制曲线的弯曲程度。

图 4.9 所示为节点的显示状态。

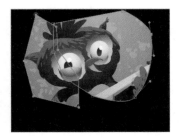

图4.9 节点的显示状态

通过工具栏中的 Convert Vertex Tool（转换点工具），可以将角点和曲线点进行快速转换。转换的操作方法如下。

01 角点转换成曲线点。使用工具栏中的Convert Vertex Tool（转换点工具）选择角点并拖动，即可将角点转换成曲线点，操作过程如图4.10所示。

图4.10 角点转换成曲线点的操作过程

02 曲线点转换成角点。使用工具栏中的Convert Vertex Tool（转换点工具）在曲线点单击，即可将曲线点转换成角点，操作过程如图4.11所示。

图4.11 曲线点转换成角点的操作过程

> **提示**
>
> 当转换成曲线点后，通过使用 Selection Tool（选择工具），可以手动调节曲线点两侧的控制柄，以修改蒙版的形状。

练习4-4 利用蒙版制作放大镜动画

难　　度：★ ★
工程文件：第 4 章 \ 蒙版放大镜动画
在线视频：第 4 章 \ 练习 4-4 利用蒙版制作放大镜动画 .avi

聚光灯效果，就像在黑暗中用手电筒移动照射某个物体，以查看其完整的形态一样。下面通过实例讲解蒙版层的创建、蒙版动画的制作，并学习蒙版跟踪模式的应用方法。

01 执行菜单栏中的File（文件）| Import（导入）| File（文件）命令，或在Project（项目）面板中双击，打开Import File（导入文件）对话框，选择配套资源中的"工程文件\第4章\蒙版放大镜动画\放大镜.psd"素材。

02 单击"打开 "按钮，弹出一个文件名称对话框，单击Import Kind（导入类型）下拉列表框，选择Composition（合成）选项。

03 单击OK（确定）按钮，此时会在Project（项目）面板中看到导入的素材。

04 在Project（项目）面板中选择"放大镜"合成，按Ctrl + K组合键打开Composition Settings（合成设置）对话框，修改其Duration（持续时间）为00:00:04:00帧，然后双击Project（项目）面板中的"放大镜"合成，打开其时间线面板，如图4.12所示。

图4.12 "放大镜"时间线面板

05 创建固态层。选择Layer（图层）| New（新建）| Solid（固态层）命令，打开Solid Settings（固态层设置）对话框，设置Name(名称)为"放大蒙版"，Color（颜色）为白色。

06 单击OK（确定）按钮，固态层建立完毕。调整素材层顺序。拖动"放大镜"素材层置于"放大蒙版"层的上一层，调整后的素材层排列顺序如图4.13所示。

图4.13 调整后的素材层排列顺序

07 绘制椭圆蒙版。选择"放大蒙版"固态层，单击工具栏中的Ellipse Tool（椭圆工具）按钮，选择椭圆工具，在Composition（合成）面板中绘制一个与放大镜内环大小相近的正圆，如图4.14所示。

图4.14 绘制正圆

08 设置跟踪模式。单击"放大图"层右侧的Track Matte（跟踪蒙版），从弹出的菜单中选择Alpha Matte "放大蒙版"命令，如图4.15所示。

图4.15 选择Alpha Matte "放大蒙版"命令

09 跟踪模式设置完成，此时Composition（合成）面板中放大镜已经出现了放大效果，如图4.16所示。

图4.16 放大镜的放大效果

10 设置父子关系。在时间线面板的属性名称上右击，打开快捷菜单，选择Columns（列）| Parent（父级）菜单项，如图4.17所示。

图4.17 选择Columns（列）|Parent（父级）菜单

11 在"放大镜"素材层右侧Parent（父级）属性栏中选择"放大蒙版"层，将"放大蒙版"层父化给"放大镜"素材层，如图4.18所示。

图4.18 建立父子关系

12 制作蒙版位置移动动画。调整时间到00:00:00:00帧的位置，单击"放大蒙版"，按P键，打开Position（位置）属性，单击Position（位置）属性左侧的码表 按钮，在当前时间设置一个关键帧，如图4.19所示。

图4.19 设置关键帧

13 调整时间到00:00:01:00帧的位置，修改Position（位置）的值为（290，180）。调整时间到00:00:02:00帧的位置，修改Position（位置）的值为（425，180）。调整时间到00:00:03:00帧的位置，修改Position（位置）的值为（265，270）。调整时间到00:00:03:15帧的位置，修改Position（位置）的值为（420，270）。设置关键帧后的效果如图4.20所示。

图4.20 设置关键帧后的效果

14 这样就完成了放大镜动画的制作。按空格键或小键盘上的0键预览动画。其中的几帧动画效果如图4.21所示。

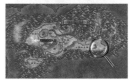

图4.21 其中的几帧动画效果

4.4 修改蒙版属性

4.4.1 蒙版的混合模式 （难点）

绘制蒙版形状后，在时间线面板展开该层列表选项，将看到多出一个Masks（蒙版）属性，展开该属性，可以看到蒙版的相关参数设置选项，如图4.22所示。

图4.22 蒙版层列表

其中，Mask 1右侧的下拉菜单中显示了蒙版混合模式选项，如图4.23所示。

图4.23 混合模式选项

1. None（无）

选择此模式，路径不起蒙版作用，只作为路径存在，可以对路径进行描边、光线动画或路径动画的辅助。

2. Add（添加）

默认情况下，蒙版使用的是 Add（添加）命令，如果绘制的蒙版中有两个或两个以上的图形，就可以清楚地看到两个蒙版以添加的形式显示效果，如图 4.24 所示。

3. Subtract（减去）

如果选择 Subtract（减去）选项，蒙版的显示将变成镂空的效果，这与选择 Mask 1 右侧的 Inverted(反相) 命令相同，如图 4.25 所示。

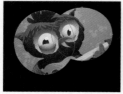 

图4.24 添加效果　　　　　图4.25 减去效果

4. Intersect（相交）

如果两个蒙版都选择 Intersect（相交）选项，则两个蒙版将产生交叉显示的效果，如图 4.26 所示。

5. Difference（差异）

如果两个蒙版都选择 Difference（差异）选项，则两个蒙版将产生交叉镂空的效果，如图 4.27 所示。

 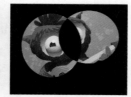

图4.26 相交效果　　　　　图4.27 差异效果

Lighten（变亮）对于可视区域来说，与 Add（添加）模式相同，但对于蒙版重叠处，则采用不透明度较高的那个值。Darken（变暗）对于可视区域来说，与 Intersect（相交）模式相同，但对于蒙版重叠处，则采用不透明度较低的那个值。

4.4.2 修改蒙版的大小

在时间线面板中展开蒙版列表选项，单击 Mask shape（蒙版形状）右侧的 Shape…文字链接，打开 Mask shape（蒙版形状）对话框，如图 4.28 所示。在 Bounding box（方形）选项组中，通过修改 Top（顶）、Left（左）、Right（右）、Bottom（底）选项的参数，可以修改当前蒙版的大小，而通过 Units（单位）右侧的下拉菜单，可以为修改值设置一个合适的单位。

通过 Shape（形状）选项组，可以修改当前蒙版的形状，可以将其他的形状快速改成矩形或椭圆形。选择 Rectangle（矩形）复选框，将该蒙版形状修改成矩形；选择 Ellipse（椭圆形）复选框，将该蒙版形状修改成椭圆形。

图4.28 Mask shape（蒙版形状）对话框

4.4.3 蒙版的锁定

为了避免操作中出现失误，可以将蒙版锁定，锁定后的蒙版将不能被修改。锁定蒙版的操作方法如下。

01 在时间线面板中，展开蒙版属性列表选项。

02 单击锁定的蒙版层左面的▢图标，该图标将变成带有一把锁的效果🔒，如图4.29所示，表示该蒙版被锁定。

图4.29 锁定蒙版效果

4.4.4 蒙版的羽化操作

羽化可以对蒙版的边缘进行柔化处理，制作出虚化的边缘效果，这样可以在处理影视动画中产生很好的过渡效果。

可以单独设置水平羽化或垂直羽化。在时间线面板中单击 Mask Feather（蒙版羽化）右侧的 Constrain Proportions（约束比例）按钮，将约束比例取消，这样就可以分别调整水平或垂直的羽化值，也可以在参数上右击，从弹出的菜单中选择 Edit Value（编辑值）命令，打开 Mask Feather（蒙版羽化）对话框，通过该对话框设置水平或垂直羽化值，如图4.30所示。

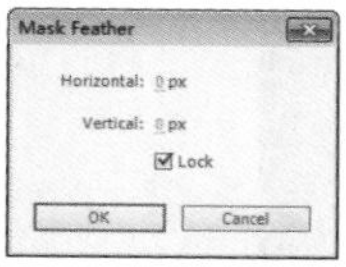

图4.30 Mask Feather（蒙版羽化）对话框

在时间线面板中，调整蒙版羽化的操作方法如下。

01 在时间线面板中，将蒙版属性列表选项展开。

02 单击Mask Feather（蒙版羽化）属性右侧的参数将其激活，然后直接输入数值；也可以将鼠标放在数值上，直接拖动改变数值。3种羽化效果如图4.31所示。

水平垂直

水平羽化

垂直羽化

图4.31 3种羽化效果

练习4-5 利用蒙版路径制作擦除动画

难 度：★★	
工程文件：第4章\擦除动画	
在线视频：第4章\练习4-5 利用蒙版路径制作擦除动画.avi	

下面讲解利用 Mask Path（蒙版路径）制作数字7的擦除动画效果。

01 执行菜单栏中的File（文件）| Import（导入）| File（文件）命令，或在Project（项目）面板中双击，打开Import File（导入文件）对话框，选择配套资源中的"工程文件\第4章\擦除动画\7.psd、背景.jpg"素材。

02 单击OK（确定）按钮，此时会在Project（项目）面板中看到导入的素材。

03 将"7.psd"和"背景.jpg"直接拖入到时间面板上，如图4.32所示。

图4.32 时间线面板

04 选中"7.psd"素材层，单击工具栏中的Rectangle Tool（矩形工具）按钮，选择矩形工具，在Composition（合成）面板中绘制一个与"7.psd"相同宽度的矩形，如图4.33所示。

图4.33 绘制矩形路径

05 调整时间到00:00:00:00帧的位置，修改羽化值。在时间线面板中展开Masks（蒙版）选项组，修改Mask Feather（蒙版羽化）值为（30，30），并单击Mask path（蒙版路径）左侧的码表按钮，在当前时间位置建立关键帧，如图4.34所示。

图4.34 设置关键帧修改羽化值

06 调整时间到00:00:02:00帧的位置，选择上方的两个锚点将其向上拖动，直到将数字7完全显示出来，系统自动建立关键帧，如图4.35所示。

图4.35 绘制"白云2"层的蒙版

07 这样就完成了动画的制作。按空格键或小键盘上的0键预览动画，其中的几帧动画效果如图4.36所示。

图4.36 其中的几帧动画效果

4.4.5 蒙版的不透明度

蒙版和其他素材一样，也可以调整不透明度，在调整不透明度时，只影响蒙版素材本身，对其他的素材不会造成影响。利用不透明度的调整，可以制作出更加丰富的视觉效果。调整蒙版不透明度的操作方法如下。

01 在时间线面板中，将蒙版属性列表选项展开。

02 单击Mask Opacity（蒙版不透明度）属性右侧的参数将其激活，然后直接输入数值；也可以将鼠标放在数值上，直接拖动改变数值。不同透明度的蒙版效果如图4.37所示。

不透明度为30%

不透明度为60%

不透明度为100%
图4.37 不同透明度的蒙版效果

4.4.6 蒙版区域的扩展和收缩 （重点）

蒙版的范围可以通过Mask Expansion（蒙版扩展）参数调整，当参数值为正值时，蒙版范围将向外扩展；当参数值为负值时，蒙版范围将向里收缩，具体操作方法如下。

01 在时间线面板中，将蒙版属性列表选项展开。

02 单击Mask Expansion（蒙版扩展）属性右侧的参数将其激活，然后直接输入数值；也可以将鼠标放在数值上，直接拖动改变数值。扩展、原图与收缩的效果如图4.38所示。

60像素

0像素

−60像素

图4.38 蒙版不同扩展值效果

练习4-6 利用蒙版扩展制作电视屏幕效果

难　度：	★★

工程文件：第 4 章 \ 电视屏幕

在线视频：第 4 章 \ 练习 4-6　利用蒙版扩展制作电视屏幕效果 .avi

01 执行菜单栏中的File（文件）| Import（导入）| File（文件）命令，或在Project（项目）面板中双击，打开Import File（导入文件）对话框，选择配套资源中的"工程文件\第4章\电视屏幕.psd"素材。

02 单击"打开"按钮，此时将弹出一个文件名称的对话框，单击Import Kind（导入类型）下拉列表框，选择Composition（合成）选项。

03 单击OK（确定）按钮，此时会在Project（项目）面板中看到导入的素材。

04 双击Project（项目）面板中的"电视屏幕"合成，打开其时间线面板。调整时间到00:00:00:00帧的位置，如图4.39所示。

图4.39 "电视屏幕"时间线面板

05 单击"动画片"层，再单击工具栏中的Rectangle Tool（矩形工具）■按钮，在Composition（合成）面板中绘制一条方形，具体大小与位置如图4.40所示。

图4.40 椭圆蒙版的绘制

06 修改羽化值。在时间线面板中展开Masks（蒙版）层列表项，修改Mask Feather（蒙版羽化）的值为（20,20），如图4.41所示。

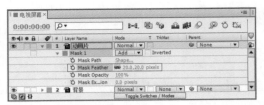

图4.41 设置蒙版羽化

07 在00：00：00：00帧的位置单击Mask Expansion（蒙版扩展）属性左侧的码表 ⏱ 按钮，在当前时间设置一个关键帧，修改Mask Expansion（蒙版扩展）值为0，如图4.42所示。

图4.42 建立关键帧修改蒙版扩展属性

08 调整时间到00:00:00:13帧的位置，修改Mask Expansion（蒙版扩展）值为72。调整时间到00:00:01:00帧的位置，修改Mask Expansion（蒙版扩展）值为100。调整时间到00:00:02:00帧的位置，修改Mask Expansion（蒙版扩展）值为200。调整时间到00:00:02:24帧的位置，修改Mask Expansion（蒙版扩展）值为500。修改时

间线面板后的效果如图4.43所示。

图4.43 修改时间线面板后的效果

09 这样就完成了蒙版属性综合应用的动画。按空格键或小键盘上的0键预览动画，其中的几帧动画效果如图4.44所示。

图4.44 其中的几帧动画效果

4.5 知识拓展

本章主要讲解蒙版的应用。蒙版是After Effects CS6 软件中非常重要的组成部分，了解蒙版动画的原理，可以为以后更好地制作蒙版动画铺路。

4.6 拓展训练

本章通过3个课后习题，在巩固知识的同时，掌握蒙版动画的制作技能，以提高动画的制作效率，并达到预期的动画效果。

训练4-1 扫光文字效果

◆ 实例分析

本例主要讲解利用轨道蒙版制作扫光文字效果，完成的动画流程画面如图4.45所示。

难　度：★★
工程文件：第4章\扫光文字效果
在线视频：第4章\训练4-1 扫光文字效果 .avi

图4.45 动画流程画面

◆ 本例知识点

1.Track Matte（轨道蒙版）的使用
2.Pen Tool（钢笔工具）的使用

训练4-2 扫光着色效果

◆ 实例分析

本例首先绘制矩形蒙版，然后通过修改矩形蒙版的位置制作出动画效果，最后利用调整层制作出扫光着色动画。本例最终的动画流程画面如图4.46所示。

难　度：★★
工程文件：第4章\扫光着色
在线视频：第4章\训练4-2 扫光着色效果 .avi

图4.46 动画流程画面

◆ 本例知识点

1.Rectangle Tool（矩形工具）的使用
2.Adjustment Layer（调节层）命令的使用
3.层模式的使用

训练4-3 打开的折扇

◆ 实例分析

本例主要讲解打开的折扇动画的制作。通过蒙版属性的多种修改方法，并应用到路径节点的添加及调整方法，制作出一把慢慢打开的折扇动画。本例最终的动画流程画面如图4.47所示。

难　度：★★★★
工程文件：第4章\打开的折扇
在线视频：第4章\训练4-3 打开的折扇 .avi

图4.47 动画流程画面

◆ 本例知识点

1.Pen Tool（钢笔工具）的使用
2.路径锚点的修改
3.定位点的调整

第 **5** 章

色彩控制与抠像

本章主要讲解色彩控制与素材抠像应用技巧，包括 Hue/saturation（色相 / 饱和度）特效的应用方法以及 Color Key（色彩键）抠像的运用，同时还讲解了 Curves（曲线）和 Change Color（改变图像颜色）特效的应用，利用 Curves（曲线）和 Change Color（改变图像颜色）特效改变画面的亮度和颜色的技巧。通过学习本章内容，掌握色彩控制与素材抠像的技巧。

教学目标

学习各种色彩校正的含义及使用方法

学习各种抠像的含义及使用方法

掌握色彩动画的制作技巧

学习各种键控抠像含义 ｜ 掌握素材抠像的技巧

5.1 色彩调整的应用方法

要使用色彩调整特效进行图像处理，首先要学习色彩调整的使用方法。应用色彩调整的操作方法如下。

（1）在时间线面板中选择要应用色彩调整特效的层。

（2）在 Effects & Presets（特效面板）中展开 Color Correction（色彩校正）特效组，然后双击其中的某个特效选项。

（3）打开 Effect Controls（特效控制）面板，修改特效的相关参数。

5.2 使用Color Correction（色彩校正）特效组

在图像处理过程中经常需要进行图像颜色调整工作，如调整图像的色彩、色调、明暗度及对比度等。After Effects CS6 软件中提供了许多调整图像色调和平衡色彩的命令，本节将详细介绍有关图像色彩校正命令的使用方法。

5.2.1 Auto Color(自动颜色)

该特效将对图像进行自动色彩的调整，图像值如果和自动色彩的值相近，图像应用该特效后变化效果较小。应用自动色彩的前后效果及参数设置如图 5.1 所示。

图5.1 应用自动色彩的前后效果及参数设置

5.2.2 Auto Contrast（自动对比度）

该特效将对图像的自动对比度进行调整，如果图像值和自动对比度的值相近，应用该特效后图像变化效果较小。应用自动对比度的前后效果及参数设置如图 5.2 所示。该特效的各项参数含义与自动色彩的参数含义相同，这里不再赘述。

图5.2 应用自动对比度的前后效果及参数设置

5.2.3 Auto Levels（自动色阶）

该特效对图像进行自动色阶的调整，如果图像值和自动色阶的值相近，应用该特效后图像变化效果较小。应用自动色阶的前后效果及参数设置如图 5.3 所示。

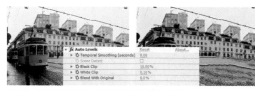

图5.3 应用自动色阶的前后效果及参数设置

5.2.4 Black & White（黑白）

该特效主要用来处理各种黑白图像，创建

各种风格的黑白效果，且可编辑性很强。它还可以通过简单的色调应用，将彩色图像或灰度图像处理成单色图像，如图5.4所示。

图5.4 应用黑白的前后效果及参数设置

5.2.5 Brightness& Contrast（亮度与对比度）

该特效主是对图像的亮度和对比度进行调节。应用亮度与对比度的前后效果及参数设置如图5.5所示。

图5.5 应用亮度与对比度的前后效果及参数设置

5.2.6 Broadcast Colors（广播级颜色）

该特效主要对影片像素的颜色值进行测试，因为计算机本身与电视播放色彩有很大的差别，电视设备仅能表现某个幅度以下的信号，使用该特效就可以测试影片的亮度和饱和度是否在某个幅度以下的信号安全范围内，以免发生不理想的电视画面效果。应用广播级颜色的前后效果及参数设置如图5.6所示。

图5.6 应用广播级颜色的前后效果及参数设置

5.2.7 CC Color Neutralizer（颜色中和剂）

该特效主要对影片像素的颜色值进行调整，可以控制图片高光的阴影和中间的色调。应用颜色中和剂的前后效果及参数设置如图5.7所示。

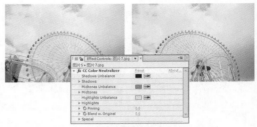

图5.7 应用颜色中和剂的前后效果及参数设置

5.2.8 CC Color Offset（CC色彩偏移）

该特效主要是对图像的Red（红）、Green（绿）、Blue（蓝）相位进行调节。应用CC色彩偏移的前后效果及参数设置如图5.8所示。

图5.8 应用CC色彩偏移的前后效果及参数设置

5.2.9 CC Kernel（CC内核）

该特效主要是对图片进行颜色亮度修改。应用CC内核的前后效果及参数设置如图5.9所示。

图5.9 应用CC内核的前后效果及参数设置

5.2.10 CC Toner（CC调色）重点

　　该特效通过对图像的高光颜色、中间色调和阴影颜色的调节改变图像的颜色。应用CC调色的前后效果及参数设置如图5.10所示。

图5.10 应用CC调色的前后效果及参数设置

5.2.11 Change Color（改变颜色）

　　该特效可以通过Color To Change（颜色改变）右侧的色块或吸管设置图像中的某种颜色，然后通过色相、饱和度和亮度等对图像进行颜色的改变。应用改变颜色的前后效果及参数设置如图5.11所示。

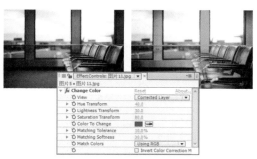

图5.11 应用改变颜色的前后效果及参数设置

5.2.12 Change To Color（改变到颜色）

　　该特效通过颜色的选择可以将一种颜色直接改变为另一种颜色，在用法上与Change Color（改变颜色）特效有很大的相似之处。应用改变到颜色的前后效果及参数设置如图5.12所示。

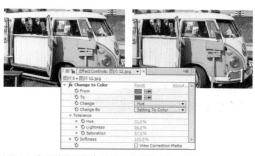

图5.12 应用改变到颜色的前后效果及参数设置

练习5-1 改变影片颜色

难　　度：★★
工程文件：第5章\改变影片颜色
在线视频：第5章\练习5-1 改变影片颜色.avi

　　本例主要讲解利用Change to Color（改变到颜色）特效制作改变影片颜色效果。

01 执行菜单栏中的File（文件）|Open Project（打开项目）命令，选择配套资源中的"工程文件\第5章\改变影片颜色\改变影片颜色练习.aep"文件，将文件打开。

02 为"动画学院大讲堂.mov"层添加Change to Color（改变到颜色）特效。在Effects & Presets（效果和预置）中展开Color Correction（色彩校正）特效组，然后双击Change to Color（改变到颜色）特效。

03 在Effects Controls（特效控制）面板中修改Change to Color（改变到颜色）特效的参数，设置From（从）为蓝色（R：0，G：55，B：235），如图5.13所示。合成窗口效果如图5.14所示。

图5.13 设置参数

图5.14 合成窗口效果

04 这样就完成了改变影片颜色的整体制作，按小键盘上的"0"键即可在合成窗口中预览动画。

5.2.13 Channel Mixer（通道混合）

该特效主要通过修改一个或多个通道的颜色值调整图像的色彩。应用通道混合的前后效果及参数设置如图5.15所示。

图5.15 应用通道混合的前后效果及参数设置

5.2.14 Color Balance（色彩平衡）重点

该特效通过调整图像暗部、中间色调和高光的颜色强度调整素材的色彩均衡。应用色彩平衡的前后效果及参数设置如图5.16所示。

图5.16 应用色彩平衡的前后效果及参数设置

5.2.15 Color Balance（HLS）[色彩平衡（HLS）]

该特效与Color Balance（色彩平衡）很相似，不同的是，该特效不是调整图像的RGB，而是HLS，即调整图像的色相、亮度和饱和度各项参数，以改变图像的颜色。应用色彩平衡的前后效果及参数设置如图5.17所示。

图5.17 应用色彩平衡的前后效果及参数设置

练习5-2 色彩调整动画

难　　度：★
工程文件：第5章\色彩调整动画
在线视频：第5章\练习5-2 色彩调整动画.avi

本例主要讲解利用Color Balance（HLS）（色彩平衡（HLS））特效制作色彩调整动画效果。

01 执行菜单栏中的File（文件）|Open Project（打开项目）命令，选择配套资源中的"工程文件\

第5章\色彩调整动画\色彩调整动画练习.aep"文件，将文件打开。

02 在Timeline（时间线）面板中选择"视频"层，然后在Effects & Presets（效果和预置）中展开Color Correction（色彩校正）选项，最后双击Color Balance（HLS）（色彩平衡（HLS））特效。

03 在Effect Controls（特效控制台）面板中修改Color Balance（HLS）（色彩平衡（HLS））特效的参数，将时间调整到00:00:00:15帧的位置，设置Hue（色调）的值为95，单击Hue（色调）左侧的码表 按钮，在当前位置设置关键帧。

04 将时间调整到00:00:01:15帧的位置，设置Hue（色调）的值为148；将时间调整到00:00:02:11帧的位置，设置Hue（色调）的值为220；将时间调整到00:00:01:15帧的位置，设置Hue（色调）的值为252，系统会自动设置关键帧，如图5.18所示。合成窗口的效果5.19所示。

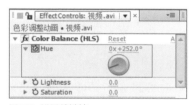

图5.18 设置关键帧

图5.19 合成窗口的效果

05 这样就完成了动画的整体制作，按小键盘上的"0"键，即可在合成窗口中预览动画。

5.2.16 Color Link（颜色链接）

该特效将当前图像的颜色信息覆盖在当前层上，以改变当前图像的颜色，通过修改不透明度，可以使图像有透过玻璃看画面的效果。应用颜色链接的前后效果及参数设置如图5.20所示。

图5.20 应用颜色链接的前后效果及参数设置

5.2.17 Color Stabilizer（颜色稳定器）

该特效通过选择不同的稳定方式，然后在指定点通过区域添加关键帧对色彩进行设置。应用颜色稳定器的前后效果及参数设置如图5.21所示。

图5.21 应用颜色稳定器的前后效果及参数设置

5.2.18 Colorama（色光）

该特效可以将色彩以自身为基准按色环颜色变化的方式周期变化，产生梦幻彩色光的填充效果。应用色光的前后效果及参数设置如图5.22所示。

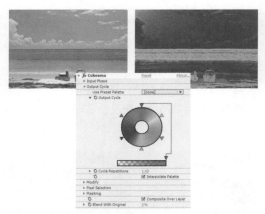

图5.22 应用色光的前后效果及参数设置

5.2.19 Curves（曲线）

该特效可以通过调整曲线的弯曲度或复杂度调整图像的亮区和暗区的分布情况。应用曲线的前后效果及参数设置如图 5.23 所示。

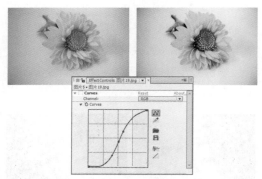

图5.23 应用曲线的前后效果及参数设置

5.2.20 Equalize（补偿）

该特效可以通过 Equalize 中的 RGB、Brightness（亮度）或 Photoshop Style 3 种方式对图像进行色彩补偿，使图像色阶平均化。应用补偿的前后效果及参数设置如图 5.24 所示。

图5.24 应用补偿的前后效果及参数设置

5.2.21 Exposure（曝光）

该特效用来调整图像的曝光程度，可以通过通道的选择设置图像曝光的通道。应用曝光的前后效果及参数设置如图 5.25 所示。

图5.25 应用曝光的前后效果及参数设置

5.2.22 Gamma / Pedestal / Gain（伽马/基准/增益）

该特效可以对图像的各个通道值进行控制，以细致地改变图像的效果。应用（伽马 / 基准 / 增益）的前后效果及参数设置如图 5.26 所示。

图5.26 应用（伽马/基准/增益）的前后效果及参数设置

5.2.23 Hue／Saturation（色相/饱和度）重点

该特效可以控制图像的色彩和色彩的饱和度，还可以将多彩的图像调整成单色画面效果，做成单色图像。应用色相/饱和度的前后效果及参数设置如图 5.27 所示。

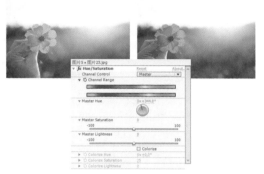

图5.27 应用色相/饱和度的前后效果及参数设置

5.2.24 Leave Color（保留颜色）重点

该特效可以通过设置颜色指定图像中保留的颜色，将其他的颜色转换为灰度效果。为了突出紫色的花朵，将保留颜色设置为花朵的紫色，其他颜色就转换成灰度效果。应用保留颜色的前后效果及参数设置如图 5.28 所示。

图5.28 应用保留颜色的前后效果及参数设置

5.2.25 Levels（色阶）重点

该特效将亮度、对比度和伽马等功能结合在一起，对图像进行明度、阴暗层次和中间色

彩的调整。应用色阶的前后效果及参数设置如图 5.29 所示。

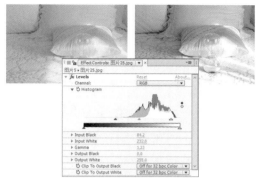

图5.29 应用色阶的前后效果及参数设置

5.2.26 Levels（Individual Controls）（单独色阶控制）

该特效与 Levels（色阶）应用方法相同，只是在控制图像的亮度、对比度和伽马值时，对图像的通道进行单独控制，更细化了控制的效果。应用单独色阶控制的前后效果及参数设置如图 5.30 所示。

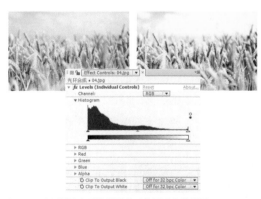

图5.30 应用单独色阶控制的前后效果及参数设置

5.2.27 Photo Filter（照片过滤器）

该特效可以将图像调整成照片级别，以使其看上去更加逼真。应用照片过滤器的前后效果及参数设置如图 5.31 所示。

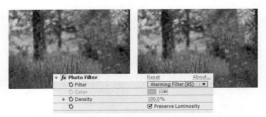

图5.31 应用照片过滤器的前后效果及参数设置

5.2.28 PS Arbitrary Map（Photoshop曲线图）

该特效应用在 Photoshop 的映像设置文件上，通过相位的调整改变图像效果。应用 Photoshop 曲线图的前后效果及参数设置如图 5.32 所示。

图5.32 应用Photoshop曲线图的前后效果及参数设置

5.2.29 Selective Color （可选颜色）

该特效可对图像中的指定颜色进行校正，以调整图像中不平衡的颜色，其最大的好处就是可以单独调整某一种颜色，而不影响其他颜色，如图 5.33 所示。

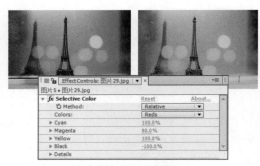

图5.33 应用可选颜色的前后效果及参数设置

5.2.30 Shadow / Highlight（阴影/高光）

该特效用于对图像中的阴影和高光部分进行调整。应用阴影 / 高光的前后效果及参数设置如图 5.34 所示。

图5.34 应用阴影/高光的前后效果及参数设置

5.2.31 Tint（色调） 重点

该特效可以通过指定的颜色对图像进行颜色映射处理。应用色调的前后效果及参数设置如图 5.35 所示。

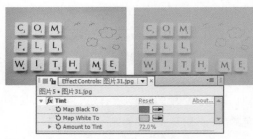

图5.35 应用色调的前后效果及参数设置

5.2.32 Tritone（调色） 重点

该特效与 CC Toner（CC 调色）的应用方法相同。应用 CC 调色的前后效果及参数设置如图 5.36 所示。

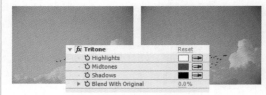

图5.36 应用CC调色的前后效果及参数设置

5.2.33 Vibrance（自然饱和度）

该特效在调节图像饱和度的时候会保护已经饱和的像素，即在调整时会大幅增加不饱和像素的饱和度，而对已经饱和的像素只做很少、很细微的调整，这样不但能够增加图像某一部分的色彩，而且还能使整幅图像的饱和度正常，如图 5.37 所示。

图5.37 应用自然饱和度的前后效果及参数设置

5.3 素材抠像——Keying（键控）

键控有时也叫叠加或抠像，它本身包含在 After Effects 的 Effects & Presets（特效面板）中，在实际的视频制作中应用非常广泛，也相当重要。

它和蒙版在应用上很相似，主要用于素材的透明控制，当蒙版和 Alpha 通道控制不能满足需要时，就需要应用键控。

5.3.1 CC Simple Wire Removal（擦钢丝）

该特效是利用一根线将图像分割，在线的部位产生模糊效果。应用擦钢丝的前后效果及参数设置如图 5.38 所示。

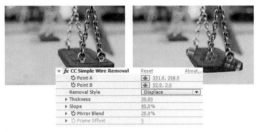

图5.38 应用擦钢丝的前后效果及参数设置

图5.39 应用颜色差值键控的前后效果及参数设置

5.3.2 Color Difference Key（颜色差值键控）

该特效具有相当强大的抠像功能，通过颜色的吸取和加选、减选的应用，将需要的图像内容抠出。应用颜色差值键控的前后效果及参数设置如图 5.39 所示。

5.3.3 Color Range（颜色范围）

该特效可以应用的色彩模式包括 Lab、YUV 和 RGB，被指定的颜色范围将产生透明效果。应用颜色范围的前后效果及参数设置如图 5.40 所示。

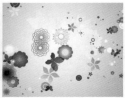

图5.40 应用颜色范围的前后效果及参数设置

5.3.4 Difference Matte（差异蒙版）

该特效通过指定的差异层与特效层进行颜色对比，将相同颜色区域抠出，制作出透明的效果，特别适合在相同背景下，将其中一个移动物体的背景制作成透明效果。应用差异蒙版的前后效果及参数设置如图 5.41 所示。

图5.41 应用差异蒙版的前后效果及参数设置

5.3.5 Extract（提取）

该特效可以通过抽取通道对应的颜色制作透明效果。应用提取的前后效果及参数设置如图 5.42 所示。

图5.42 应用提取的前后效果及参数设置

5.3.6 Inner/Outer Key（内外键控）

该特效可以通过指定的遮罩定义内边缘和外边缘，根据内外遮罩进行图像差异比较，得出透明效果。应用内外键控的前后效果及参数设置如图 5.43 所示。

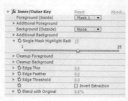

图5.43 应用内外键控的前后效果及参数设置

5.3.7 Keylight 1.2（抠像1.2）重点

该特效可以通过指定的颜色对图像进行抠除，根据内外遮罩进行图像差异比较。应用抠像 1.2 的前后效果及参数设置如图 5.44 所示。

图5.44 应用抠像1.2的前后效果及参数设置

图5.46 应用亮度键的前后效果及参数设置

5.3.8 Linear Color Key（线性颜色键控）

该特效可以根据 RGB 彩色信息或 Hue（色相）及 Chroma（饱和度）信息，与指定的键控色进行比较，产生透明区域。应用线性颜色键控的前后效果及参数设置如图5.45所示。

图5.45 应用线性颜色键控的前后效果及参数设置

5.3.9 Luma Key（亮度键）

该特效可以根据图像的明亮程度将图像制作出透明效果，更适用于画面对比强烈的图像。应用亮度键的前后效果及参数设置如图 5.46 所示。

练习5-3 抠除白背景

难　　度：★★
工程文件：第 5 章 \ 抠除白背景
在线视频：第 5 章 \ 练习 5-3 抠除白背景 .avi

本例主要讲解利用 Luma Key（亮度键）特效制作抠除白背景效果。

01 执行菜单栏中的 File（文件）|Open Project（打开项目）命令，选择配套资源中的"工程文件\第5章\抠除白背景\抠除白背景练习.aep"文件，将"抠除白背景练习.aep"文件打开。

02 选中"相机.jpg"层，按P键打开Position（位置）属性，设置Position（位置）的值为（481，400）。

03 为"相机.jpg"层添加Luma Key（亮度键）特效。在Effects & Presets（效果和预置）面板中展开Keying（键控）特效组，然后双击Luma Key（亮度键）特效。

04 在Effect Controls（特效控制）面板中修改Luma Key（亮度键）特效的参数，从Key Type（键控类型）菜单中选择Key Out Brighter（亮部抠出）命令，设置Threshold（阈值）的值为254，Edge Thin（边缘薄厚）的值为1，Edge Feather（边缘羽化）的值为2，如图5.47所示。合成窗口效果如图5.48所示，这样就完成了抠除白背景的整体制作。

图5.47 设置参数

图5.50 应用色彩键的前后效果及参数设置

図5.48 合成窗口效果

5.3.10 Spill Suppressor（溢出抑制）

该特效可以去除键控后的图像残留的键控色的痕迹，可以将素材的颜色替换成另一种颜色。应用溢出抑制的前后效果及参数设置如图5.49所示。

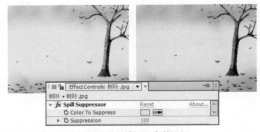

图5.49 应用溢出抑制的前后效果及参数设置

5.3.11 Color Key（色彩键）重点

该特效将素材的某种颜色及其相似的颜色范围设置为透明，还可以为素材进行边缘预留设置，制作出类似描边的效果。应用色彩键前后效果及参数设置如图 5.50 所示。

练习5-4 色彩键抠像 难点

难　度：★★
工程文件：第 5 章 \ 色彩键抠像
在线视频：第 5 章 \ 练习 5-4 色彩键抠像 .avi

前面讲解了键控的参数应用及含义，下面通过实例讲解利用键控抠像的方法及操作技巧。

01 导入素材。执行菜单栏中的File（文件）| Import（导入）| File（文件）命令，或按Ctrl + I组合键，打开Import File（导入文件）对话框，选择配套资源中的"工程文件\ 第5章 \ 色彩键抠像 \ 水背景.avi、龙.mov"文件，以"水背景.avi"为合成，然后将其添加到时间线面板中，选择"龙.mov"按快捷键S，设置scale（缩放）值为（110，110）。

02 在时间线面板中确认选择"红鲤鱼"层，然后在Effects & Presets（特效面板）中展开Keying（键控）选项，双击Color Key（色彩键）特效，如图5.51所示。

03 此时该层图像就应用了Color Key（色彩键）特效，打开Effect Controls（特效控制面板，可以看到该特效的参数设置，如图5.52所示。

图5.51 双击特效 图5.52 特效控制面板

图5.54 修改参数

04 单击Key Color（色彩键）右侧的吸管工具 ，然后在合成窗口中单击素材上的白色部分吸取白色，如图5.53所示。

图5.53 吸取颜色

05 使用吸管吸取颜色后，可以看到有些白色部分已经透明，可以看到背景了，在Effect Controls（特效控制）面板中修改Color Tolerance（颜色容差）的值为45，Edge Thin（边缘薄厚）的值为1，Edge Feather（边缘羽化）的值为2，以制作柔和的边缘效果，如图5.54所示。

06 这样，利用键控中的Color Key（色彩键）特效抠像即成功完成，因为素材本身是动画，所以可以预览动画效果，其中的几帧画面效果如图5.55所示。

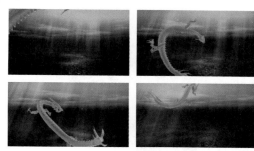

图5.55 键控应用中的几帧画面效果

5.4 知识拓展

在影视制作中，图像的处理经常需要对图像颜色进行调整。色彩的调整主要是通过对图像的明暗、对比度、饱和度以及色相的调整，达到改善图像质量的目的，以更好地控制影片的色彩信息，制作出理想的视频画面效果；素材抠像是场景合成的关键，是现在影视制作中最基本、最常用的手段；重点掌握色彩控制与素材抠像技术。

5.5 拓展训练

本章为读者朋友安排了3个拓展练习，帮助大家巩固前面的基础知识，更好地掌握色彩控制与素材抠像的实战应用技巧。

训练5-1 为图片替换颜色

◆实例分析

本例主要讲解利用 Change to Color（改变到颜色）特效给图片替换颜色。本例最终的动画流程画面，如图 5.56 所示。

难　度：★★
工程文件：第 5 章 \ 为图片替换颜色
在线视频：第 5 章 \ 训练 5-1 为图片替换颜色 .avi

图5.56 动画流程画面

◆本例知识点

1.Change to Color(改变到颜色) 的使用
2.Rectangle Tool(矩形工具) □ 的使用

训练5-2 彩色光环

◆实例分析

本例主要讲解利用 Hue/Saturation（色相/饱和度）特效制作彩色光环效果。本例最终的动画流程画面如图 5.57 所示。

难　度：★★★
工程文件：第 5 章 \ 彩色光环
在线视频：第 5 章 \ 训练 5-2 彩色光环 .avi

图5.57 动画流程画面

◆本例知识点

1. 学习 Fractal Noise (分形噪波) 特效的使用
2. 学习 Polar Coordinates (极坐标) 特效的使用
3. 学习 Hue/Saturation (色相 / 饱和度) 特效的使用
4. 学习 Null Object (虚拟物体) 特效的使用

训练5-3 制作《忆江南》

◆实例分析

本例主要讲解利用 Keylight（1.2）（抠像 1.2）特效制作忆江南动画效果，完成的动画流程画面如图 5.58 所示。

难　度：★★
工程文件：第 5 章 \ 制作忆江南动画
在线视频：第 5 章 \ 训练 5-3 制作《忆江南》.avi

图5.58 动画流程画面

◆本例知识点

1.Keylight(1.2)(抠像 1.2) 的使用

第 3 篇

精通篇

第 **6** 章

跟踪与稳定技术

在影视特技的制作过程中，以及在背景抠像的后期制作中，要经常用到跟踪与稳定技术。本章主要讲解摇摆器和运动草图的使用、运动跟踪与稳定的使用。合理运用动画辅助工具可以有效提高动画的制作效率并达到预期的动画效果。

教学目标

学习摇摆器的使用方法 | 学习运动草图的使用
掌握运动跟踪和运动稳定的使用方法和技巧

6.1 Wiggler（摇摆器）重点

Wiggler（摇摆器）可以在现有关键帧的基础上自动创建随机关键帧，并产生随机的差值，使属性产生偏差并制作成动画效果，这样可以通过摇摆器控制关键帧的数量，还可以控制关键帧间的平滑效果及方向，是制作随机动画的理想工具。

执行菜单栏中的Window（窗口）| Wiggler（摇摆器）命令，打开Wiggler（摇摆器）面板，如图6.1所示。

图6.1 Wiggler（摇摆器）面板及说明

Wiggler（摇摆器）面板中各选项的使用说明如下。

- Apply to（应用到）右侧的下拉菜单中有两个选项命令供选择：Temporal Graph（空间动画轨迹）表示关键帧动画随空间变化；Spatial Path（时间曲线图）表示关键帧动画随时间变化。
- Noise Type（噪波类型）右侧的下拉菜单中也有两个选项命令供选择：Smooth（平滑）表示关键帧动画间将产生平缓的变化过程；Jagged（锯齿）表示关键帧动画间将产生大幅度的变化。
- Dimensions（轴向）右侧的下拉菜单中有4个选项命令供选择：X（x轴）表示动画产生在水平位置，即x轴向上；Y（y轴）表示动画产生在垂直位置，即y轴向上；All the same（相同变化）表示在每个维数上产生相同的变化，可以看到动画在相同轴向上有相同的变化效果；All Independently（不同变化）表示在每个维数上产生不同的变化，可以看到动画在相同轴向上产生杂乱的变化效果。
- **Frequency（频率）**：表示系统每秒增加多少个关键帧，数值越大，产生的关键帧越多，变化也越大。
- **Magnitude（幅度）**：表示动画变化幅度的大小，值越大，变化的幅度也越大。

练习6-1 制作随机动画

难 度：	★★
工程文件：	第6章\随机动画
在线视频：	第6章\练习6-1 制作随机动画.avi

本例主要讲解利用Wiggler（摇摆器）制作随机动画效果。

01 执行菜单栏中的Composition（合成）| New Composition（新建合成）命令，打开Composition Settings（合成设置）对话框，如图6.2所示。

图6.2 "合成设置"对话框

02 执行菜单栏中的File（文件）| Import（导入）| File（文件）命令，打开Import File（导入文件）对话框，选择配套资源中的"工程文件\第6章\随机动画\摇摆器.jpg"文件，然后将其添加到时间线中。

03 在时间线面板中单击选择"摇摆器.jpg"层，然后按Ctrl + D组合键，为其复制一个副本，并将它的列表项展开，如图6.3所示。

图6.3 展开列表项

04 单击工具栏中的Rectangle Tool（矩形工具）
□按钮，然后在Composition（合成）窗口的
中间位置单击拖动绘制一个矩形蒙版，如图6.4所
示。为了更好地看到绘制效果，将最下面的层
隐藏。

图6.4 绘制矩形蒙版区域

05 将时间调整到00:00:00:00帧的位置，在时间
线面板中分别单击Position（位置）和Scale（缩
放）左侧的码表，在当前时间位置添加关键帧，如
图6.5所示。

图6.5 在00:00:00:00帧处添加关键帧

06 将时间调整到00:00:05:24帧的位置，单击
Position（位置）和Scale（缩放）属性左侧的
Add or remove keyframe at current time（在当
前时间添加或删除关键帧） ^ 按钮，在
00:00:05:24时间帧处添加一个关键帧，如图6.6
所示。

图6.6 在00:00:05:24帧处添加关键帧

07 在Position（位置）名称处单击，或辅助Shift
键，选择Position（位置）属性中的两个关键帧，
如图6.7所示。

图6.7 选择关键帧

08 执行菜单栏中的Window（窗口）| Wiggler
（摇摆器）命令，打开Wiggler（摇摆器）面板，
在Apply to（应用到）右侧的下拉菜单中选择
Spatial Path（时间曲线图）命令；在Noise
Type（噪波类型）右侧的下拉菜单中选择
Smooth（平滑）命令；在Dimensions（轴向）
右侧的下拉菜单中选择X（x轴）表示动画产生在
水平位置；并设置Frequency（频率）的值为5，
Magnitude（幅度）的值为300，如图6.8所示。

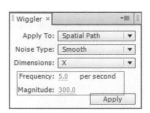

图6.8 摇摆器参数设置

09 单击Apply（应用）按钮，在选择的两个关键
帧中将自动建立关键帧，以产生摇摆动画的效果，
如图6.9所示。

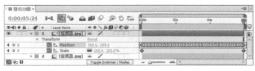

图6.9 使用摇摆器后的效果

10 从Composition（合成）窗口中可以看到蒙版
矩形的直线运动轨迹，并可以看到很多关键帧控制

点，可以将矩形移动一点，以适合窗口，如图6.10所示。

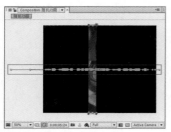

图6.10 关键帧控制点效果

11 利用上面的方法选择Scale（缩放）右侧的两个关键帧，设置摇摆器的参数，将Magnitude（幅度）设置为120，以减小变化的幅度，如图6.11所示。

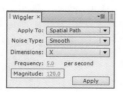

图6.11 摇摆器参数设置

12 设置完成后，单击Apply（应用）按钮，在选择的两个关键帧中将自动建立关键帧，以产生摇摆动画的效果，如图6.12所示。

图6.12 缩放关键帧效果

13 将隐藏的层显示，然后设置上层的混合模式为Screen（屏幕）模式，以产生较亮的效果，如图6.13所示。

图6.13 修改层模式

14 这样就完成了随机动画的整体制作，按小键盘上的"0"键即可在合成窗口中预览动画。

6.2 Motion Sketch（运动草图） 难点

运用Motion Sketch（运动草图）命令，可以以绘图的形式随意绘制运动路径，并根据绘制的轨迹自动创建关键帧，制作出运动动画效果。

执行菜单栏中的Window（窗口）| Motion Sketch（运动草图）命令，打开Motion Sketch（运动草图）面板，如图6.14所示。

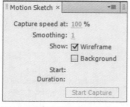

图6.14 运动草图面板及说明

在Motion Sketch（运动草图）面板中，各选项的使用说明如下。

- **Captrue speed at（采集速度）：** 通过百分比参数设置捕捉的速度，值越大，捕捉的动画越快，速度也越快。
- **Show（显示）：** 用来设置捕捉时，图像的显示情况。Wireframe（线框）表示在捕捉时，图像以线框的形式显示，只显示图像的边缘框架，以更好地控制动画的线路；Background（背景）表示在捕捉时，合成预览时显示下一层的图像效果，如果不选择该项，将显示黑色的背景。

- **Start（开始）和Duration（持续时间）：** Start（开始）表示当前时间滑块所在的位置，也是捕捉动画开始的位置；Duration（持续时间）表示当前合成文件的持续时间。
- **Start Capture（开始采集）：** 单击该按钮，鼠标将变成十字形，在合成窗口中，单击拖动，可以开始制作采集动画。

练习6-2 制作彩蝶飞舞

难　　度：★★
工程文件：第6章\彩蝶飞舞
在线视频：第6章\练习6-2 制作彩蝶飞舞.avi

通过上面的讲解，认识了Motion Sketch（运动草图）应用的基础知识。下面通过实例讲解Motion Sketch（运动草图）的应用，并利用Motion Sketch（运动草图）制作彩蝶飞舞动画。

01 打开工程文件。执行菜单栏中的File（文件）| Open Project（打开项目）命令，弹出"打开"对话框，选择配套资源中的"工程文件 \ 第6章 \ 彩蝶飞舞 \ 彩蝶飞舞练习.aep"文件，将文件打开。

> **提示**
>
> 该工程文件为一个蝴蝶的动画合成文件，蝴蝶只有一个展翅飞翔的过程，没有位置的运动效果。

02 创建合成。执行菜单栏中的Composition（合成）| New Composition（新建合成）命令，打开Composition Settings（合成设置）对话框进行参数设置。

03 导入素材。执行菜单栏中的File（文件）| Import（导入）| File（文件）命令，或按Ctrl+I组合键打开Import File（导入文件）对话框，选择配套资源中的"工程文件\ 第6章\彩蝶飞舞\花背景.jpg"文件，然后将花背景和蝴蝶合成两个文件添加到时间线窗口中。

04 执行菜单栏中的Window（窗口）| Motion

Sketch（运动草图）命令，打开Motion Sketch（运动草图）面板，设置Capture speed at（捕捉速度）为100%，Show（显示）为Wireframe（线框），如图6.15所示。

图6.15 参数设置

05 在时间线面板中，在时间编码位置单击，或按Alt + Shift + J组合键，打开Go to Time（跳转到时间）对话框，设置时间为00:00:00:00的位置，选择蝴蝶层，然后单击Motion Sketch（运动草图）面板中的Start Capture（开始捕捉）按钮，从Composition（合成）窗口左下角按住鼠标拖动，绘制一个曲线路径，如图6.16所示。

图6.16 绘制路径

> **提示**
>
> 在鼠标拖动绘制时，从时间线面板中可以看到时间滑块随拖动在向前移动，并可以在Composition（合成）窗口预览绘制的路径效果。拖动鼠标的速度直接影响动画的速度，拖动得越快，产生动画的速度也越快；拖动得越慢，产生动画的速度也越慢，如果想使动画与合成的持续时间相同，就要注意拖动的速度与时间滑块的运动过程。

06 拖动完成后，按空格键或小键盘上的"0"键，可以预览动画的效果，其中的几帧画面效果如图6.17所示。

图6.17 彩蝶飞舞动画效果

07 从动画预览中可以看出，当前蝴蝶的运动效果并不理想，好像有些横向运动，而且蝴蝶的朝向并不是随路径变化，而是一直保持一个方向。下面来修改这些不理想的地方。

08 修改蝴蝶的跟随效果。选择蝴蝶层，然后执行菜单栏中的Layer（层）| Transform（转换）| Auto-Orientation（自定向）命令，打开Auto-Orientation（自定向）对话框，选中Orient Along Path（跟随路径）单选项，如图6.18所示。

图6.18 Auto-Orientation（自定向）对话框

提示

在 Auto-Orientation（自定向）对话框中，如果选中 Off 单选项，利用运动草图制作出的动画将不跟随路径旋转；如果选中 Orient Along Path（跟随路径）单选项，运动图像将根据路径的曲线效果自动跟随路径运动。

09 按空格键或小键盘上的"0"键预览动画的效果，发现蝴蝶已经跟随路径运动了，但朝向还有些问题，展开蝴蝶列表选项，修改蝴蝶的Rotation（旋转）角度，以适合路径转向效果，如图6.19所示。

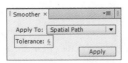

图6.19 修改旋转角度

提示

根据拖动曲线的不同，蝴蝶的旋转角度修改也不同，读者可以根据自己绘制的曲线确定蝴蝶旋转角度的修改。

10 为了减少动画的复杂程度，下面修改动画的关键帧数量。在时间线面板中选择蝴蝶Position（位置）属性上的所有关键帧，执行菜单栏中的Window（窗口）| Smoother（平滑器）命令，打开Smoother（平滑器）面板，设置Tolerance（容差）的值为6，如图6.20所示。

图6.20 Smoother（平滑器）面板

11 设置好容差后，单击Apple（应用）按钮，可以从展开的蝴蝶列表选项中看到关键帧的变化效果，从合成窗口中也可以看出曲线的变化效果，如图6.21所示。

图6.21 修改平滑后的效果

12 这样就完成了位置动画的制作，按空格键或小键盘上的"0"键可以预览动画的效果，其中的几帧画面效果如图6.22所示。

图6.22 彩蝶飞舞动画中的几帧画面效果

6.3 运动跟踪与运动稳定

运动跟踪是根据对指定区域进行运动的跟踪分析，并自动创建关键帧，将跟踪的结果应用到其他层或效果上，制作出动画效果。例如，让燃烧的礼物跟随运动的球体，给天空中的飞机吊上一个物体并随飞机飞行，给翻动镜框加上照片效果。不过，只对运动的影片进行跟踪，不会对单帧静止的图像进行跟踪。

运动稳定是对前期拍摄的影片进行画面稳定的处理，用来消除前期拍摄过程中出现的画面抖动问题，使画面变平稳。

运动跟踪和运动稳定在影视后期处理中应用相当广泛。不过，一般在前期的拍摄中，摄像师要注意拍摄时跟踪点的设置，设置合适的跟踪点，以使后期的跟踪动画制作更加容易。

6.3.1 Tracker（跟踪）面板

After Effects对运动跟踪和运动稳定设置，主要在 Tracker（跟踪）面板中进行。对动画进行运动跟踪的方法有以下两种。

- **方法1**：在时间线面板中选择要跟踪的层，然后执行菜单栏中的Animation（动画）| Track Motion（运动跟踪）或Stabilize Motion（运动稳定）命令即可对该层运用跟踪。
- **方法2**：在时间线面板中选择要跟踪的层，单击Tracker（跟踪）面板中的 Track Motion （运动跟踪）或 Stabilize Motion （运动稳定）按钮即可对该层运用跟踪。

当对某层启用跟踪命令后，就可以在Tracker（跟踪）面板中设置相关的跟踪参数。Tracker（跟踪）面板如图 6.23 所示。

图6.23 Tracker（跟踪）面板

Tracker（跟踪）面板中的参数含义如下。

- **Track Camera（摄像机跟踪）按钮**：可以对选定的层运用摄像机跟踪效果。
- **Warp Stabilizer（平衡校正）按钮**：可以对选定的层运用平衡校正效果。
- **Track Motion（运动跟踪）按钮**：可以对选定的层运用运动跟踪效果。
- **Stabilize Motion（运动稳定）按钮**：可以对选定的层运用运动稳定效果。
- **Motion Source（跟踪源）**：可以从右侧的下拉菜单中选择要跟踪的层。
- **Current Track（当前跟踪器）**：当有多个跟踪器时，从右侧的下拉菜单中选择当前使用的跟踪器。
- **Track Type（跟踪器类型）**：从右侧的下拉菜单中选择跟踪器的类型，包括Stabilize（稳定器）对画面稳定进行跟踪；Transform（转换器）对位置、旋转和缩放进行跟踪；Parallel corner pin（平行四边形边角跟踪器）对平面中的倾斜和旋转进行跟踪，但无法跟踪透视，只要有3个点即可进行跟踪；Perspective corner pin（透视边角跟踪器）对图像进行透视跟踪；Raw（表达式跟踪器）对位移进行跟踪，但是其跟踪计算结果只能保存在原图像属性中，在表达式中可以调用这些跟踪数据。
- **Position（位置）**：使用位置跟踪。
- **Rotation（旋转）**：使用旋转跟踪。
- **Scale（缩放）**：使用缩放跟踪。

- **Edit Target（编辑目标）按钮：** 打开Motion Target（跟踪目标）对话框，如图6.24所示，可以指定跟踪传递的目标。

图6.24 Motion Target（跟踪目标）对话框

- **Options（选项）按钮：** 打开Motion Tracker Options（运动跟踪选项）对话框，对跟踪器进行更详细的设置，如图6.25所示。

图6.25 Motion Tracker Options（运动跟踪选项）对话框

> **提示**
>
> 如果跟踪精度低于指定的运动百分比，在自适应区域选项里面有4种方式处理：Continue Tracking（继续跟踪）、Stop Tracking（停止跟踪）、Extrapolate Motion（自动推算运动）和Adapt Feature（适应特征）。

- **Analyze（分析）：** 用来分析跟踪，包括◀︎（向后逐帧分析）、◀（向后回放分析）、▶（向前播放分析）、▶︎（向前逐帧分析）。
- **Reset（清除）按钮：** 如果对跟踪不满意，单击该按钮，可以将跟踪结果清除，还原为初始状态。
- **Apply（应用）按钮：** 如果对跟踪满意，单击该按钮，应用跟踪结果。

6.3.2 跟踪范围框 （难点）

当对图像应用跟踪命令时，将打开该素材层的层窗口，并在素材上出现一个由两个方框

和一个十字形标记点组成的跟踪对象，这就是跟踪范围框，该框的外方框为搜索区域，里面的方框为特征区域，十字形标记点为跟踪点，如图6.26所示。

图6.26 跟踪范围框

- **搜索区域：** 定义下一帧的跟踪范围。搜索区域的大小与要跟踪目标的运动速度有关，跟踪目标的运动速度越快，搜索区域越大。
- **特征区域：** 定义跟踪目标的特征范围。After Effects 记录当前特征区域内的亮度、色相、形状等特征，在后续关键帧中以这些特征进行匹配跟踪。一般情况下，在前期拍摄时都会注意跟踪点的设置。
- **跟踪点：** 在图像中显示为一个十字形，此点为关键帧生成点，是跟踪范围框与其他层之间的链接点。

> **提示**
>
> 使用选择工具时，光标放在跟踪范围框内的不同位置，将显示不同的效果。显示不同，操作时对范围框的改变也不同： ▸ 表示可以移动整个跟踪范围框； ▸ 表示可以移动搜索区域； ▸ 表示可以移动跟踪点的位置； ▸ 表示可以移动特征区域和搜索区域； ▸ 表示可以拖动改变方框的大小或形状。

练习6-3 位移跟踪动画 （重点）

难　度：★★★
工程文件：第6章 \ 位移跟踪动画
在线视频：第6章 \ 练习6-3 位移跟踪动画 .avi

本例主要讲解利用 Track Motion（运动跟踪）制作位移跟踪动画效果。

01 执行菜单栏中的File（文件）|Open Project（打开项目）命令，选择配套资源中的"工程文件\第6章\位移跟踪动画\位移跟踪动画练习.aep"文件，将文件打开。

02 在时间线面板中单击选择"圣诞夜.mov"层，然后执行菜单栏中的Animation（动画）|Track Motion（运动跟踪）命令，为"圣诞夜"层添加运动跟踪。设置Motion Source（跟踪源）为"圣诞夜.mov"，勾选Position（位置）复选框。跟踪参数设置如图6.27所示。

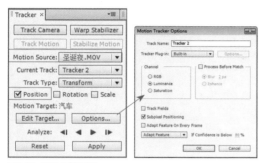

图6.27 跟踪参数设置

03 将时间调整到00:00:00:00帧位置，然后在Composition（合成）窗口中移动跟踪范围框，并调整搜索区域和特征区域的位置，如图6.28所示。

图6.28 调整跟踪范围框的位置

04 在Tracker Controls（跟踪控制器）面板中单击Analyze（分析）右侧的 ▶（向前播放分析）按钮，对跟踪进行分析，分析完成后，可以通过拖动时间滑块查看跟踪的效果，如果在某些位置跟踪出现错误，可以将时间滑块拖动到错误的位置，再

次调整跟踪范围框的位置及大小，然后单击Analyze（分析）右侧的 ▶（向前播放分析）按钮对跟踪进行再次分析，直到合适为止。

05 修改跟踪错误。本实例在跟踪过程中，当动画播放到00:00:00:09帧位置时，跟踪出现了明显的错误，如图6.29所示。这时可以在该帧位置重新调整跟踪范围框的位置和大小，然后单击Analyze（分析）右侧的 ▶（向前播放分析）按钮对跟踪进行再次分析，分析后的效果如图6.30所示。

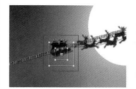 

图6.29 跟踪错误　　　　　　图6.30 分析后的效果

提示

由于读者前期跟踪范围框的设置不一定与作者相同，所以错误出现的位置可能不同，但修改的方法是一样的，只拖动到错误的位置，修改跟踪范围框，然后再次分析即可。如果分析后还有错误，可以多次分析，直到满意为止。

06 修改错误后，再次拖动时间滑块，可以看到跟踪已经达到满意效果，这时可以单击Tracker Controls（跟踪控制器）面板中的 Edit Target... （编辑目标）按钮，打开Motion Target（跟踪目标）对话框，设置跟踪目标层为"汽车.png"，如图6.31所示。

图6.31 Motion Target对话框

07 设置完成后，单击OK（确定）按钮，完成跟踪目标的指定，然后单击 Tracker Controls（跟踪控制器）面板中的 Apply （应用）按钮，应用跟踪结果，这时将打开Motion Tracker Apply Options（运动跟踪应用选项）对话框，如图6.32所示，直接单击OK（确定）按钮即可。

图6.32 运动跟踪应用选项

08 修改汽车的位置及角度。从Composition（合成）窗口中可以看到，汽车的位置及角度并不是想象的那样，下面就来修改它的位置和角度，在时间线面板中首先展开"汽车.png"层的Transform（转换）参数列表，先在空白位置单击，取消所有关键帧的选择，将时间调整到00:00:00:00帧位置，然后单击Rotation（旋转）项修改它的值为–16，如图6.33所示。

图6.33 修改Rotation（旋转）属性

提示

> 在修改Position（位置）参数时，要先单击Position（位置）项，确认选择所有关键帧，才可以修改位置参数，要使用在参数上直接拖动修改的方法修改参数，不要使用直接输入数值的方法，以免出现错误。

09 这样就完成了位移跟踪动画的整体制作，按小键盘上的"0"键，即可在合成窗口中预览动画。

练习6-4 旋转跟踪动画

难 度： ★★★★
工程文件：第6章\旋转跟踪动画
在线视频：第6章\练习6-4 旋转跟踪动画.avi

本例主要讲解利用Track Motion（运动跟踪）制作旋转跟踪动画的效果。

01 执行菜单栏中的File（文件）|Open Project（打开项目）命令，选择配套资源中的"工程文件\

第6章\旋转跟踪动画\旋转跟踪动画练习.aep"文件，将文件打开。

02 为"火把旋转.mov"层添加运动跟踪。在时间线面板中单击选择"火把旋转"层，然后单击Tracker Controls（跟踪控制器）面板中的 Track Motion （运动跟踪）按钮，为"火把旋转"层添加运动跟踪。勾选Rotation（旋转）复选框，参数设置如图6.34所示。

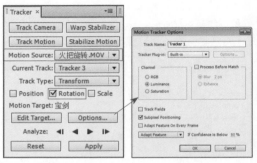

图6.34 参数设置

03 将时间调整到00:00:00:00帧位置，然后在Composition（合成）窗口中移动Track Point 1（跟踪点1）跟踪范围框到火焰的位置，并调整搜索区域和特征区域的位置，如图6.35所示。

图6.35 跟踪点1

04 在Composition（合成）窗口中移动Track Point 2（跟踪点2）跟踪范围框到火焰手柄的旋转中心位置，并调整搜索区域和特征区域的位置，如图6.36所示。

图6.36 跟踪点2

05 在Tracker Controls（跟踪控制器）面板中单击Analyze（分析）右侧的▶（向前播放分析）按钮对跟踪进行分析，分析完成后可以通过拖动时间滑块查看跟踪的效果，如果在某些位置跟踪出现错误，可以将时间滑块拖动到错误的位置，再次调整跟踪范围框的位置及大小，然后单击Analyze（分析）右侧的▶（向前播放分析）按钮，对跟踪进行再次分析，直到合适为止。分析后，在Composition（合成）窗口中可以看到产生了很多的关键帧，如图6.37所示。

图6.37 关键帧效果

06 拖动时间滑块，可以看到跟踪已经达到满意效果，这时可以单击Tracker Controls（跟踪控制器）面板中的 Edit Target...（编辑目标）按钮，打开Motion Target（跟踪目标）对话框，设置跟踪目标层为"火焰.tga"，如图6.38所示。

图6.38 Motion Target对话框

07 设置完成后，单击OK（确定）按钮，完成跟踪目标的指定，然后单击Tracker Controls（跟踪控制器）面板中的 Apply （应用）按钮，应用跟踪结果，这时将打开Motion Tracker Apply Options（运动跟踪应用选项）对话框，如图6.39所示，直接单击OK（确定）按钮即可。

图6.39 对话框

08 修改文字的角度。从Composition（合成）窗口中可以看到文字的角度不太理想，在时间线面板中，首先展开"火焰.tga"层的Transform（转换）参数列表，在空白位置单击取消所有关键帧的选择，将时间调整到00:00:00:00帧位置，修改Rotation（旋转）值为13，如图6.40所示。

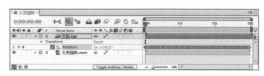

图6.40 修改旋转数值参数

提示

应用完跟踪命令后，在时间线面板中展开参数列表时，跟踪关键帧处于选中状态，此时不能直接修改参数，因为这样会造成所有选择关键帧的连动作用，使动画产生错乱。这时可以先在空白位置单击，取消所有关键帧的选择，再单独修改某个参数即可。

09 这样就完成了"利用Track Motion（运动跟踪）制作旋转跟踪动画"的整体制作，按小键盘上的"0"键，即可在合成窗口中预览动画。

难　　度：★★★★

工程文件：第6章\透视跟踪动画

在线视频：第6章\练习6-5 透视跟踪动画.avi

　　本例主要讲解利用 Track Motion（运动跟踪）制作透视跟踪动画效果。

01 执行菜单栏中的File（文件）|Open Project（打开项目）命令，选择配套资源中的"工程文件\第6章\透视跟踪动画\透视跟踪动画练习.aep"文件，将文件打开。

02 在时间线面板中单击选择"书页.mov"层，然后单击Tracker（跟踪）面板中的 Track Motion （运动跟踪）按钮，为"书页.mov"层添加运动跟踪。在Track Type（跟踪器类型）下拉菜单中选择Perspective corner pin（透视边角跟踪器）选项，对图像进行透视跟踪，如图6.41所示。

图6.41 跟踪参数设置

03 按Home键，将时间调整到00:00:00:00帧位置，然后在Composition（合成）窗口中分别移动Track Point 1（跟踪点1）、Track Point 2（跟踪点2）、Track Point 3（跟踪点3）、Track Point 4（跟踪点4）的跟踪范围框到镜框四个角的位置，并调整搜索区域和特征区域的位置，如图6.42所示。

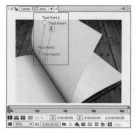

图6.42 移动跟踪范围框

04 在Tracker（跟踪）面板中单击Analyze（分析）右侧的 ▶（向前播放分析）按钮，对跟踪进行分析，分析完成后，可以通过拖动时间滑块查看跟踪的效果，如果在某些位置跟踪出现错误，可以将时间滑块拖动到错误的位置，再次调整跟踪范围框的位置及大小，然后单击Analyze（分析）右侧的 ▶（向前播放分析）按钮，对跟踪进行再次分析，直到合适为止。分析后，在Composition（合成）窗口中可以看到产生了很多的关键帧，如图6.43所示。

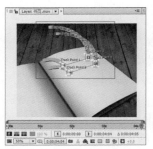

图6.43 关键帧效果

05 拖动时间滑块，可以看到跟踪已经达到满意效果，这时可以单击Tracker（跟踪）面板中的 Edit Target... （编辑目标）按钮，打开Motion Target（跟踪目标）对话框，设置跟踪目标层为"炫目动画.mov"，如图6.44所示。

06 设置完成后，单击OK（确定）按钮，完成跟踪目标的指定，然后单击Tracker（跟踪）面板中的 Apply （应用）按钮。

图6.44 Motion Target对话框

07 这时从时间线面板中可以看到由于跟踪而自动创建的关键帧效果，如图6.45所示。

图6.45 关键帧效果

08 这样就完成了透视跟踪动画的整体制作，按小键盘上的"0"键，即可在合成窗口中预览动画。

练习6-6 画面稳定跟踪

难　　度：★★

工程文件：第6章\稳定跟踪动画

在线视频：第6章\练习6-6 画面稳定跟踪.avi

　　本例主要讲解利用Track Motion（运动跟踪）制作画面稳定跟踪效果。

01 执行菜单栏中的File（文件）|Open Project（打开项目）命令，选择配套资源中的"工程文件\第6章\稳定跟踪动画\稳定跟踪动画练习.aep"文件，将文件打开。

02 在时间线面板中单击选择"晃动影片.mov"层，然后单击Tracker（跟踪）面板中的 Stabilize Motion （运动稳定）按钮，为"晃动影片.mov"层添加运动稳定跟踪，如图6.46所示。

图6.46 参数设置

03 按Home键将时间调整到00:00:00:00帧位置，然后在Composition（合成）窗口中移动Track Point 1（跟踪点1）跟踪范围框到影片下方，并调整搜索区域和特征区域的位置，如图6.47所示。

图6.47 移动跟踪范围框

调整跟踪范围框时，要跟踪那些在整个动画过程中没有像素变化的区域，与其他区域分别越大的位置越好。

04 在Tracker Controls（跟踪控制器）面板中单击Analyze（分析）右侧的 ▶（向前播放分析）按钮，对跟踪进行分析，分析完成后，可以通过拖动时间滑块查看跟踪的效果。在Composition（合成）窗口中可以看到产生了很多的关键帧，如图6.48所示。

图6.48 关键帧效果

05 设置完成后，单击Tracker Controls（跟踪控制器）面板中的 Apply （应用）按钮，应用跟踪结果，这时将打开Motion Tracker Apply Options（运动跟踪应用选项）对话框，如图6.49所示，直接单击OK（确定）按钮即可。

图6.49 "运动跟踪应用选项"对话框

06 这时，从时间线面板中可以看到由于跟踪而自动创建的关键帧效果，如图6.50所示。

图6.50 关键帧效果

07 此时播放动画，可以看到画面边缘的抖动效果，选择"晃动影片.mov"层，按S键，打开

Scale（缩放）选项，将画面放大，如图6.51所示。再次播放动画，画面的抖动就消失了。

08 这样就完成了稳定跟踪的整体处理，按小键盘上的"0"键，即可在合成窗口中预览动画。

图6.51 画面放大效果

6.4 知识拓展

跟踪与稳定技术是当今影视动画中常用到的功能，在影视的大大小小的场景中都有出现，特别是跟踪技术，大家在以后看影视作品时，应该多留意这些技术的应用，然后将其套用在自己的作品中加以实践，找到它们的精华之处并吸收己用。

6.5 拓展训练

本章安排了 4 个拓展练习，以巩固前面讲解的摇摆器、运动草图和跟踪技术。学习并掌握这些功能的应用技巧。

训练6-1 利用摇摆器制作随机动画

◆实例分析

本例主要讲解利用 Wiggler（摇摆器）特效制作随机动画效果，完成的动画流程画面如图 6.52 所示。

难　度：★ ★
工程文件：第 6 章 \ 训练 随机动画
在线视频：第 6 章 \ 训练 6-1 利用摇摆器制作随机动画 .avi

图6.52 动画流程画面

◆本例知识点

1.Wiggler（摇摆器）的使用

训练6-2 飘零树叶

◆ 实例分析

本例主要讲解利用 Motion Sketch（运动草图）制作飘零树叶的效果。完成的动画流程画面如图 6.53 所示。

难　度：★★
工程文件：第 6 章 \ 飘零树叶
在线视频：第 6 章 \ 训练 6-2 飘零树叶 .avi

图6.53 动画流程画面

◆ 本例知识点

学习 Motion Sketch（运动草图）特效的使用

训练6-3 位置跟踪动画

◆ 实例分析

本例主要讲解利用 Track Motion（运动跟踪）制作位置跟踪动画。完成的动画流程画面如图 6.54 所示。

难　度：★★★★
工程文件：第 6 章 \ 跟踪动画
在线视频：第 6 章 \ 训练 6-3 位置跟踪动画 .avi

图6.54 动画流程画面

◆ 本例知识点

Track Motion（运动跟踪）的使用

训练6-4 四点跟踪动画

◆ 实例分析

本例主要讲解利用 Track Motion（运动跟踪）特效制作四点跟踪动画效果。完成的动画流程画面如图 6.55 所示。

难　度：★★★★
工程文件：第 6 章 \ 四点跟踪
在线视频：第 6 章 \ 训练 6-4 四点跟踪动画 .avi

图6.55 动画流程画面

◆ 本例知识点

Track Motion（运动跟踪）的使用

第 **7** 章

内置视频特效

在影视作品中一般离不开特效的使用。所谓视频特效，就是为视频文件添加特殊的处理，使其产生丰富多彩的视频效果，以更好地表现作品主题，达到视频制作的目的。After Effects 中内置了上百种视频特效，掌握各种视频特效的应用是进行视频创作的基础，只有掌握了各种视频特效的应用特点，才能轻松地制作炫丽的视频作品。本章重点讲解内置特效的使用方法。

教学目标

学习视频特效的含义 ｜ 学习视频特效的使用方法

掌握常见内置特效动画的制作技巧

7.1 3D Channel（三维通道）特效组

3D Channel（三维通道）特效组主要对图像进行三维方面的修改，修改的图像要带有三维信息，如 Z 通道、材质 ID 号、物体 ID 号、法线等，通过对这些信息的读取，进行特效的处理。

7.1.1 3D Channel Extract（提取3D通道）

该特效可以提取图像中的 3D 通道信息并进行处理，包括 Z-Depth（z 轴深度）、Object ID（物体 ID）、Texture UV（物体 UV 坐标）、Surface Normals（表面法线）、Coverage（覆盖区域）、Background RGB（背景 RGB）、Unclamped RGB（未锁定的 RGB）和 Material ID（材质 ID），其参数设置面板如图 7.1 所示。

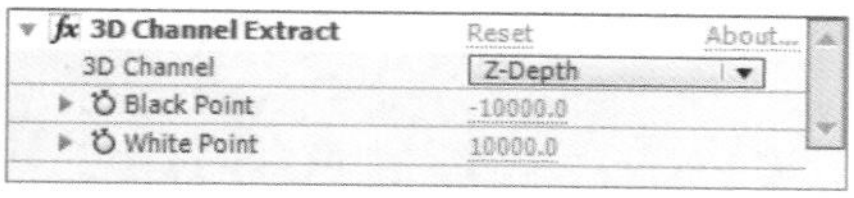

图7.1 提取3D通道参数设置面板

7.1.2 Depth Matte（深度蒙版）

该特效可以读取 3D 图像中的 z 轴深度，并沿 z 轴深度的指定位置截取图像，以产生蒙版效果，其参数设置面板如图 7.2 所示。

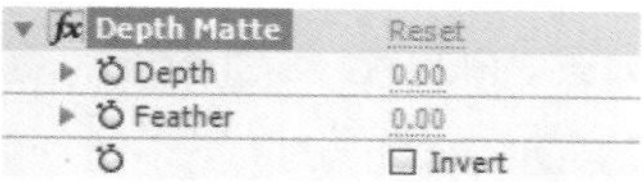

图7.2 深度蒙版参数设置面板

7.1.3 Depth of Field（场深度）

该特效可以模拟摄像机的景深效果，将图像沿 z 轴作模糊处理。其参数设置面板如图 7.3 所示。

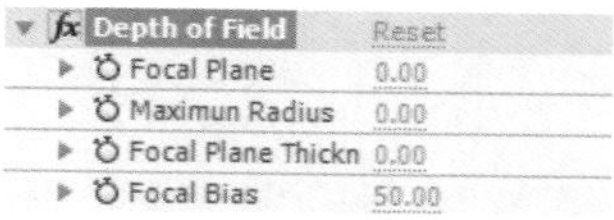

图7.3 场深度参数设置面板

7.1.4 EXtractoR（提取）

该特效可以显示图像中的通道信息，并对黑色与白色进行处理。其参数设置面板如图 7.4 所示。

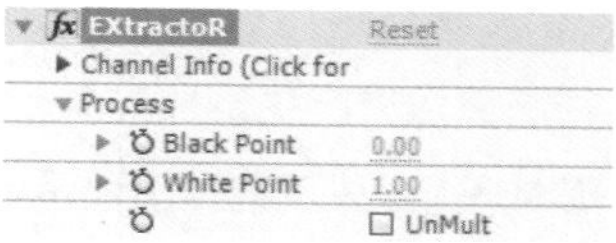

图7.4 提取参数设置面板

7.1.5 Fog 3D（3D雾）

该特效可以使图像沿 z 轴产生雾状效果，制作出雾状效果，以雾化场景。其参数设置面板如图 7.5 所示。

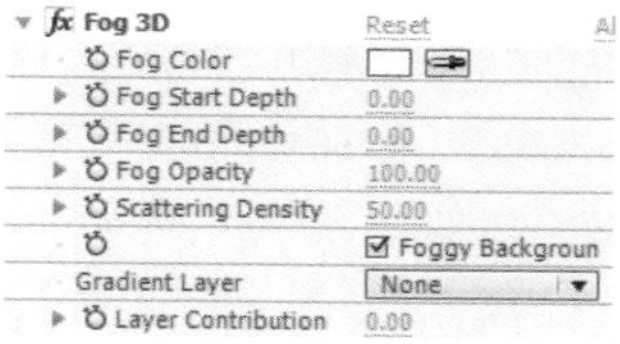

图7.5 3D雾参数设置面板

7.1.6 ID Matte（ID蒙版）

该特效通过读取图像的物体 ID 号或材质 ID 号信息，将 3D 通道中的指定元素分离出来，制作出蒙版效果。其参数设置面板如图7.6所示。

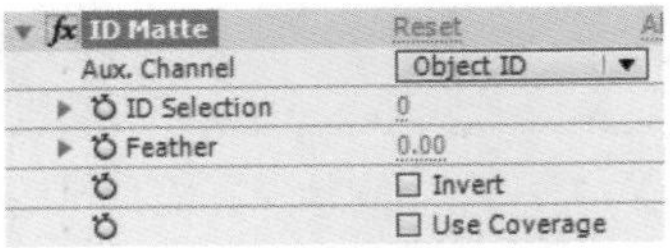

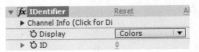

图7.6 ID蒙版参数设置面板

指定元素作标志。其参数设置面板如图7.7所示。

图7.7 标识符参数设置面板

7.1.7 IDentifier（标识符）

该特效通过读取图像的 ID 号，为通道中的

7.2 Audio（音频）特效组

Audio（音频）特效主要是对声音进行特效方面的处理，以此制作不同效果的声音特效，如回声、降噪等。

7.2.1 Backwards（倒带）

该特效可以将音频素材进行倒带播放，即将音频文件从后往前播放，产生倒放效果。Backwards(倒带)参数设置面板如图7.8所示。

图7.8 倒带参数设置面板

7.2.2 Bass & Treble（低音与高音）

该特效可以将音频素材中的低音和高音部分的音频进行单独调整，将低音和高音中的音频增大或是降低。Bass & Treble(低音与高音)参数设置面板如图 7.9 所示。

图7.9 低音与高音参数设置面板

7.2.3 Delay（延时）

该特效可以设置声音在一定的时间后重复，制作出回声的效果，以添加音频素材的回声特效。Delay（延时）参数设置面板如图 7.10 所示。

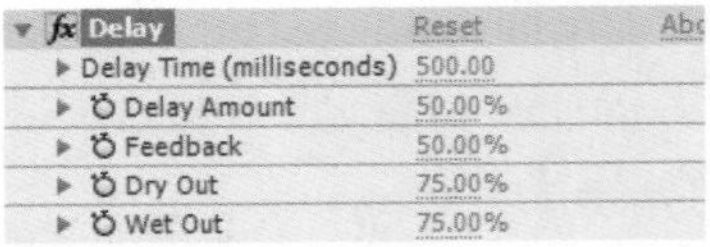

图7.10 延时参数设置面板

7.2.4 Flange & Chorus（变调和和声）

该特效包括两个独立的音频效果：Flange 用来设置变调效果，通过复制失调的声音或者对原频率做一定的位移，通过对声音分离的时间和音调深度的调整，产生颤动、急促的声音。Chorus 用来设置和声效果，可以为单个乐器或单个声音增加深度，听上去像是有很多声音混合，产生合唱的效果。Flange & Chorus（变调和和声）参数设置面板如图 7.11 所示。

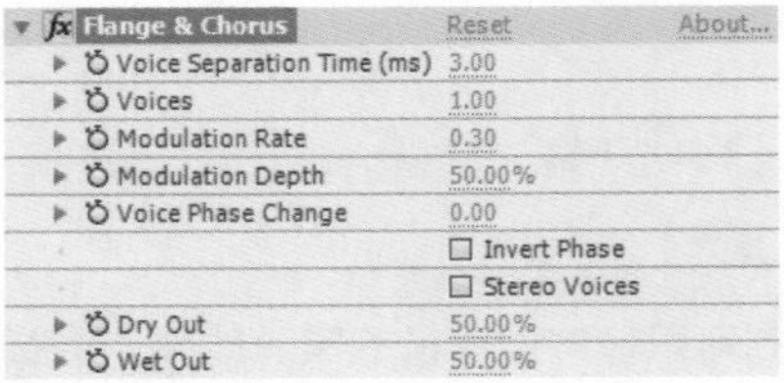

图7.11 变调和和声参数设置面板

7.2.5 High-Low Pass（高-低通滤波）

该特效通过设置一个音频值，只让高于或低于这个频率的声音通过，这样可以将不需要的低音或高音过滤掉。High-Low Pass（高-低通滤波）参数设置面板如图7.12所示。

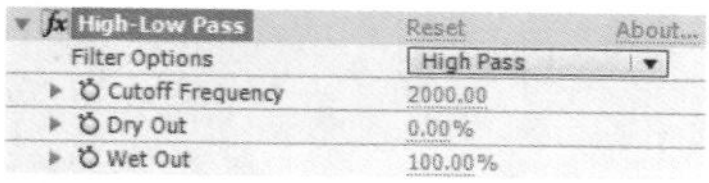

图7.12 高-低通滤波参数设置面板

7.2.6 Modulator（调节器）

该特效通过改变声音的变化频率和振幅设置声音的颤音效果。Modulator（调节器）参数设置面板如图7.13所示。

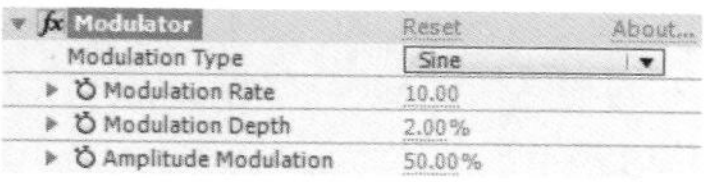

图7.13 调节器参数设置面板

7.2.7 Parametric EQ（参数均衡器）

该特效主要用来精确调整一段音频素材的音调，而且还可以较好地隔离特殊的频率范围，强化或衰减指定的频率，对于增强音乐的效果特别有效。Parametric EQ（参数均衡器）参数设置面板如图7.14所示。

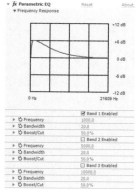

图7.14 参数均衡器参数设置面板

7.2.8 Reverb（混响）

该特效可以将一个音频素材制作出一种模仿室内播放音频声音的效果。Reverb（混响）参数设置面板如图7.15所示。

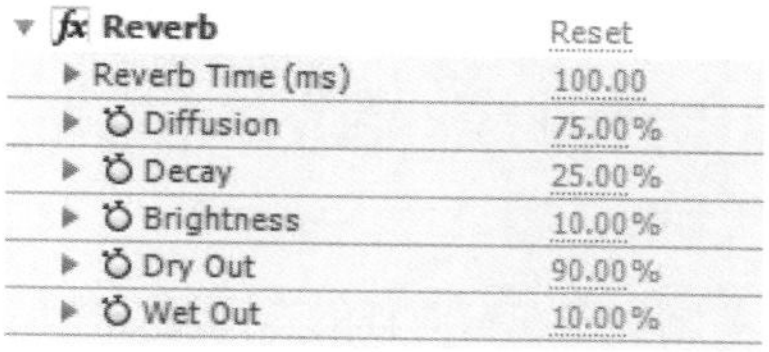

图7.15 混响参数设置面板

7.2.9 Stereo Mixer（立体声混合器）

该特效通过对一个层的音量大小和相位的调整，混合音频层上的左右声道，模拟左右立体声混音装置。Stereo Mixer（立体声混合器）参数设置面板如图7.16所示。

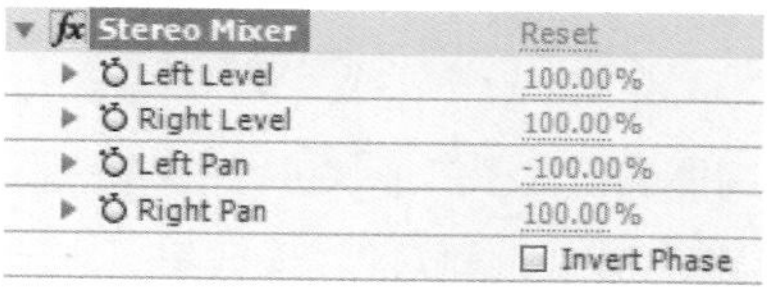

图7.16 立体声混合器参数设置面板

7.2.10 Tone（音调）重点

该特效可以轻松合成固定音调，产生各种常见的科技声音，如隆隆声、铃声、警笛声和爆炸声等，可以通过修改5个音调产生和弦，以产生各种声音。Tone（音调）参数设置面板如图7.17所示。

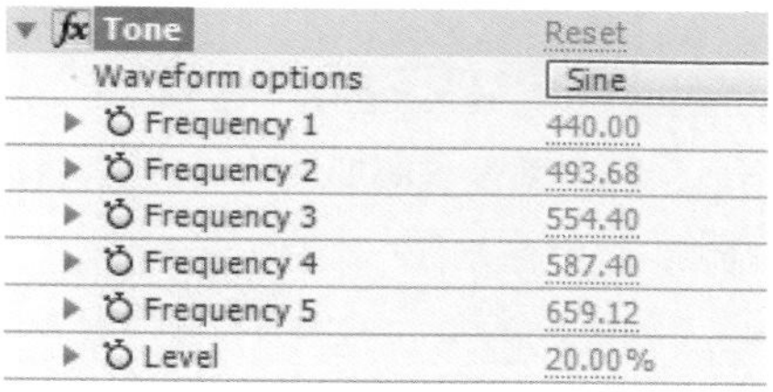

图7.17 音调参数设置面板

7.3 Blur & Sharpen（模糊与锐化）特效组

Blur & Sharpen（模糊与锐化）特效组主要对图像进行各种模糊和锐化处理。各种特效的应用方法和含义介绍如下。

7.3.1 Bilateral Blur（左右对称模糊）

该特效将图像按左右对称的方向进行模糊处理。应用该特效的前后效果及参数设置如图7.18所示。

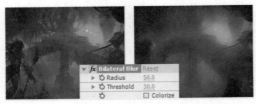

图7.18 应用左右对称模糊的前后效果及参数设置

7.3.2 Box Blur（盒状模糊）

该特效将图像按盒子的形状进行模糊处理，在图像的四周形成一个盒状的边缘效果。应用该特效的前后效果及参数设置如图7.19所示。

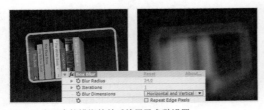

图7.19 应用盒状模糊的前后效果及参数设置

7.3.3 Camera Lens Blur（摄像机模糊）🔖重点

该特效是运用摄像机原理，将物体进行模糊处理，如图7.20所示。

图7.20 应用摄像机模糊的前后效果及参数设置

7.3.4 CC Cross Blur（CC交叉模糊）

该特效可以通过设置水平或垂直半径创建十字形模糊效果。应用该特效的前后效果及参数设置如图7.21所示。

图7.21 应用CC交叉模糊的前后效果及参数设置

7.3.5 CC Radial Blur（CC放射模糊）

该特效可以将图像按多种放射状的模糊方式进行处理，使图像产生不同的模糊效果。应用该特效的前后效果及参数设置如图7.22所示。

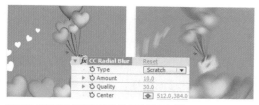

图7.22 应用CC放射模糊的前后效果及参数设置

7.3.6 CC Radial Fast Blur（CC 快速放射模糊）

该特效可以产生比 CC 放射模糊更快的模糊效果。应用该特效的前后效果及参数设置如图 7.23 所示。

图7.23 应用CC快速放射模糊的前后效果及参数设置

7.3.7 CC Vector Blur（CC 矢量模糊）重点

该特效可以通过 Type（模糊方式）对图像进行不同样式的模糊处理。应用该特效的前后效果及参数设置如图 7.24 所示。

图7.24 应用CC矢量模糊的前后效果及参数设置

7.3.8 Channel Blur（通道模糊）

该特效可以分别对图像的红、绿、蓝或 Alpha 这几个通道进行模糊处理。应用该特效

的前后效果及参数设置如图 7.25 所示。

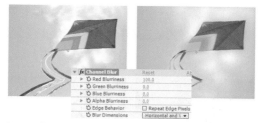

图7.25 应用通道模糊的前后效果及参数设置

7.3.9 Compound Blur（复合模糊）

该特效可以根据指定层画面的亮度值对应用特效的图像进行模糊处理，用一个层模糊另一个层效果。应用该特效的前后效果及参数设置如图 7.26 所示。

图7.26 应用复合模糊的前后效果及参数设置

7.3.10 Directional Blur（方向模糊）

该特效可以指定一个方向，并使图像按这个指定的方向进行模糊处理，可以产生一种运动的效果。应用该特效的前后效果及参数设置如图 7.27 所示。

图7.27 应用方向模糊的前后效果及参数设置

7.3.11 Fast Blur（快速模糊）

该特效可以产生比高斯模糊更快的模糊效果。应用该特效的前后效果及参数设置如图 7.28 所示。

图7.28 应用快速模糊的前后效果及参数设置

7.3.12 Gaussian Blur（高斯模糊）

该特效是通过高斯运算在图像上产生大面积的模糊效果。应用该特效的前后效果及参数设置如图 7.29 所示。

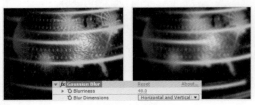

图7.29 应用高斯模糊的前后效果及参数设置

7.3.13 Radial Blur（径向模糊）

该特效可以模拟摄像机快速变焦和旋转镜头时产生的模糊效果。应用该特效的前后效果及参数设置如图 7.30 所示。

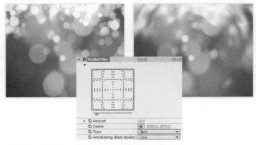

图7.30 应用径向模糊的前后效果及参数设置

7.3.14 Reduce Interlace Flicker（降低交错闪烁）

该特效用于降低过高的垂直频率，消除超过安全级别的行间闪烁，使图像更适合在隔行扫描设置（如 NTSC 视频）上使用。一般常用值为 1~5，值过大会影响图像效果。其参数设置面板如图 7.31 所示。

图7.31 降低交错闪烁参数设置面板

7.3.15 Sharpen（锐化）

该特效可以提高相邻像素的对比程度，从而达到图像清晰度的效果。应用该特效的前后效果及参数设置如图 7.32 所示。

图7.32 应用锐化的前后效果及参数设置

7.3.16 Smart Blur（精确模糊）

该特效在你选择的距离内搜索计算不同的像素，然后使这些不同的像素产生相互渲染的效果，并对图像的边缘进行模糊处理。应用该特效的前后效果及参数设置如图 7.33 所示。

图7.33 应用精确模糊的前后效果及参数设置

7.3.17 Unsharp Mask（非锐化蒙版）

该特效与锐化命令相似，用来提高相邻像素的对比程度，从而达到图像清晰度的效果。和 Sharpen 不同的是，它不对颜色边缘进行突出，看上去是整体对比度增强。应用该特效的前后效果及参数设置如图 7.34 所示。

图7.34 应用非锐化蒙版的前后效果及参数设置

7.4 Channel（通道）特效组

Channel（通道）特效组用来控制、抽取、插入和转换一个图像的通道，对图像进行混合计算。各种特效的应用方法和含义如下。

7.4.1 Arithmetic（通道算法）

该特效利用对图像中的红、绿、蓝通道进行简单的运算，对图像色彩效果进行控制。应用该特效的前后效果及参数设置如图 7.35 所示。

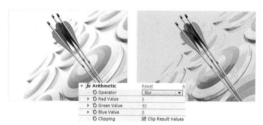

图7.35 应用通道算法的前后效果及参数设置

7.4.2 Blend（混合）

该特效将两个层中的图像按指定方式进行混合，以产生混合后的效果。该特效应用在位于上方的图像上，有时叫该层为特效层，让其与下方的图像（混合层）进行混合，构成新的混合效果。应用该特效的前后效果及参数设置如图 7.36 所示。

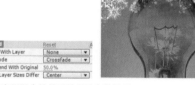

图7.36 应用混合的前后效果及参数设置

7.4.3 Calculations（计算）

该特效与 Blend（混合）有相似之处，但比混合有更多的选项操作，通过通道和层的混合产生多种特效效果。应用该特效的前后效果及参数设置如图 7.37 所示。

图7.37 应用计算的前后效果及参数设置

7.4.4 CC Composite（CC 组合）

该特效可以通过与源图像合成的方式对图像进行调节。应用该特效的前后效果及参数设置如图 7.38 所示。

图7.38 应用CC 组合的前后效果及参数设置

7.4.5 Channel Combiner（通道组合器）

该特效可以通过指定某层的图像的颜色模式或通道、亮度、色相等信息修改源图像，也可以直接通过模式的转换或通道、亮度、色相等的转换修改源图像。其可以通过 From（从）和 To（到）的对应关系修改。应用该特效的前后效果及参数设置如图 7.39 所示。

图7.39 应用通道组合器的前后效果及参数设置

7.4.6 Compound Arithmetic（复合算法）

该特效通过通道和模式应用以及和其他视频轨道图像的复合，制作出复合的图像效果。应用该特效的前后效果及参数设置如图 7.40 所示。

图7.40 应用复合算法的前后效果及参数设置

7.4.7 Invert（反转）

该特效可以将指定通道的颜色反转成相应的补色。应用该特效的前后效果及参数设置如图 7.41 所示。

图7.41 应用反转的前后效果及参数设置

7.4.8 Minimax（最小、最大值）

该特效能够以最小、最大值的形式减小或放大某个指定的颜色通道，并在许可的范围内填充指定的颜色。应用该特效的前后效果及参数设置如图 7.42 所示。

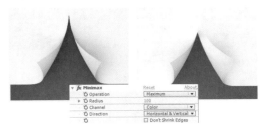

图7.42 应用最小、最大值的前后效果及参数设置

7.4.9 Remove Color Matting（删除颜色蒙版）

该特效用来消除或改变蒙版的颜色，常用于删除带有 Premultiplied Alpha 通道的蒙版颜色。应用该特效的前后效果及参数设置如图 7.43 所示。该特效的参数 Background Color（背景颜色）可以通过单击右侧的颜色块，打开拾色器改变颜色，也可以利用吸管在图像中吸取颜色，以删除或修改蒙版中的颜色。

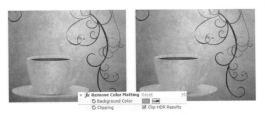

图7.43 应用删除颜色蒙版的前后效果及参数设置

7.4.10 Set Channels（通道设置）

该特效可以复制其他层的通道到当前颜色通道中。例如，从源层中选择某一层后，在通道中选择一个通道，就可以将该通道颜色应用到源层图像中。应用该特效的前后效果及参数设置如图 7.44 所示。

图7.44 应用通道设置的前后效果及参数设置

7.4.11 Set Matte（遮罩设置）

该特效可以将其他图层的通道设置为本层的遮罩，通常用来创建运动遮罩效果。应用该特效的前后效果及参数设置如图 7.45 所示。

图7.45 应用遮罩设置的前后效果及参数设置

7.4.12 Shift Channels（通道转换）

该特效用来在本层的 RGBA 通道之间转换，主要对图像的色彩和亮暗产生效果，也可以消除某种颜色。应用该特效的前后效果及参数设置如图 7.46 所示。

图7.46 应用通道转换的前后效果及参数设置

指定一种颜色通过层模式和透明度的设置合成图像。应用该特效的前后效果及参数设置如图7.47所示。

图7.47 应用固态合成的前后效果及参数设置

7.4.13 Solid Composite（固态合成）

该特效可以指定当前层的透明度，也可以

7.5 Distort（扭曲）特效组

Distort（扭曲）特效组主要应用不同的形式对图像进行扭曲变形处理。各种特效的应用方法和含义如下。

7.5.1 Bezier Warp（贝塞尔曲线变形）

该特效在层的边界上沿一个封闭曲线变形图像。图像每个角有3个控制点，角上的点为顶点，用来控制线段的位置，顶点两侧的两个点为切点，用来控制线段的弯曲曲率。应用该特效的前后效果及参数设置如图7.48所示。

图7.48 应用贝塞尔曲线变形的前后效果及参数设置

7.5.2 Bulge（凹凸效果）

该特效可以使物体区域沿水平轴和垂直轴扭曲变形，制作类似通过透镜观察对象的效果。应用该特效的前后效果及参数设置如图7.49所示。

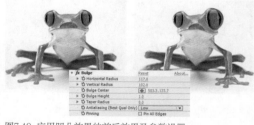

图7.49 应用凹凸效果的前后效果及参数设置

7.5.3 CC Bend It（CC 2点弯曲）

该特效可以利用图像2个边角坐标位置的变化对图像进行变形处理，主要用来根据需要定位图像，可以拉伸、收缩、倾斜和扭曲图形。应用该特效的前后效果及参数设置如图7.50

所示。

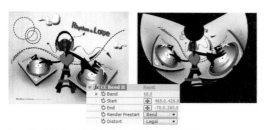

图7.50 应用CC 2点弯曲的前后效果及参数设置

7.5.4 CC Bender（CC 弯曲）

该特效可以通过指定顶部和底部的位置对图像进行弯曲处理。应用该特效的前后效果及参数设置如图 7.51 所示。

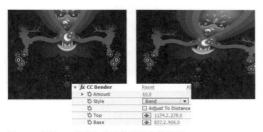

图7.51 应用CC 弯曲的前后效果及参数设置

7.5.5 CC Blobbylize（CC 融化）重点

该特效主要通过 Blobbiness（滴状斑点）、Light（光）和 Shading（阴影）3 个特效组的参数调节图像的滴状斑点效果。应用该特效的前后效果及参数设置如图 7.52 所示。

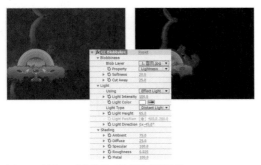

图7.52 应用CC 融化的前后效果及参数设置

7.5.6 CC Flo Motion（CC 液化流动）

该特效可以利用图像 2 个边角坐标位置的变化对图像进行变形处理。应用该特效的前后效果及参数设置如图 7.53 所示。

图7.53 应用CC 液化流动的前后效果及参数设置

7.5.7 CC Griddler（CC 网格变形）

该特效可以使图像产生错位的网格效果。应用该特效的前后效果及参数设置如图 7.54 所示。

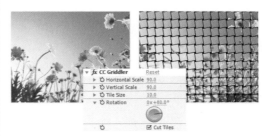

图7.54 应用CC网格变形的前后效果及参数设置

7.5.8 CC Lens（CC 镜头）

该特效可以使图像变形成为镜头的形状。应用该特效的前后效果及参数设置如图 7.55 所示。

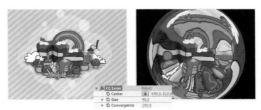

图7.55 应用CC 镜头的前后效果及参数设置

练习7-1 利用CC镜头制作水晶球

难　　度：★	
工程文件：第7章\水晶球	
在线视频：第7章\练习7-1 利用CC镜头制作水晶球.avi	

本例主要讲解利用CC Lens（CC镜头）特效制作水晶球效果。

01 执行菜单栏中的File（文件）|Open Project（打开项目）命令，选择配套资源中的"工程文件\第7章\水晶球\水晶球练习.aep"文件，将文件打开。

02 执行菜单栏中的Composition（合成）| New Composition（新建合成）命令，打开Composition Settings（合成设置）对话框，设置Composition Name（合成名称）为"水晶球背景"，Width（宽）为"720"，Height（高）为"576"，Frame Rate（帧率）为"25"，并设置Duration（持续时间）为00：00：03：00秒。

03 在Project（项目）面板中选择"载体.jpg"素材，将其拖动到"水晶球背景"合成的时间线面板中，选中"载体.jpg"层，按P键打开Position（位置）属性，按住Alt键单击Position（位置）左侧的码表 按钮，在空白处输入"wiggle(1,200)"，如图7.56所示。

图7.56 设置表达式

04 打开"水晶球"合成，在Project（项目）面板中选择"水晶球背景"合成，将其拖动到"水晶球"合成的时间线面板中。

05 为"水晶球背景"层添加CC Lens（CC镜头）特效。在Effects & Presets（效果和预置）面板中展开Distort（扭曲）特效组，然后双击CC Lens（CC镜头）特效。

06 在Effect Controls（特效控制）面板中修改CC Lens（CC镜头）特效的参数，设置Size（大小）的值为48，如图7.57所示。合成窗口效果如图7.58所示。

图7.57 设置参数

图7.58 合成窗口效果

07 这样就完成了整体制作，按小键盘上的"0"键即可在合成窗口中预览动画。

7.5.9 CC Page Turn（CC卷页）重点

该特效可以使图像产生书页卷起的效果。应用该特效的前后效果及参数设置如图7.59所示。

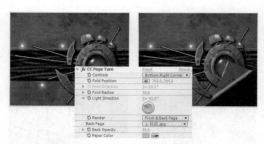

图7.59 应用CC卷页的前后效果及参数设置

7.5.10 CC Power Pin（CC四角缩放）

该特效可以利用图像4个边角坐标位置的变化对图像进行变形处理，主要用来根据需要定位图像，可以拉伸、收缩、倾斜和扭曲图形，也可以用来模拟透视效果。当选择 CC Power Pin（CC 四角缩放）特效时，图像上将出现 4 个控制柄，可以通过拖动这 4 个控制柄调整图像的变形。应用该特效的前后效果及参数设置如图 7.60 所示。

图7.60 应用CC四角缩放的前后效果及参数设置

7.5.11 CC Ripple Pulse（CC 波纹扩散）

该特效可以利用图像上控制柄位置的变化对图像进行变形处理，在适当的位置为控制柄的中心创建关键帧，控制柄划过的位置会产生波纹效果的扭曲。应用该特效的前后效果及参数设置如图 7.61 所示。

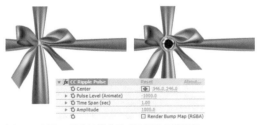

图7.61 应用CC波纹扩散的前后效果及参数设置

7.5.12 CC Slant（CC 倾斜）

该特效可以使图像产生平行倾斜的效果。应用该特效的前后效果及参数设置如图 7.62 所示。

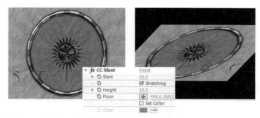

图7.62 应用CC 倾斜的前后效果及参数设置

7.5.13 CC Smear（CC 涂抹）

该特效通过调节 2 个控制点的位置以及涂抹范围的多少和涂抹半径的大小调整图像，使图像产生变形效果。应用该特效的前后效果及参数设置如图 7.63 所示。

图7.63 应用CC 涂抹的前后效果及参数设置

7.5.14 CC Split（CC 分裂）

该特效可以使图像在 2 个分裂点之间产生分裂，通过调节 Split（分裂）值的大小控制图像分裂的大小。应用该特效的前后效果及参数设置如图 7.64 所示。

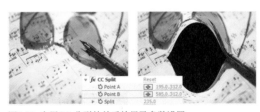

图7.64 应用CC 分裂的前后效果及参数设置

7.5.15 CC Split2（CC 分裂2）

该特效与 CC Split（CC 分裂）的使用方法相同，只是 CC Split2（CC 分裂 2）中可以分别调节分裂点两边的分裂程度。应用该特效的前后效果及参数设置如图 7.65 所示。

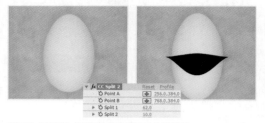

图7.65 应用CC 分裂2的前后效果及参数设置

7.5.16 CC Tiler（CC 拼贴）

该特效可以将图像进行水平和垂直的拼贴，产生类似在墙上贴瓷砖的效果。应用该特效的前后效果及参数设置如图 7.66 所示。

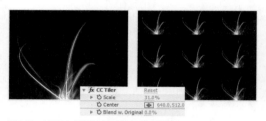

图7.66 应用CC 拼贴的前后效果及参数设置

7.5.17 Corner Pin（边角扭曲）

该特效可以利用图像 4 个边角坐标位置的变化对图像进行变形处理，主要用来根据需要定位图像，可以拉伸、收缩、倾斜和扭曲图形，也可以用来模拟透视效果。当选择 Corner Pin（边角扭曲）特效时，图像上将出现 4 个控制柄，可以通过拖动这 4 个控制柄调整图像的变形。应用该特效的前后效果及参数设置如图7.67 所示。

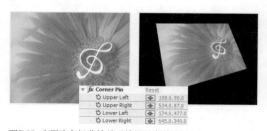

图7.67 应用边角扭曲的前后效果及参数设置

7.5.18 Displacement Map （置换贴图）

该特效可以指定一个层作为置换贴图层，应用置换贴图层的某个通道值对图像进行水平或垂直方向的变形。应用该特效的前后效果及参数设置如图 7.68 所示。

图7.68 应用置换贴图的前后效果及参数设置

7.5.19 Liquify（液化）

该特效通过工具栏中的相关工具直接拖动鼠标扭曲图像，使图像产生自由的变形效果。液化参数设置面板如图 7.69 所示。

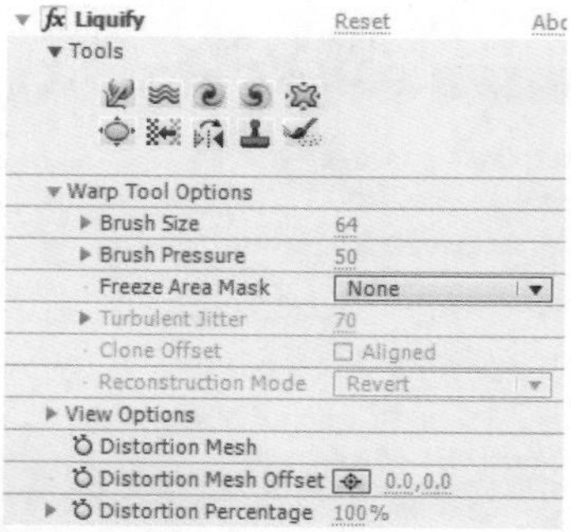

图7.69 液化参数设置面板

7.5.20 Magnify（放大镜）

该特效可以使图像产生类似放大镜的扭曲变形效果。应用该特效的前后效果及参数设置如图 7.70 所示。

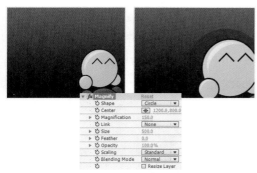

图7.70 应用放大镜的前后效果及参数设置

7.5.21 Mesh Warp（网格变形）

　　该特效在图像上产生一个网格，通过控制网格上的贝塞尔点使图像变形，对于网格变形的效果控制，更多的是在合成图像中通过鼠标拖曳网格的贝塞尔点完成。应用该特效的前后效果及参数设置如图 7.71 所示。

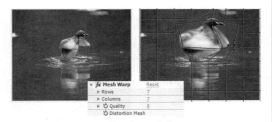

图7.71 应用网格变形的前后效果及参数设置

7.5.22 Mirror（镜像）

　　该特效可以按照指定的方向和角度将图像沿一条直线分割为两部分，制作出镜像效果。应用该特效的前后效果及参数设置如图 7.72 所示。

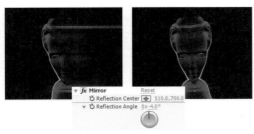

图7.72 应用镜像的前后效果及参数设置

7.5.23 Offset（偏移）

　　该特效可以对图像自身进行混合运动，产生半透明的位移效果。应用该特效的前后效果及参数设置如图 7.73 所示。

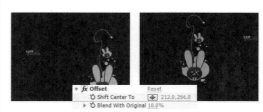

图7.73 应用偏移的前后效果及参数设置

7.5.24 Optics Compensation（光学变形）

　　该特效可以使画面沿指定点水平、垂直或对角线产生光学变形，制作类似摄像机的透视效果。应用该特效的前后效果及参数设置如图 7.74 所示。

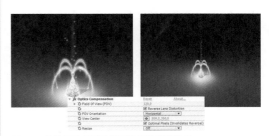

图7.74 应用光学变形的前后效果及参数设置

7.5.25 Polar Coordinates（极坐标）

　　该特效可以将图像的直角坐标和极坐标进行相互转换，产生变形效果。应用该特效的前后效果及参数设置如图 7.75 所示。

图7.75 应用极坐标的前后效果及参数设置

7.5.26 Reshape（形变）

该特效可以借助几个蒙版，通过重新限定图像形状产生变形效果。其参数设置面板如图7.76所示。

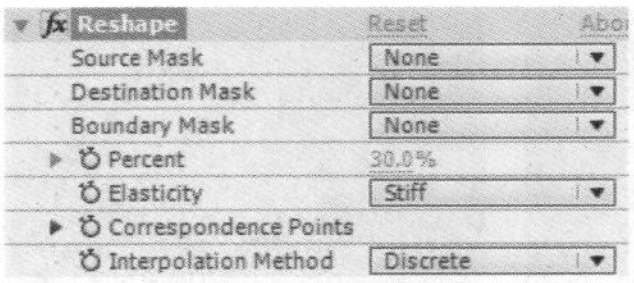

图7.76 形变参数设置面板

7.5.27 Ripple（波纹）

该特效可以使图像产生类似水面波纹的效果。应用该特效的前后效果及参数设置如图7.77所示。

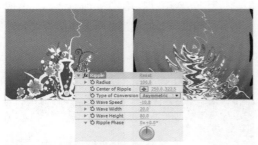

图7.77 应用波纹的前后效果及参数设置

7.5.28 Smear（涂抹）

该特效通过一个蒙版定义涂抹笔触，通过另一个蒙版定义涂抹范围，通过改变涂抹笔触的位置和旋转角度产生一个类似蒙版的特效生成框，以此框涂抹当前图像，产生变形效果。应用该特效的前后效果及参数设置如图7.78所示。

图7.78 应用涂抹的前后效果及参数设置

7.5.29 Spherize（球面化）

该特效可以使图像产生球形的扭曲变形效果。应用该特效的前后效果及参数设置如图7.79所示。

图7.79 应用球面化的前后效果及参数设置

7.5.30 Transform（变换）

该特效可以对图像的位置、尺寸、透明度、倾斜度和快门角度等进行综合调整，以使图像产生扭曲变形效果。应用该特效的前后效果及参数设置如图7.80所示。

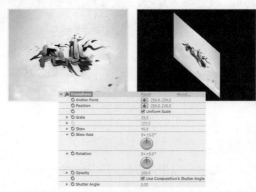

图7.80 应用变换的前后效果及参数设置

7.5.31 Turbulent Displace（动荡置换）

该特效可以使图像产生各种凸起、旋转等动荡不安的效果。应用该特效的前后效果及参数设置如图7.81所示。

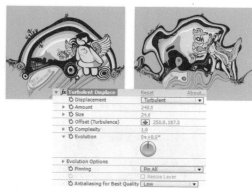

图7.81 应用动荡置换的前后效果及参数设置

7.5.32 Twirl（扭转）

该特效可以使图像产生一种沿指定中心旋转变形的效果。应用该特效的前后效果及参数设置如图 7.82 所示。

图7.82 应用扭转的前后效果及参数设置

7.5.33 Warp（变形）

该特效可以以变形样式为准，通过参数的修改对图像进行多方面的变形处理，产生如弧形、拱形等形状的变形效果。应用该特效的前后效果及参数设置如图 7.83 所示。

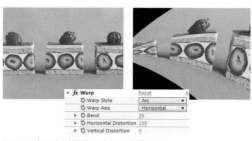

图7.83 应用变形的前后效果及参数设置

7.5.34 Wave Warp（波浪变形）

该特效可以使图像产生一种类似水波浪的扭曲效果。应用该特效的前后效果及参数设置如图 7.84 所示。

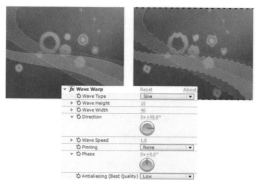

图7.84 应用波浪变形的前后效果及参数设置

练习7-2 利用波浪变形特效制作水中动画

难　　度：★
工程文件：第 7 章 \ 水中动画
在线视频：第 7 章 \ 练习 7-2　利用波浪变形特效制作水中动画 .avi

下面使用 Wave Warp（波浪变形）特效制作月亮的波动效果。

01 执行菜单栏中的 File（文件）| Import（导入）| File命令，打开Import File（导入文件）对话框，选择配套资源中的"工程文件/第7章/水中动画/月亮.psd/背景.jpg/"素材。

02 单击"打开"按钮，在打开的"月光.psd"对话框将素材导入，如图7.85所示。

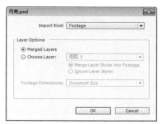

图7.85 导入素材

03 单击OK（确定）按钮，将素材导入到项目面板中。

04 执行菜单栏中的Composition（合成）| New Composition（新建合成）命令，打开Composition Settings（合成设置）对话框，设置Composition Name（合成名称）为"合成1"，Width（宽）为"720"，Height（高）为"576"，Frame Rate（帧率）为"25"，Duration（持续时间）为00:00:04:00秒，并将"背景""月亮.psd"层拖到"合成1"中。

05 进入"Comp1"合成时间线面板中，选择"背景.jpg""月亮.psd"层，在Effects & Presets（特效面板）中展开Distort（扭曲）特效组，分别为图层添加Wave Warp（波浪变形）特效，如图7.86所示。

06 选择"背景.jpg"层，在Effects Controls（特效控制）面板中修改Wave Warp（波浪变形）特效参数，设置Wave Type（波浪类型）数值为2，Wave Height（波长）数值为40。Direction（方向）数值为120。图层"月亮.psd"特效数值修改同上，如图7.87所示。

图7.86 添加特效

图7.87 合成窗口中的效果

07 在时间面板上选择"月亮.psd"。将时间调整到00:00:01:21帧的位置，按P键，展开Position（位置），修改Position（位置）数值为（677，192），单击Position（位置）左侧的码表按钮，在当前时间设置一个关键帧，如图7.88所示。

图7.88 设置位移关键帧

08 将时间调整到00:00:04:00位置，修改Position（位置）数值为（386，218），系统将

自动记录关键帧，此时按小键盘上的"0"键，可在合成窗口中预览动画效果。

09 单击Horizontal type Tool（横排文字工具）T.按钮，在合成窗口中输入"水中动画"文字，设置字体为"长城新艺体"，字体大小为150，字体颜色为白色画面效果如图7.89所示。

图7.89 画面效果

10 选择文字层，在Effects & Presets（特效面板）中展开Distort（扭曲）特效组，为图层添加Wave Warp（波浪变形）特效。

11 选择文字层，按T键，展开Opacity（透明度），修改Opacity（透明度）数值为25，在Effects Controls（特效控制）面板中修改Wave Warp（波浪变形）特效参数，设置Wave Type（波浪类型）数值为2，Wave Height（波长）数值为40，Direction（方向）数值为120。画面效果如图7.90所示。

图7.90 画面效果

12 在时间面板上选择"文字"层。将时间调整到00:00:00:00帧的位置，按P键，展开Position（位置），修改Position（位置）数值为（-406，323），单击Position（位置）左侧的码表按钮，在当前时间设置一个关键帧，如图7.91所示。

图7.91 参数修改

13 将时间调整到00:00:02:00位置，修改Position（位置）数值为（190，323），系统将自动记录关键帧，此时按小键盘上的"0"键，可在合成窗口中预览动画效果。画面效果如图7.92所示。

图7.92 画面效果

14 这样就完成了动画的整体制作，按小键盘上的"0"键，在合成窗口中即可预览动画效果。

7.6 Generate（创造）特效组

Generate（创造）特效组可以在图像上创造各种常见的特效。

7.6.1 4-Color Gradient（四色渐变）

该特效可以在图像上创建一个4色渐变效果，用来模拟霓虹灯、流光溢彩等梦幻的效果。应用该特效的前后效果及参数设置如图7.93所示。

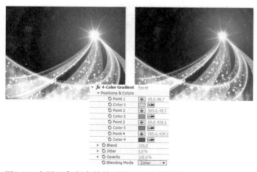

图7.93 应用四色渐变的前后效果及参数设置

7.6.2 Advanced Lightning（高级闪电）

该特效可以模拟产生自然界中的闪电效果，并通过参数的修改产生各种闪电的形状。

应用该特效的前后效果及参数设置如图7.94所示。

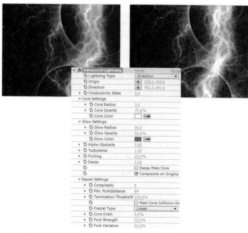

图7.94 应用高级闪电的前后效果及参数设置

7.6.3 Audio Spectrum（声谱）

该特效可以利用声音文件将频谱显示在图像上，可以通过频谱的变化了解声音频率，可将声音作为科幻与数位的专业效果表示出来，更可提高音乐的感染力。应用该特效的前后效果及参数设置如图7.95所示。

图7.95 应用声谱的前后效果及参数设置

练习7-3 利用声谱制作跳动的声波

难　　度:	★ ★
工程文件:	第 7 章\跳动的声波
在线视频:	第 7 章\练习 7-3 利用声谱制作跳动的声波 .avi

本例主要讲解利用 Audio Spectrum（声谱）特效制作跳动的声波效果。

01 执行菜单栏中的File（文件）|Open Project（打开项目）命令，选择配套资源中的"工程文件\第7章\跳动的声波\跳动的声波练习.aep"文件，将文件打开。

02 执行菜单栏中的Layer(层)|New（新建）|Solid（固态层）命令，打开Solid Settings(固态层设置)对话框，设置Name（名称）为"声谱"，Color（颜色）为黑色。

03 为"声谱"层添加Audio Spectrum（声谱）特效。在Effects & Presets（效果和预置）面板中展开Generate（创造）特效组，然后双击Audio Spectrum（声谱）特效。

04 在Effect Controls（特效控制）面板中修改Audio Spectrum（声谱）特效的参数，从Audio Layer（音频层）下拉菜单中选择"音频"，设置Start Point（开始点）的值为（72，592），End Point（结束点）的值为（648，596），Start

Frequency（开始频率）的值为10，End Frequency（结束频率）的值为100，Frequency bands（频率波段）的值为8，Maximum Height（最大高度）的值为4500，Thickness（厚度）的值为50，如图7.96所示。设置后的效果如图7.97所示。

图7.96 设置声谱参数　　　　图7.97 设置后的效果

05 在时间线面板中，在"声谱"层右侧的属性栏中单击Quality（品质）按钮，该按钮变为，如图7.98所示。合成窗口效果如图7.99所示。

图7.98 单击品质按钮

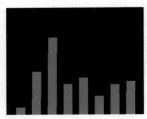

图7.99 合成窗口效果

06 执行菜单栏中的Layer(层)|New（新建）|Solid（固态层）命令，打开Solid Settings(固态层设置)对话框，设置Name（名称）为"渐变"，Color（颜色）为黑色，将其拖动到"声谱"层下边。

07 为"渐变"层添加Ramp（渐变）特效。在Effects & Presets（效果和预置）面板中展开Generate（创造）特效组，然后双击Ramp（渐变）特效。

08 在Effect Controls（特效控制）面板中修改Ramp（渐变）特效的参数，设置Start of Ramp（渐变开始）的值为（360，288），Start Color（开始色）为浅蓝色（R：9；G：108；B：242），End Color（结束色）为淡绿色（R：13；G：202；B：195），如图7.100所示。合成窗口效果如图7.101所示。

图7.100 设置渐变参数

图7.101 合成窗口效果

09 为"渐变"层添加Grid（网格）特效。在Effects & Presets（效果和预置）面板中展开Generate（创造）特效组，然后双击Grid（网格）特效。

10 在Effect Controls（特效控制）面板中修改Grid（网格）特效的参数，设置Anchor（定位点）的值为（-10，0），Corner（边角）的值为（720，20），Border（边框）的值为18，选中Invert Grid（反转网格）复选框，Color（颜色）为黑色，从Blending Mode（混合模式）下拉菜单中选择Normal（正常）选项，如图7.102所示。设置网格参数后的效果如图7.103所示。

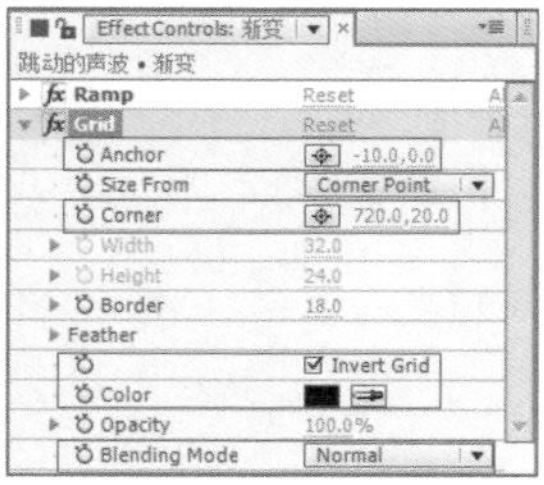

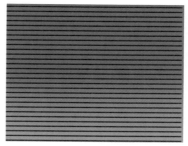

图7.103 设置网格参数后的效果

11 在时间线面板中设置"渐变"层的Track Matte（轨道蒙版）为"Alpha Matte '声谱'"，如图7.104所示。设置蒙版后的效果如图7.105所示。

图7.104 蒙版设置

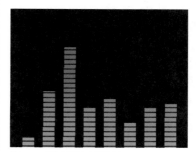

图7.105 设置蒙版后的效果

12 这样就完成了跳动的声波的整体制作，按小键盘上的"0"键，即可在合成窗口中预览动画。

7.6.4 Audio Waveform（音波）重点

该特效可以利用声音文件，以波形振幅方式显示在图像上，并可通过自定路径修改声波的显示方式，形成丰富多彩的声波效果。应用该特效的前后效果及参数设置如图7.106所示。

图7.102 设置网格参数

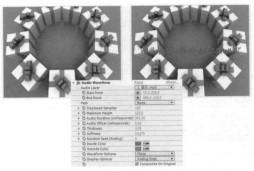

图7.106 应用音波的前后效果及参数设置

7.6.5 Beam (激光)

该特效可以模拟激光束移动，制作出瞬间划过的光速效果，如流星、飞弹等。应用该特效的前后效果及参数设置如图 7.107 所示。

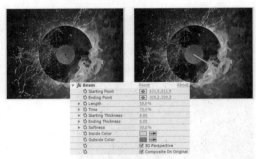

图7.107 应用激光的前后效果及参数设置

7.6.6 CC Glue Gun (CC 喷胶器)

该特效可以使图像产生一种水珠的效果。应用该特效的前后效果及参数设置如图 7.108 所示。

图7.108 应用CC 喷胶器的前后效果及参数设置

7.6.7 CC Light Burst 2.5 (CC 光线爆裂2.5)

该特效可以使图像产生光线爆裂的效果，使其有镜头透视的感觉。应用该特效的前后效果及参数设置如图 7.109 所示。

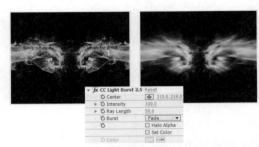

图7.109 应用CC光线爆裂2.5的前后效果及参数设置

7.6.8 CC Light Rays (CC 光芒放射)

该特效可以利用图像上不同的颜色产生不同的光芒，使其产生放射的效果。应用该特效的前后效果及参数设置如图 7.110 所示。

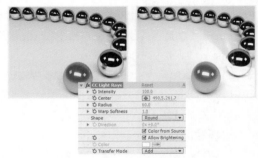

图7.110 应用CC 光芒放射的前后效果及参数

7.6.9 CC Light Sweep (CC 扫光效果) 重点

该特效可以为图像创建光线，光线以某个点为中心，向一边以擦除的方式运动，产生扫光的效果。应用该特效的前后效果及参数设置如图 7.111 所示。

图7.111 应用CC扫光效果的前后效果及参数设置

7.6.10 CC Threads（CC 线状穿梭）

该特效可以为图像建成线状穿梭效果，添加一个 CC 线状穿梭效果。应用 CC 线状穿梭的前后效果及参数设置如图 7.112 所示。

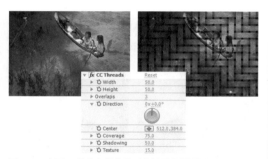

图7.112 应用CC线状穿梭的前后效果及参数设置

7.6.11 Cell Pattern（细胞图案）

该特效可以将图案创建成单个图案的拼合体，添加一种类似于细胞的效果。应用该特效前后效果及参数设置如图 7.113 所示。

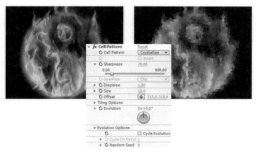

图7.113 应用细胞图案的前后效果及参数设置

7.6.12 Checkerboard（棋盘格）

该特效可以为图像添加一种类似于棋盘格的效果。应用该特效的前后效果及参数设置如图 7.114 所示。

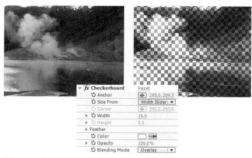

图7.114 应用棋盘格的前后效果及参数设置

7.6.13 Circle（圆）

该特效可以为图像添加一个圆形或环形的图案，并可以利用圆形图案制作蒙版效果。应用该特效的前后效果及参数设置如图 7.115 所示。

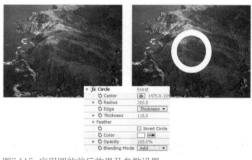

图7.115 应用圆的前后效果及参数设置

7.6.14 Ellipse（椭圆）

该特效可以为图像添加一个椭圆圆形的图案，并可以利用椭圆圆形图案制作蒙版效果。应用该特效的前后效果及参数设置如图 7.116 所示。

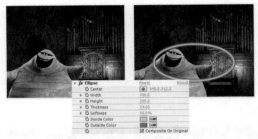

图7.116 应用椭圆的前后效果及参数设置

7.6.15 Eyedropper Fill（滴管填充）

该特效可以直接利用取样点在图像上吸取某种颜色，使用图像本身的某种颜色进行填充，并可调整颜色的混合程度。应用该特效的前后效果及参数设置如图 7.117 所示。

图7.117 应用滴管填充的前后效果及参数设置

7.6.16 Fill（填充）

该特效向图层的蒙版中填充颜色，并通过参数修改填充颜色的羽化和透明度。应用该特效前后效果及参数设置如图 7.118 所示。

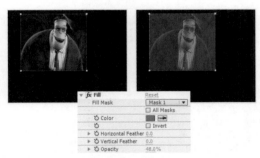

图7.118 应用填充的前后效果及参数设置

7.6.17 Fractal（分形）

该特效可以用来模拟细胞体，制作分形效果。Fractal 在几何学中的含义是不规则的碎片形。应用该特效前后效果及参数设置如图 7.119 所示。

图7.119 应用分形的前后效果及参数设置

7.6.18 Grid（网格）

该特效可以为图像添加网格效果。应用该特效前后效果及参数设置如图 7.120 所示。

图7.120 应用网格的前后效果及参数设置

7.6.19 Lens Flare（镜头光晕）重点

该特效可以模拟强光照射镜头，在图像上产生光晕效果。应用该特效的前后效果及参数设置如图 7.121 所示。

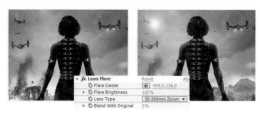

图7.121 应用镜头光晕的前后效果及参数设置

7.6.20 Paint Bucket（油漆桶）

该特效可以在指定的颜色范围内填充设置好的颜色，模拟油漆填充效果。应用该特效的前后效果及参数设置如图 7.122 所示。

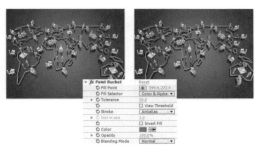

图7.122 应用油漆桶的前后效果及参数设置

7.6.21 Radio Waves（无线电波）

该特效可以为带有音频文件的图像创建无线电波，无线电波以某个点为中心，向四周以各种图形的形式扩散，产生类似电波的图像。应用无线电波的前后效果及参数设置如图7.123所示。

图7.123 应用无线电波的前后效果及参数设置

难　　度：★★
工程文件：第 7 章 \ 无线电波
在线视频：第 7 章 \ 练习 7-4 制作无线电波 .avi

本例主要讲解利用 Radio Waves（无线电波）特效制作无线电波效果。

01 执行菜单栏中的File（文件）|Open Project（打开项目）命令，选择配套资源中的"工程文件\第7章\无线电波\无线电波练习.aep"文件，将文件打开。

02 执行菜单栏中的Layer(层)|New（新建）|Solid（固态层）命令，打开Solid Settings(固态层设置)对话框，设置Name（名称）为"电波"，Color（颜色）为白色。

03 为"电波"层添加Radio Waves（无线电波）特效。在Effects & Presets（效果和预置）中展开Generate（创造）特效组，然后双击Radio Waves（无线电波）特效。

04 在Effects Controls（特效控制）面板中修改Radio Waves（无线电波）特效的参数，设置Producer Point（发射点）的值为（356，294），Render Quality（渲染质量）的值为1，展开Wave Motion（电波运动）选项组，设置Frequency（频率）的值为8.8，Expansion（扩展）的值为10.5，Lifespan（生命期限）的值为1，如图7.124所示。设置参数后的效果如图7.125所示。

图7.124 设置参数

图7.125 设置参数后的效果

05 展开Stroke（笔触）选项组，设置Fade-in Time（淡入时间）的值为3.6，End Width（结束宽度）的值为1，如图7.126所示。设置无线电波参数后的效果如图7.127所示。

图7.126 设置笔触参数

图7.127 设置无线电波参数后的效果

06 这样就完成了无线电波的整体制作，按小键盘上的"0"键，即可在合成窗口中预览动画。

7.6.22 Ramp（渐变）

该特效可以产生双色渐变效果，能与原始图像相融合产生渐变特效。应用该特效的前后效果及参数设置如图 7.128 所示。

图7.128 应用渐变的前后效果及参数设置

7.6.23 Scribble（乱写）

该特效可以根据蒙版形状制作出各种潦草的乱写效果，并自动产生动画。应用该特效的前后效果及参数设置如图 7.129 所示。

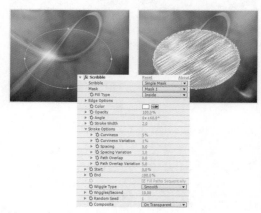

图7.129 应用乱写的前后效果及参数设置

7.6.24 Stroke（描边）

该特效可以沿指定路径或蒙版产生描绘边缘，可以模拟手绘过程。应用该特效的前后效果及参数设置如图 7.130 所示。

图7.130 应用描边的前后效果及参数设置

7.6.25 Vegas（勾画）

该特效类似 Photoshop 软件中的查找边缘，能够将图像的边缘描绘出来，还可以按照蒙版进行描绘。当然，还可以通过指定其他层描绘当前图像。应用该特效的前后效果及参数设置如图 7.131 所示。

图7.131 应用勾画的前后效果及参数设置

7.6.26 Write-on（书写）

该特效是用画笔在一层中绘画，模拟笔迹和绘制过程，它一般与表达式合用，能表示出精彩的图案效果。应用该特效的前后效果及参数设置如图 7.132 所示。

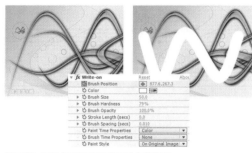

图7.132 应用书写的前后效果及参数设置

7.7 Matte（蒙版）特效组

Matte（蒙版）特效组包含 Matte Choker（蒙版阻塞）和 Simple Choker（简易阻塞）两种特效。利用蒙版特效可以对带有 Alpha 通道的图像进行收缩或描绘。

7.7.1 Matte Choker（蒙版阻塞）

该特效主要用于对带有 Alpha 通道的图像进行控制，可以收缩和描绘 Alpha 通道图像的边缘，修改边缘的效果。应用该特效的前后效果及参数设置如图 7.133 所示。

图7.133 应用蒙版阻塞的前后效果及参数设置

7.7.2 Unnamed layer（指定蒙版）

该特效主要用于颜色对图像混合的控制。应用该特效的前后效果及参数设置如图 7.134 所示。

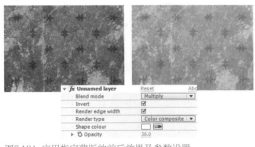

图7.134 应用指定蒙版的前后效果及参数设置

7.7.3 Refine Matte（精炼蒙版）

该特效主要通过丰富的参数属性调整蒙版与背景之间的衔接过渡，是画面过渡的更加柔和，应用该特效的参数设置及应用前后效果，如图 7.135 所示。

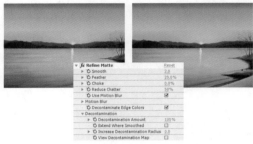

图7.135 应用精炼蒙版的前后效果及参数设置

7.7.4 Simple Choker（简易阻塞）

该特效与 Matte Choker（蒙版阻塞）相似，只能作用于 Alpha 通道，使用增量缩小或扩大蒙版的边界，以此创建蒙版效果。应用该特效的前后效果及参数设置如图 7.136 所示。

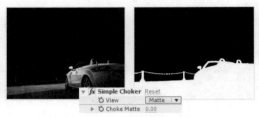

图7.136 应用简易阻塞的前后效果及参数设置

7.8 Noise & Grain（噪波和杂点）特效组

Noise & Grain（噪波和杂点）特效组主要对图像进行杂点颗粒的添加设置。各种特效的应用方法和含义如下。

7.8.1 Add Grain（添加杂点）

该特效可以将一定数量的杂色以随机的方式添加到图像中。应用该特效的前后效果及参数设置如图 7.137 所示。

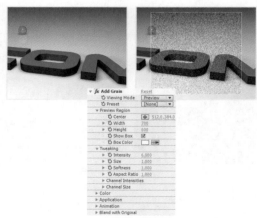

图7.137 应用添加杂点的前后效果及参数设置

7.8.2 Dust & Scratches（蒙尘与划痕）

该特效可以为图像制作类似蒙尘和划痕的效果。应用该特效的前后效果及参数设置如图 7.138 所示。

图7.138 应用蒙尘与划痕的前后效果及参数设置

7.8.3 Fractal Noise（分形噪波）

该特效可以轻松制作出各种云雾效果，并可以通过动画预置选项，制作出各种常用的动画画面，其功能相当强大。应用该特效的前后效果及参数设置如图 7.139 所示。

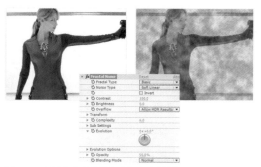

图7.139 应用分形噪波的前后效果及参数设置

7.8.4 Match Grain（匹配杂点）

该特效与 Add Grain（添加杂点）相似，不过该特效可以通过取样其他层的杂点和噪波，添加当前层的杂点效果，并可以进行再次调整。应用该特效的前后效果及参数设置如图 7.140 所示。

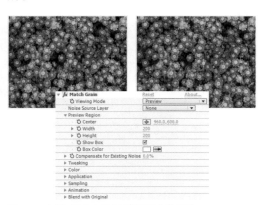

图7.140 应用匹配杂点的前后效果及参数设置

7.8.5 Median（中间值）

该特效可以通过混合图像像素的亮度减少图像的杂色，并通过指定的半径值内图像中性的色彩替换其他色彩。此特效在消除或减少图像的动感效果时非常有用。应用该特效的前后效果及参数设置如图 7.141 所示。

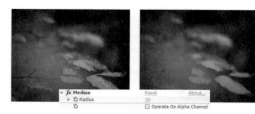

图7.141 应用中间值的前后效果及参数设置

7.8.6 Noise（噪波）

该特效可以在图像颜色的基础上为图像添加噪波杂点。应用该特效的前后效果及参数设置如图 7.142 所示。

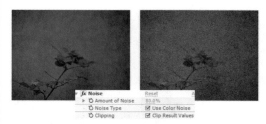

图7.142 应用噪波的前后效果及参数设置

7.8.7 Noise Alpha（噪波Alpha）

该特效能够在图像的 Alpha 通道中添加噪波效果。应用该特效的前后效果及参数设置如图 7.143 所示。

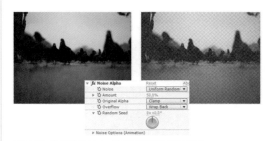

图7.143 应用噪波Alpha的前后效果及参数设置

7.8.8 Noise HLS（噪波HLS）

该特效可以通过调整色相、亮度和饱和度设置噪波的产生位置。应用该特效的前后效果及参数设置如图 7.144 所示。

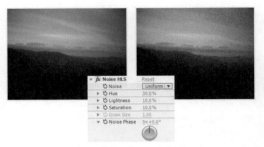

图7.144 应用噪波HLS的前后效果及参数设置

7.8.9 Noise HLS Auto（自动噪波HLS）

该特效与 Noise HLS（噪波 HLS）的应用方法相似，只是通过参数的设置可以自动生成噪波动画。应用该特效的前后效果及参数设置如图 7.145 所示。

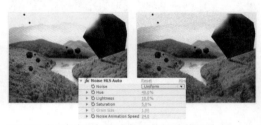

图7.145 应用自动噪波HLS的前后效果及参数设置

7.8.10 Remove Grain（降噪）重点

该特效常用于人物的降噪处理，是一个功能相当强大的工具，在降噪方面独树一帜，通过简单的参数修改，或者不修改参数，都可以对带有杂点、噪波的照片进行美化处理。应用该特效的前后效果及参数设置如图 7.146 所示。

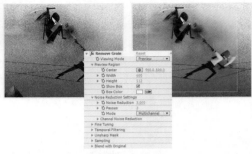

图7.146 应用降噪的前后效果及参数设置

7.8.11 Turbulent Noise（扰动噪波）

该特效与 Fractal Noise（分形噪波）的使用方法及参数设置相同，这里不再赘述。应用该特效的前后效果及参数设置如图 7.147 所示。

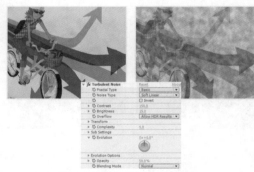

图7.147 应用扰动噪波的前后效果及参数设置

7.9 Obsolete（旧版本）特效组

Obsolete（旧版本）特效组保存之前版本的一些特效，包括 Basic 3D（基础 3D）、Basic Text（基础文字）、Lightning（闪电）和 Path Text（路径文字）特效。

7.9.1 Basic 3D（基础3D）

该特效用于在三维空间内变换图像。应用该特效的前后效果及参数设置如图 7.148 所示。

图7.148 应用基础3D的前后效果及参数设置

7.9.2 Basic Text（基础文字）

该特效可以创建基础文字。应用该特效的前后效果及参数设置如图 7.149 所示。

图7.149 应用基础文字的前后效果及参数设置

7.9.3 Lightnight（闪电）

该特效用于模拟电弧与闪电。应用该特效的前后效果及参数设置如图 7.150 所示。

图7.150 应用闪电的前后效果及参数设置

7.9.4 Path Text（路径文字）

该特效用于沿着路径描绘文字。应用该特效的前后效果及参数设置如图 7.151 所示。

图7.151 应用路径文字的前后效果及参数设置

7.10 Perspective（透视）特效组

Perspective（透视）特效组可以为二维素材添加三维效果，主要用于制作各种透视效果。

7.10.1 3D Camera Tracker（3D摄像机追踪）

该特效可以追踪 3D 立体效果。应用该特效的前后效果及参数设置如图 7.152 所示。

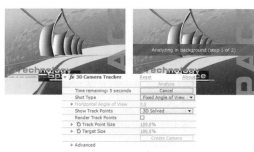

图7.152 应用3D摄像机追踪的前后效果及参数设置

7.10.2 3D Glasses（3D眼镜）

　　该特效可以将两个层的图像合并到一个层中，并产生三维效果。应用该特效的前后效果及参数设置如图7.153所示。

图7.153 应用3D眼镜的前后效果及参数设置

7.10.3 Bevel Alpha（Alpha斜角）

　　该特效可以使图像中Alpha通道边缘产生立体的边界效果。应用该特效的前后效果及参数设置如图7.154所示。

图7.154 应用Alpha斜角的前后效果及参数设置

7.10.4 Bevel Edges（斜边）

　　该特效可以使图像边缘产生一种立体效果，其边缘产生的位置由Alpha通道决定。应用该特效的前后效果及参数设置如图7.155所示。

图7.155 应用斜边的前后效果及参数设置

7.10.5 CC Cylinder（CC圆柱体）

　　该特效可以使图像呈圆柱体状卷起，使其产生立体效果。应用该特效的前后效果及参数设置如图7.156所示。

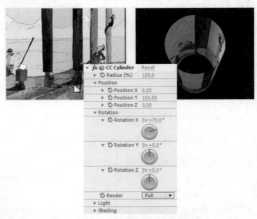

图7.156 应用CC圆柱体的前后效果及参数设置

7.10.6 CC Sphere（CC球体）重点

　　该特效可以使图像呈球体状卷起。应用该特效的前后效果及参数设置如图7.157所示。

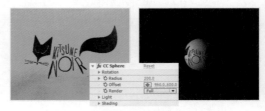

图7.157 应用CC球体的前后效果及参数设置

难　　度：★★★

工程文件：第7章\红色行星

在线视频：第7章\练习7-5 利用CC球体特效制作红色行星.avi

下面使用CC Sphere（CC 球体）特效，制作出红色行星动画效果。

01 执行菜单栏中的Composition（合成）| New Composition（新建合成）命令，打开Composition Settings（合成设置）对话框，设置Composition Name（合成名称）为"红色行星"，Width（宽）为"720"，Height（高）为"576"，Frame Rate（帧率）为"25"，Duration（持续时间）为00:00:05:00秒。

02 单击OK（确定）按钮，在Project（项目）面板中双击打开Import File（导入文件）对话框，打开配套资源中的"工程文件/第7章/红色行星/"背景.jpg、行星图.jpg"素材，单击"打开"按钮，将素材导入到项目面板中。

03 将素材"背景.jpg、行星图.jpg"拖入到"红色行星"合成中，选择"行星图.jpg"，在Effects & Presets（特效面板）中展开Perspective（透视）特效组，单击CC Sphere（CC 球体）特效为其添加如图7.158所示的特效。窗口效果如图7.159所示。

图7.158 添加特效

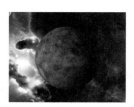

图7.159 窗口效果

04 调整时间到00:00:00:00帧的位置，打开CC Sphere（CC 球体）选项组，在Rotation（旋转）属性里设置Rotation Y（旋转Y）轴的数值为-158，调整时间到00:00:05:00帧的位置，设置Rotation Y（旋转Y）轴的数值为1×50，如图7.160所示。

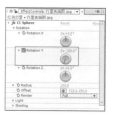

图7.160 修改旋转数值

05 展开Light（灯光）选项组，设置Light Intensity（光强度）的值为150，Light Height（光高度）的值为50，Light Direction（灯光方向）的值为90° 展开Shading（明暗度）选项组，设置Ambient（环境）的值为30，Diffuse（漫反射）的值为90，Specular（反光）的值为25，Roughness（粗糙度）的值为0.100，Metal（质感）的值为100，如图7.161所示。画面效果如图7.162所示。

图7.161 设置特效数值

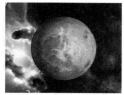

图7.162 画面效果

06 将时间调整到00:00:00:00帧的位置，按P键，打开Position（位移），设置Position（位移）数值为（231，266），调整时间到00:00:05:00帧的位置，设置Position（位移）数值为（347，266），如图7.163所示。

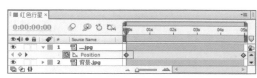

图7.163 修改图层的Position（位移）数值

07 选择"行星图.jpg"图，进行复制、粘贴，将得到另一个"行星表面图.jpg"并修改名字为"行星图-2"，再将"行星图-2"放到"行星图.jpg"，如图7.164所示。

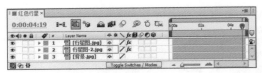

图7.164 复制"行星图.jpg"图层

08 选择"行星图-2"打开CC Sphere（CC 球体）选项组，在Rotation（旋转）属性里设置Rotation Y（旋转Y）轴的数值为-158，调整时间到00:00:05:00帧的位置，设置Rotation Y（旋转Y）轴的数值为120。

09 这样就完成了合成动画的整体制作，按小键盘上的"0"键，即可在合成窗口中预览动画效果。

7.10.7 CC Spotlight（CC 聚光灯）

该特效可以为图像添加聚光灯效果，使其产生逼真的被灯照射的效果。应用该特效的前后效果及参数设置如图 7.165 所示。

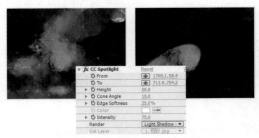

图7.165 应用CC 聚光灯的前后效果及参数设置

7.10.8 Drop Shadow（投影）重点

该特效可以为图像添加阴影效果，一般应用在多层文件中。应用该特效的前后效果及参数设置如图 7.166 所示。

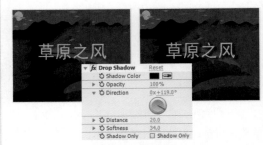

图7.166 应用投影的前后效果及参数设置

7.10.9 Radial Shadow（径向阴影）

该特效同 Drop Shadow（投影）特效相似，也可以为图像添加阴影效果，但比投影特效在控制上有更多的选择。Radial Shadow（径向阴影）根据模拟的灯光投射阴影，看上去更加符合现实中的灯光阴影效果。应用该特效的前后效果及参数设置如图 7.167 所示。

图7.167 应用径向阴影的前后效果及参数设置

7.11 Simulation（模拟）特效组

Simulation（模拟）特效组主要用来表现碎裂、液态、粒子、星爆、散射和气泡等仿真效果。

7.11.1 Card Dance（卡片舞蹈）

该特效是一个根据指定层的特征分割画面的三维特效，在该特效的 X、Y、Z 轴上调整图像的Position（位置）、Rotation（旋转）、Scale（缩放）等参数，可以使画面产生卡片舞蹈的效果。应用该特效的前后效果及参数设置如图 7.168 所示。

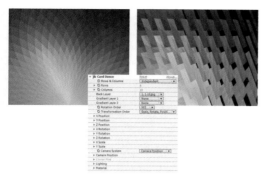

图7.168 应用卡片舞蹈的前后效果及参数设置

7.11.2 Caustics（焦散）

该特效可以模拟水中反射和折射的自然现象。应用该特效的前后效果及参数设置如图7.169所示。

图7.169 应用焦散的前后效果及参数设置

7.11.3 CC Ball Action（CC 滚珠操作）

该特效是一个根据不同图层的颜色变化，使图像产生彩色珠子的效果。应用该特效的前后效果及参数设置如图 7.170 所示。

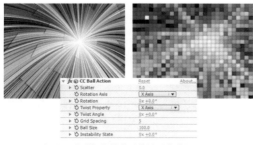

图7.170 应用CC滚珠操作的前后效果及参数设置

7.11.4 CC Bubbles（CC 吹泡泡） 重点

该特效可以使画面变形为带有图像颜色信息的许多泡泡。该特效的前后效果及参数设置如图7.171 所示。

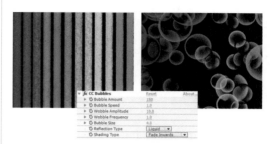

图7.171 应用CC 吹泡泡的前后效果及参数设置

练习7-6 利用CC吹泡泡制作泡泡上升动画

难　　度：★
工程文件：第 7 章 \ 泡泡上升动画
在线视频：第 7 章 \ 练习 7-6 利用 CC 吹泡泡制作泡泡上升动画 .avi

本例主要讲解利用 CC Bubbles（CC 吹泡泡）制作泡泡上升动画效果。

01 执行菜单栏中的File（文件）|Open Project（打开项目）命令，选择配套资源中的"工程文件\第7章\泡泡上升动画\泡泡上升动画练习.aep"文件，将文件打开。

02 执行菜单栏中的Layer(层)|New（新建）|Solid（固态层）命令，打开Solid Settings(固态层设置)对话框，设置Name（名称）为"载体"，Color（颜色）为淡黄色（R: 254；G: 234；B: 193）。

03 为"载体"层添加CC Bubbles（CC 吹泡泡）特效。在Effects & Presets（效果和预置）面板中展开Simulation（模拟）特效组，然后双击CC Bubbles（CC 吹泡泡）特效。

04 这样就完成了泡泡上升动画的整体制作，按小键盘上的"0"键，即可在合成窗口中预览动画。

7.11.5 CC Drizzle（CC 细雨滴）

该特效可以使图像产生波纹涟漪的画面效果。应用该特效的前后效果及参数设置如图7.172 所示。

图7.172 应用CC 细雨滴的前后效果及参数设置

7.11.6 CC Hair（CC 毛发）

该特效可以在图像上产生类似于毛发的物体，通过设置制作出多种效果。该特效的前后效果及参数设置如图 7.173 所示。

图7.173 应用CC 毛发的前后效果及参数设置

7.11.7 CCMr.Mercury（CC 水银滴落）

通过对一个图像添加该特效，可以将图像色彩等因素变形为水银滴落的粒子状态。应用该特效的前后效果及参数设置如图7.174所示。

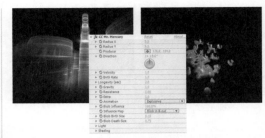

图7.174 应用CC水银滴答的前后效果及参数设置

7.11.8 CC Particle Systems II（CC 粒子仿真系统 II）

使用该特效可以产生大量运动的粒子，通过对粒子颜色、形状以及产生方式的设置，制作出需要的运动效果。该特效的参数设置及前后效果，如图 7.175 所示。

图7.175 应用的前后效果及设置

7.11.9 CC Particle World（CC 仿真粒子世界）重点

该特效与 CC Particle Systems II（CC 仿真粒子系统 II）特效相似。应用该特效的前后效果及参数设置如图 7.176 所示。

图7.176 应用CC 仿真粒子世界的前后效果及参数设置

7.11.10 CC Pixel Polly（CC 像素多边形）

该特效可以使图像分割，制作出画面碎裂的效果。应用该特效的前后效果及参数设置如图 7.177 所示。

图7.177 应用CC 像素多边形的前后效果及参数设置

7.11.11 CC Rainfall（CC 下雨）

该特效可以模拟真实的下雨效果。应用该特效的前后效果及参数设置如图 7.178 所示。

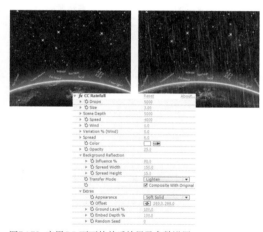

图7.178 应用CC 下雨的前后效果及参数设置

7.11.12 CC Scatterize（CC 散射）

该特效可以将图像变为很多的小颗粒，并加以旋转，使其产生绚丽的效果。应用该特效的前后效果及参数设置如图 7.179 所示。

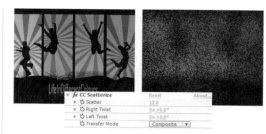

图7.179 应用CC 散射的前后效果及参数设置

7.11.13 CC Snowfall（CC 下雪）重点

该特效可以模拟自然界中的下雪效果。应用该特效的前后效果及参数设置如图 7.180 所示。

图7.180 应用CC 下雪的前后效果及参数设置

练习7-7 利用CC下雪制作下雪效果

难　度：★
工程文件：第 7 章 \ 下雪动画
在线视频：第 7 章 \ 练习 7-7　利用 CC 下雪制作下雪效果 ,avi

本例主要讲解利用 CC Snowfall（CC 下雪）特效制作下雪动画的效果。

01 执行菜单栏中的File（文件）|Open Project（打开项目）命令，选择配套资源中的"工程文件\第7章\下雪动画\下雪动画练习.aep"文件，将文件打开。

02 为"背景.jpg"层添加CC Snowfall（CC下雪）特效。在Effects & Presets（效果和预置）面板中展开Simulation（模拟）特效组，然后双击

CC Snowfall（CC下雪）特效。

03 在Effect Controls（特效控制）面板中修改CC Snowfall（CC下雪）特效的参数，设置Size（大小）的值为12，Speed（速度）的值为250，Wind（风力）的值为80，Opacity（不透明度）的值为100，如图7.181所示。下雪效果如图7.182所示。

图7.181 设置下雪参数　　　图7.182 下雪效果

04 这样就完成了下雪效果的整体制作，按小键盘上的"0"键，即可在合成窗口中预览动画。

7.11.14 CC Star Burst（CC星爆）

该特效是一个根据指定层的特征分割画面的三维特效，在该特效的 x、y、z 轴上调整图像的 Position（位置）、Rotation（旋转）、Scale（缩放）等参数，可以使画面产生卡片舞蹈的效果。应用该特效的前后效果及参数设置如图 7.183 所示。

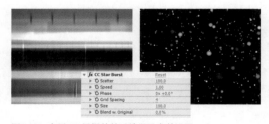

图7.183 应用CC 星爆的前后效果及参数设置

7.11.15 Foam（水泡）

该特效用于模拟水泡、水珠等流动的液体效果。应用该特效的前后效果及参数设置如图7.184 所示。

图7.184 应用水泡的前后效果及参数设置

7.11.16 Particle Playground（粒子运动场）

使用该特效可以产生大量相似物体独立运动的画面效果，并且它还是一个功能强大的粒子动画特效。应用该特效的前后效果及参数设置如图 7.185 所示。

图7.185 应用粒子运动场的前后效果及参数设置

7.11.17 Shatter（碎片）

该特效可以使图像产生爆炸分散的碎片。应用该特效的前后效果及参数设置如图7.186所示。

图7.186 应用碎片的前后效果及参数设置

7.12 Stylize（风格化）特效组

Stylize（风格化）特效组主要模仿各种绘画技巧，使图像产生丰富的视觉效果。各种特效的应用方法和含义如下。

7.12.1 Brush Strokes（画笔描边）

该特效对图像应用画笔描边效果，使图像产生一种类似画笔绘制的效果。应用该特效的前后效果及参数设置如图 7.187 所示。

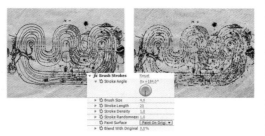

图7.187 应用画笔描边的前后效果及参数设置

7.12.2 Cartoon（卡通）

该特效通过填充图像中的物体，从而产生卡通效果。应用该特效的前后效果及参数设置如图 7.188 所示。

图7.188 应用卡通的前后效果及参数设置

7.12.3 CC Block Load（CC 障碍物读取）

该特效可以控制图像的读取方式。应用该特效的前后效果及参数设置如图 7.189 所示。

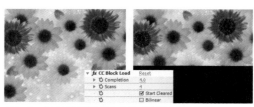

图7.189 应用CC障碍物读取的前后效果及参数设置

7.12.4 CC Burn Film（CC 燃烧效果）

该特效可以模拟火焰燃烧时边缘变化的效果，从而使图像消失。应用该特效的前后效果及参数设置如图 7.190 所示。

图7.190 应用CC 燃烧效果的前后效果及参数设置

7.12.5 CC Glass（CC 玻璃）

该特效通过查找图像中物体的轮廓，从而产生玻璃凸起的效果。应用该特效的前后效果及参数设置如图 7.191 所示。

图7.191 应用CC 玻璃的前后效果及参数设置

7.12.6 CC Kaleida（CC 万花筒）重点

该特效可以将图像进行不同角度的变换，使画面产生各种不同的图案。应用该特效的前后效果及参数设置如图 7.192 所示。

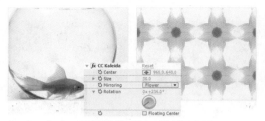

图7.192 应用CC 万花筒的前后效果及参数设置

7.12.7 CC Mr.Smoothie（CC 平滑）

该特效应用通道设置图案变化，通过相位的调整改变图像效果。应用该特效的前后效果及参数设置如图 7.193 所示。

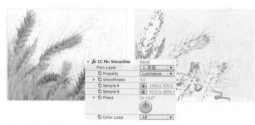

图7.193 应用CC 平滑的前后效果及参数设置

7.12.8 CC Plastic（CC 塑料）

该特效应用灯光设置图案变化，通过灯光强度调整改变图像效果。应用该特效的前后效果及参数设置如图 7.194 所示。

图7.194 应用CC 塑料的前后效果及参数设置

7.12.9 CC RepeTile（边缘拼贴）

该特效可以将图像的边缘进行水平和垂直拼贴，产生类似于边框的效果。应用该特效的前后效果及参数设置如图 7.195 所示。

图7.195 应用边缘拼贴的前后效果及参数设置

7.12.10 CC Threshold（CC 阈值）

该特效可以将图像转换成高对比度的黑白图像效果，并通过级别的调整设置黑白所占的比例。应用该特效的前后效果及参数设置如图 7.196 所示。

图7.196 应用CC 阈值的前后效果及参数设置

7.12.11 CC Threshold RGB（CC 阈值RGB）

该特效只对图像的 RGB 通道进行运算填充。应用该特效的前后效果及参数设置如图 7.197 所示。

图7.197 应用CC 阈值 RGB的前后效果及参数设置

7.12.12 Color Emboss（彩色浮雕）

该特效通过锐化图像中物体的轮廓，从而产生彩色的浮雕效果。应用该特效的前后效果及参数设置如图 7.198 所示。

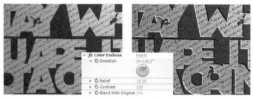

图7.198 应用彩色浮雕的前后效果及参数设置

7.12.13 Emboss（浮雕）

该特效与 Color Emboss（彩色浮雕）的效果相似，只是产生的图像浮雕为灰色，没有丰富的彩色效果。应用该特效的前后效果及参数设置如图 7.199 所示。

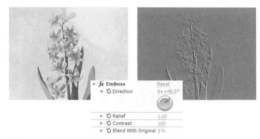

图7.199 应用浮雕的前后效果及参数设置

7.12.14 Find Edges（查找边缘）

该特效可以对图像的边缘进行勾勒，从而使图像产生类似素描或底片的效果。应用该特效的前后效果及参数设置如图 7.200 所示。

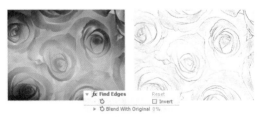

图7.200 应用查找边缘的前后效果及参数设置

7.12.15 Glow（发光）

该特效可以寻找图像中亮度比较大的区域，然后对其周围的像素进行加亮处理，从而产生发光效果。应用该特效的前后效果及参数设置如图 7.201 所示。

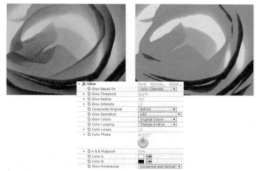

图7.201 应用发光的前后效果及参数设置

7.12.16 Mosaic（马赛克）

该特效可以将画面分成若干网格，每一格都用本格内所有颜色的平均色进行填充，使画面产生分块式的马赛克效果。应用该特效的前后效果及参数设置如图 7.202 所示。

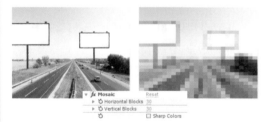

图7.202 应用马赛克的前后效果及参数设置

7.12.17 Motion Tile（运动拼贴）

该特效可以将图像进行水平和垂直拼贴，产生类似在墙上贴瓷砖的效果。应用该特效的前后效果及参数设置如图 7.203 所示。

图7.203 应用运动拼贴的前后效果及参数设置

7.12.18 Posterize（色彩分离）

该特效可以将图像中的颜色信息减少，产生颜色的分离效果，可以模拟手绘效果。应用该特效的前后效果及参数设置如图7.204所示。

图7.204 应用色彩分离的前后效果及参数设置

7.12.19 Roughen Edges（粗糙边缘）

该特效可以将图像的边缘粗糙化，制作出一种粗糙效果。应用该特效的前后效果及参数设置如图7.205所示。

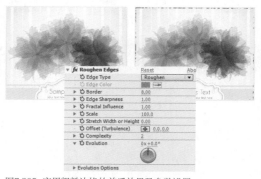

图7.205 应用粗糙边缘的前后效果及参数设置

7.12.20 Scatter（扩散）

该特效可以将图像分离成颗粒状，产生分散效果。应用该特效的前后效果及参数设置如图7.206所示。

图7.206 应用扩散的前后效果及参数设置

7.12.21 Strobe Light（闪光灯）重点

该特效可以模拟相机的闪光灯效果，使图像自动产生闪光动画效果，这在视频编辑中经常用到。应用该特效的前后效果及参数设置如图7.207所示。

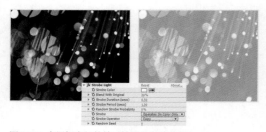

图7.207 应用闪光灯的前后效果及参数设置

7.12.22 Texturize（纹理）

该特效可以在一个素材上显示另一个素材的纹理。应用时将两个素材放在不同的层上，两个相邻层的素材必须在时间上有重合的部分，在重合的部分就会产生纹理效果。应用该特效的前后效果及参数设置如图7.208所示。

图7.208 应用纹理的前后效果及参数设置

图7.208 应用纹理的前后效果及参数设置（续）

7.12.23 Threshold（阈值）

该特效可以将图像转换成高对比度的黑白

图像效果，并通过级别的调整设置黑白所占的比例。应用该特效的前后效果及参数设置如图7.209所示。

图7.209 应用阈值的前后效果及参数设置

7.13 Text（文字）特效组

Text（文字）特效组主要是辅助文字工具添加更多，更精彩的文字特效。

7.13.1 Numbers（数字效果）

该特效可以生成多种格式的随机或顺序数，可以编辑时间码、十六进制数字、当前日期等，并且可以随时间变动刷新，或者随机乱序刷新。应用该特效的前后效果及参数设置如图 7.210 所示。

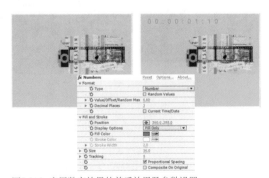

图7.210 应用数字效果的前后效果及参数设置

7.13.2 Timecode（时间码）

该特效可以在当前层上生成一个显示时间的码表效果，以动画形式显示当前播放动画的时间长度。应用该特效的前后效果及参数设置如图 7.211 所示。

图7.211 应用时间码的前后效果及参数设置

7.14 Time（时间）特效组

Time（时间）特效组主要用来控制素材的时间特性，并以素材的时间作为基准。各种特效的应用方法和含义如下。

7.14.1 CC Force Motion Blur（CC 强力运动模糊）

该特效可以使运动的物体产生模糊效果。应用该特效的前后效果及参数设置如图 7.212 所示。

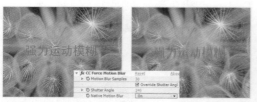

图7.212 应用CC强力运动模糊的前后效果及参数设置

7.14.2 CC Time Blend（CC 时间混合）

该特效可以通过转换模式的变化，产生不同的混合现象。应用该特效的前后效果及参数设置如图 7.213 所示。

图7.213 应用CC 时间混合的前后效果及参数设置

7.14.3 CC Time Blend FX（CC 时间混合FX）

该特效与 CC Time Blend（CC 时间混合）特效的使用方法相同，只是需要在 Instence 右侧的下拉菜单中选择 Paste 选项，各项参数才可使用。应用该特效的前后效果及参数设置如图 7.214 所示。

图7.214 应用CC时间混合FX的前后效果及参数设置

7.14.4 CC Wide Time（CC 时间工具）

该特效可以设置图像前方与后方的重复数量，使其产生连续的重复效果，该特效只对运动的素材起作用。应用该特效的前后效果及参数设置如图 7.215 所示。

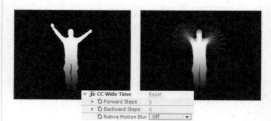

图7.215 应用CC 时间工具的前后效果及参数设置

7.14.5 Echo（拖尾）

该特效可以将图像中不同时间的多个帧组合起来同时播放，产生重复效果，该特效只对运动的素材起作用。应用该特效的前后效果及参数设置如图 7.216 所示。

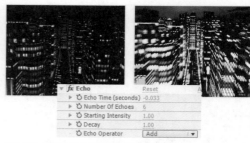

图7.216 应用拖尾的前后效果及参数设置

7.14.6 Posterize Time（多色调分色时期）

该特效是将素材锁定到一个指定的帧率，从而产生跳帧播放的效果。应用该特效的前后效果及参数设置如图 7.217 所示。

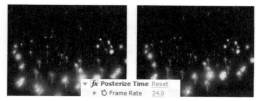

图7.217 应用多色调分色时期的前后效果及参数设置

7.14.7 Time Difference（时间差异）

通过特效层与指定层之间像素的差异比较，产生该特效效果。应用该特效的前后效果及参数设置如图 7.218 所示。

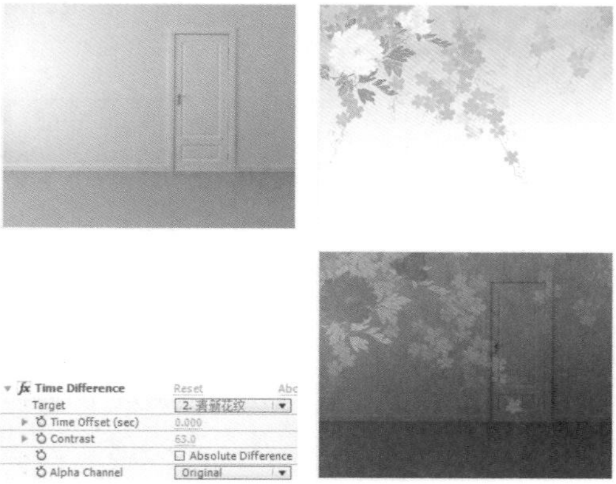

图7.218 应用时间差异的前后效果及参数设置

7.14.8 Time Displacement（时间置换）

该特效可以在特效层上通过其他层图像的时间帧转换图像像素使图像变形，产生特效，可以在同一画面中反映出运动的全过程。应用

的时候要设置映射图层，然后基于图像的亮度值将图像上明亮的区域替换为几秒钟以后该点的像素。应用该特效的前后效果及参数设置如图 7.219 所示。

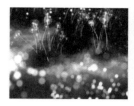

图7.219 应用时间置换的前后效果及参数设置

7.14.9 Timewarp（时间变形）

该特效可以基于图像运动、帧融合和所有帧进行时间画面变形，使前几秒或后几帧的图像显示在当前窗口中。时间变形参数设置面板如图 7.220 所示。

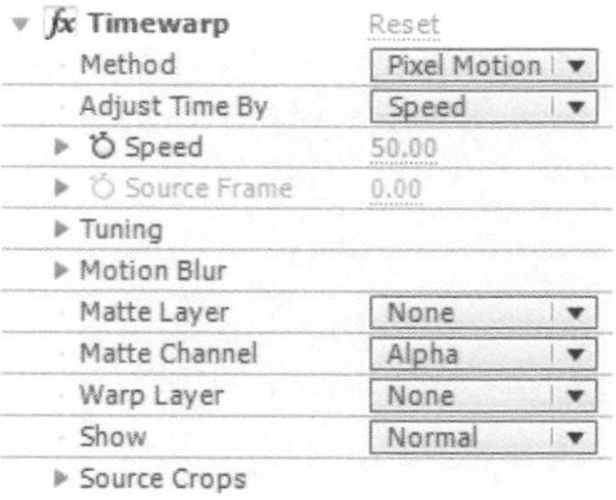

图7.220 时间变形参数设置面板

7.15 Transition（转换）特效组

Transition（转换）特效组主要用来制作图像间的过渡效果。各种特效的应用方法和含义如下。

7.15.1 Block Dissolve（块状溶解）

该特效可以使图像间产生块状溶解的效果。应用该特效的前后效果及参数设置如图7.221所示。

图7.221 应用块状溶解的前后效果及参数设置

7.15.2 Card Wipe（卡片擦除）重点

该特效可以将图像分解成很多的小卡片，以卡片的形状显示擦除图像效果。应用该特效的前后效果及参数设置如图7.222所示。

图7.222 应用卡片擦除的前后效果及参数设置

练习7-8 制作卡片擦除效果

难　度：★ ★
工程文件：第7章\卡片擦除
在线视频：第7章\练习7-8 制作卡片擦除效果 .avi

下面使用 Card Wipe（卡片擦除）特效，制作图像之间卡片翻转过渡的动画效果。

01 执行菜单栏中的Composition（合成）| New Composition（新建合成）命令，打开Composition Settings（合成设置）对话框，设置Composition Name（合成名称）为"卡片擦拭"，Width（宽）为"720"，Height（高）为"576"，Frame Rate（帧率）为"25"，并设置Duration（持续时间）为00:00:05:00秒。

02 执行菜单栏中的File（文件）| Import（导入）| File（文件）命令，打开Import File（导入文件）对话框，选择配套资源中的"工程文件\第7章\卡片擦拭\图1.jpg、图2.jpg"素材，将素材导入。

03 在Project（项目）面板中选择"图1.jpg""图2.jpg"素材，将其拖动到"卡片擦拭"合成的时间线面板，如图7.223所示。

图7.223 添加"图1.jpg""图2.jpg"素材

04 在时间线面板的空白处单击取消选择，然后单击"图2.jpg"素材层左侧的眼睛图标，将该层隐藏，如图7.224所示。

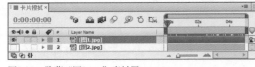

图7.224 隐藏"图2.jpg"素材层

05 为"图1"层添加Card Wipe（卡片擦除）特效。在Effects & Presets（特效面板）中展开Transition（切换）特效组，然后双击Card Wipe（卡片擦除）特效。

06 在Effects Controls（特效控制）面板中修改Card Wipe（卡片擦除）特效的参数，设置Transition Width（切换宽度）的值为15，从Flip Axis（翻转轴）右侧下拉菜单中选择"Random（随机）"选项，从Gradient Layer（渐变层）右侧下拉菜单中选择"图2"选项，将时间调整到00:00:00:00帧的位置，设置Transition

Completion（转换完成）的值为100，Card Scale（卡片缩放）的值为1，单击Transition Completion（转换完成）和Card Scale（卡片缩放）左侧的码表🕙按钮，在当前位置设置关键帧。

07 将时间调整到00:00:04:24帧的位置，设置Transition Completion（转换完成）的值为0，系统会自动设置关键帧，如图7.225所示。

图7.225 设置关键参数

08 设置Rows（行）的值为30，Columns（列）的值为30。

09 将时间调整到00:00:00:00帧的位置，单击Card Scale（卡片缩放）左侧的码表🕙按钮，在当前位置设置关键帧。

10 将时间调整到00:00:01:00帧的位置，设置Card Scale（卡片缩放）的值为0.6，系统会自动设置关键帧。

11 将时间调整到00:00:04:24帧的位置，设置Card Scale（卡片缩放）的值为1，如图7.226所示。

图7.226 设置关键帧参数

12 展开Camera Position（摄像机位置）选项组，设置Focal Length（焦距）的值为45，将时间调整到00:00:00:00帧的位置，设置Z Position（Z位置）的值为2，单击Z Position（Z位置）左侧的码表🕙按钮，在当前位置设置关键帧。

13 将时间调整到00:00:03:00帧的位置，设置Z Position（Z位置）的值为1.25，系统会自动设置

关键帧，如图7.227所示。画面效果如图7.228所示。

图7.227 设置摄像机参数　　图7.228 画面效果

14 展开Position Jitter（位置抖动）选项组，将时间调整到00:00:00:00帧的位置，设置Z Jitter Amount（抖动量）的值为0，单击Z Jitter Amount（抖动量）左侧的码表🕙按钮，在当前位置设置关键帧。

15 将时间调整到00:00:01:00帧的位置，设置Z Jitter Amount（抖动量）的值为10，系统会自动设置关键帧。

16 将时间调整到00:00:03:00帧的位置，设置Z Jitter Amount（抖动量）的值为10。

17 将时间调整到00:00:01:00帧的位置，设置Z Jitter Amount（抖动量）的值为0，如图7.229所示。合成窗口效果如图7.230所示。

图7.229 设置参数　　　　图7.230 合成窗口效果

18 这样就完成了动画的整体制作，按小键盘上的"0"键，即可在合成窗口中预览动画。

7.15.3 CC Glass Wipe（CC玻璃擦除）

　　该特效可以使图像产生类似玻璃效果的扭曲现象。应用该特效的前后效果及参数设置如图7.231所示。

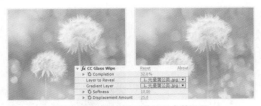

图7.231 应用CC 玻璃擦除的前后效果及参数设置

7.15.4 CC Grid Wipe（CC 网格擦除）

该特效可以将图像分解成很多的小网格，以网格的形状显示擦除图像效果。应用该特效的前后效果及参数设置如图 7.232 所示。

图7.232 应用CC 网格擦除的前后效果及参数设置

7.15.5 CC Image Wipe（CC 图像擦除）

该特效是通过特效层与指定层之间像素的差异比较，对指定层的图像产生擦除的效果。应用该特效的前后效果及参数设置如图 7.233 所示。

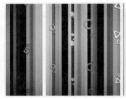

图7.233 应用CC 图像擦除的前后效果及参数设置

7.15.6 CC Jaws（CC 锯齿）

该特效可以以锯齿形状将图像一分为二进行切换，产生锯齿擦除的图像效果。应用该特效的前后效果及参数设置如图 7.234 所示。

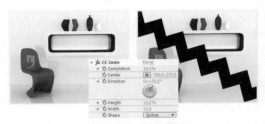

图7.234 应用CC 锯齿的前后效果及参数设置

7.15.7 CC Light Wipe（CC 光线擦除）重点

该特效运用圆形的发光效果对图像进行擦除。应用该特效的前后效果及参数设置如图 7.235 所示。

图7.235 应用CC 光线擦除的前后效果及参数设置

7.15.8 CC Line Sweep（CC 线扫码）

该特效可以以一条直线为界线进行切换，产生线性擦除的效果。应用该特效的前后效果及参数设置如图 7.236 所示。

图7.236 应用CC线扫码的前后效果及参数设置

7.15.9 CC Radial ScaleWipe（CC径向缩放擦除）

该特效可以使图像产生旋转缩放擦除效果。应用该特效的前后效果及参数设置如图 7.237 所示。

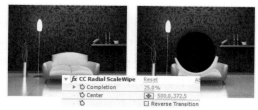

图7.237 应用CC径向缩放擦除的前后效果及参数设置

7.15.10 CC Scale Wipe（CC缩放擦除）

该特效通过调节拉伸中心点的位置以及拉伸的方向，使其产生拉伸的效果。应用该特效的前后效果及参数设置如图 7.238 所示。

图7.238 应用CC缩放擦除的前后效果及参数设置

7.15.11 CC Twister（CC扭曲）

该特效可以使图像产生扭曲的效果，应用 Backside（背面）选项，可以将图像进行扭曲翻转，从而显示出选择图层的图像。应用该特效的前后效果及参数设置如图 7.239 所示。

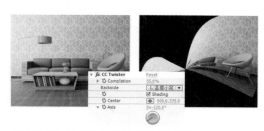

图7.239 应用CC扭曲的前后效果及参数设置

7.15.12 CC WarpoMatic（CC溶解）

该特效可以使图像间通过如亮度、对比度产生不同的融合过渡效果。应用该特效的前后效果及参数设置如图 7.240 所示。

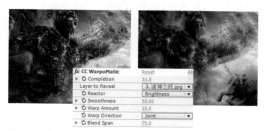

图7.240 应用CC溶解的前后效果及参数设置

7.15.13 Gradient Wipe（梯度擦除）

该特效可以使图像间产生梯度擦除的效果。应用该特效的前后效果及参数设置如图 7.241 所示。

图7.241 应用梯度擦除的前后效果及参数设置

7.15.14 Iris Wipe（形状擦除）

该特效可以产生多种形状从小到大擦除图像的效果。应用该特效的前后效果及参数设置如图 7.242 所示。

图7.242 应用形状擦除的前后效果及参数设置

7.15.15 Linear Wipe（线性擦除）

该特效可以模拟线性擦除的效果。应用该特效的前后效果及参数设置如图7.243所示。

图7.243 应用线性擦除的前后效果及参数设置

7.15.16 Radial Wipe（径向擦除）

该特效可以模拟表针旋转擦除的效果。应用该特效的前后效果及参数设置如图7.244所示。

图7.244 应用径向擦除的前后效果及参数设置

练习7-9 利用径向擦除制作笔触擦除动画

难　　度：★★
工程文件：第7章\笔触擦除动画
在线视频：第7章\练习7-9 利用径向擦除制作笔触擦除动画.avi

本例主要讲解利用Radial Wipe（径向擦除）特效制作笔触擦除动画效果。

01 执行菜单栏中的File（文件）|Open Project（打开项目）命令，选择配套资源中的"工程文件\第7章\笔触擦除动画\笔触擦除动画练习.aep"文件，将文件打开。

02 选择"笔触.tga"层，在Effects & Presets（效果和预置）面板中展开Transition（切换）特效组，然后双击Radial Wipe（径向擦除）特效。

03 在Effect Controls（特效控制）面板中修改Radial Wipe（径向擦除）特效的参数，从Wipe（擦除）下拉菜单中选择Counterclockwise（逆时针）选项，设置Feather（羽化）的值为50；将时间调整到00:00:00:00帧的位置，设置Transition Completion（完成过渡）的值为100%，单击Transition Completion（完成过渡）左侧的码表按钮，在当前位置设置关键帧。

04 将时间调整到00:00:01:15帧的位置，设置Transition Completion（完成过渡）的值为0，系统会自动设置关键帧，如图7.245所示。合成窗口效果如图7.246所示。

图7.245 设置参数　　　　图7.246 合成窗口效果

05 这样就完成了笔触擦除动画的整体制作，按小键盘上的"0"键，即可在合成窗口中预览动画。

7.15.17 Venetian Blinds（百叶窗）

该特效可以使图像间产生百叶窗过渡的效果。应用该特效的前后效果及参数设置如图7.247所示。

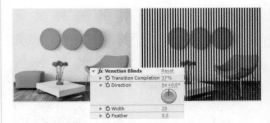

图7.247 应用百叶窗的前后效果及参数设置

7.16 Utility（实用）特效组

Utility（实用）特效组主要调整素材颜色的输出和输入设置。

7.16.1 CC Overbrights（CC 亮度信息）

该特效主要应用于图像的各种通道信息提取图片的亮度。应用该特效的前后效果及参数设置如图 7.248 所示。

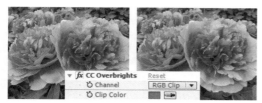

图7.248 应用CC亮度信息的前后效果及参数设置

7.16.2 Cineon Converter（转换Cineon）

该特效主要应用于标准线性到曲线对称的转换。应用该特效的前后效果及参数设置如图 7.249 所示。

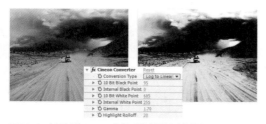

图7.249 应用转换Cineon的前后效果及参数设置

7.16.3 Color Profile Converter（色彩轮廓转换）

该特效可以通过色彩通道设置，对图像输出、输入的描绘轮廓进行转换。应用该特效的前后效果及参数设置如图 7.250 所示。

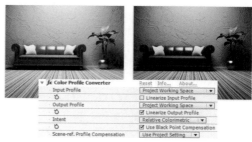

图7.250 应用色彩轮廓转换的前后效果及参数设置

7.16.4 Grow Bounds（范围增长）

该特效可以通过增长像素范围解决其他特效显示的一些问题。例如，文字层添加 Drop Shadow 特效后，当文字层移出合成窗口外时，阴影也会被遮挡。这时就需要 Grow Bounds（范围增长）特效解决。需要注意的是，Grow Bounds（增长范围）特效须在文字层添加 Drop Shadow 特效前添加。应用该特效的前后效果及参数设置如图 7.251 所示。

图7.251 应用范围增长的前后效果及参数设置

7.16.5 HDR Compander（HDR压缩扩展器）

该特效使用压缩级别和扩展级别调节图像。应用该特效的前后效果及参数设置如图 7.252 所示。

图7.252 应用DR压缩扩展器的前后效果及参数设置

7.16.6 HDR Highlight Compression （HDR高光压缩）

该特效可以将图像的高动态范围内的高光数

据压缩到低动态范围内的图像。应用该特效的前后效果及参数设置如图 7.253 所示。

图7.253 应用HDR高光压缩的前后效果及参数设置

7.17 知识拓展

本章主要对 After Effects 的 3D Channel（三维通道）、Audio（音频）、Blur & Sharpen（模糊与锐化）、Channel（通道）、Distort（扭曲）、Generate（创造）、Matte（蒙版）、Noise & Grain（噪波和杂点）、Perspective（透视）、Simulation（模拟）、Stylize（风格化）、Text（文字）、Time（时间）、Transition（转换）、Utility（实用）等特效组中的特效进行详细讲解。

7.18 拓展训练

本章通过 4 个课后习题，深入了解对内置特效的使用，掌握其应用方法和技巧，以便更好地在日后动画制作中使用。

训练7-1 利用CC 卷页制作卷页效果

◆实例分析

本例主要讲解利用 CC Page Turn（CC卷页）特效制作卷页效果，完成的动画流程画面如图 7.254 所示。

难　　度：★★★
工程文件：第 7 章 \ 卷页效果
在线视频：第 7 章 \ 训练 7-1 利用 CC 卷页制作卷页效果 .avi

图7.254 动画流程画面

训练7-2 利用CC 粒子仿真世界制作飞舞小球

◆ 实例分析

本例主要讲解利用CC Particle World（CC 粒子仿真世界）特效制作飞舞小球效果，完成的动画流程画面如图 7.255 所示。

难　　度：★★
工程文件：第 7 章 \ 飞舞小球
在线视频：第 7 章 \ 训练 7-2 利用 CC 粒子仿真世界制作飞舞小球 .avi

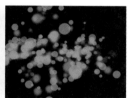
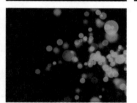

图7.255 动画流程画面

◆ 本例知识点

1.CC Particle World (CC 粒子仿真世界) 的使用

训练7-3 利用乱写制作手绘效果

◆ 实例分析

本例主要讲解利用 Scribble（乱写）特效制作手绘效果，完成的动画流程画面如图 7.256 所示。

难　　度：★★
工程文件：第 7 章 \ 手绘效果
在线视频：第 7 章 \ 训练 7-3 利用乱写制作手绘效果 .avi

图7.256 动画流程画面

◆ 本例知识点

1.Scribble（乱写）的使用

训练7-4 利用勾画制作心电图效果

◆ 实例分析

本例主要讲解利用 Vegas（勾画）特效制作心电图效果，完成的动画流程画面如图 7.257 所示。

难　　度：★★★
工程文件：第 7 章 \ 心电图动画
在线视频：第 7 章 \ 训练 7-4 利用勾画制作心电图效果 .avi

图7.257 动画流程画面

◆ 本例知识点

1.Vegas（勾画）的使用
2.Grid（网格）的使用
3.Glow（发光）的使用

第 **8** 章

视频的渲染及输出设置

在影视动画的制作过程中，渲染是经常要用到的。一副制作完成的动画，要按照需要的格式渲染输出，制作成电影成品。渲染及输出的时间长度与影片的长度、内容的复杂度、画面的大小等有关，不同的影片输出有时需要的时间相差很大。本章讲解影片的渲染和输出的相关设置。

教学目标

了解视频压缩的类别和方式

了解常见图像格式和音频格式的含义

学习渲染队列窗口的参数含义及使用

学习渲染模板和输出模块的创建

掌握常见动画及图像格式的输出

8.1.1 压缩的类别

视频压缩是视频输出工作中不可缺少的一部分，由于计算机硬件和网络传输速率的限制，在存储或传输视频时会出现文件过大的情况，为了避免这种情况，在输出文件的时候就会选择合适的方式对文件进行压缩，这样才能很好地解决传输和存储时出现的问题。压缩就是将视频文件的数据信息通过特殊的方式进行重组或删除，达到减小文件大小的目的。压缩可以分为 4 种。

- **软件压缩**：通过计算机安装的压缩软件压缩，这是使用较为普遍的一种压缩方式。
- **硬件压缩**：通过安装一些配套的硬件压缩卡完成，它具有比软件压缩更高的效率，但成本较高。
- **有损压缩**：在压缩的过程中，为了达到更小的空间，将素材进行压缩，丢失一部分数据或是画面色彩，达到压缩的目的，这种压缩可以更小地压缩文件，但会牺牲更多的文件信息。
- **无损压缩**：它与有损压缩相反，在压缩过程中不会丢失数据，但一般压缩的程度较小。

8.1.2 压缩的方式

压缩不是单纯地为了减少文件的大小，而是要在保证画面清晰的同时达到压缩的目的，不能只管压缩而不计损失，要根据文件的类别选择合适的压缩方式，这样才能更好地达到压缩的目的。常用的视频和音频压缩方式有以下几种。

◆Microsoft Video 1

这种针对模拟视频信号进行的压缩是一种有损压缩方式，支持 8 位或 16 位的影像深度，适用于 Windows 平台。

◆IntelIndeo（R）Video R3.2

这种方式适合制作在 CD-ROM 中播放的

24 位的数字电影，和 Microsoft Video 1 相比，它能得到更高的压缩比和质量以及更快的回放速度。

◆DivX MPEG-4(Fast-Motion) 和DivX MPEG-4(Low-Motion)

这两种压缩方式是 Premiere Pro 增加的算法，它们压缩基于 DivX 播放的视频文件。

◆Cinepak Codec by Radius

这种压缩方式可以压缩彩色或黑白图像，适合压缩 24 位的视频信号，制作用于 CD-ROM 播放或网上发布的文件。和其他压缩方式相比，利用它可以获得更高的压缩比和更快的回放速度，但压缩速度较慢，而且只适用于 Windows 平台。

◆Microsoft RLE

这种方式适合压缩具有大面积色块的影像素材，如动画或计算机合成图像等。它使用 RLE(Spatial 8-bit run-length encoding) 方式进行压缩，是一种无损压缩方案，适用于 Windows 平台。

◆Intel Indeo5.10

这种方式适合于所有基于 MMX 技术或 Pentium II 以上处理器的计算机。它具有快速的压缩选项，并可以灵活设置关键帧，具有很好的回访效果，适用于 Windows 平台，作品适于网上发布。

◆MPEG

在非线性编辑中最常用的是 MJPEG 算法，即 Motion JPEG。它将视频信号 50 场 / 秒 (PAL 制式) 变为 25 帧 / 秒，然后按照 25 帧 / 秒的速度使用 JPEG 算法对每一帧进行压缩。通常，压缩倍数在 3.5~5 倍时可以达到 Betacam 的图像质量。MPEG 算法是适用于动态视频的压缩算法，它除了对单幅图像进行编码外，还利用图像序列中的相关原则将冗余去掉，这样可以大大提高视频的压缩比。目前 MPEG-I 用于 VCD 节目中，MPEG-II 用于 VOD、DVD 节目中。

其他还有较多方式，如 Planar RGB、Cinepak、Graphics、Motion JPEG A 和 Motion JPEG B、DV NTSC 和 DV PAL、Sorenson、Photo-JPEG、H.263、Animation、None 等。

8.2 图像格式

图像格式是指计算机表示、存储图像信息的格式。常用的格式有十多种。同一幅图像可以使用不同的格式存储，不同的格式之间包含的图像信息并不完全相同，文件大小也有很大的差别。用户在使用时可以根据自己的需要选用适当的格式。Premiere Pro 2.0 支持许多文件格式，下面是常见的几种。

8.2.1 静态图像格式

1. PSD格式

这是著名的 Adobe 公司的图像处理软件 Photoshop 的专用格式 Photoshop Document（PSD）。PSD 其实是 Photoshop 进行平面设计的一张"草稿图"，它里面包含有图层、通道、遮罩等多种设计的样稿，以便于下次打开时可以修改上一次的设计。在 Photoshop 支持的各种图像格式中，PSD 的存取速度比其他格式快很多，功能也很强大。由于 Photoshop 越来越广泛地被应用，所以我们有理由相信，这种格式也会逐步流行起来。

2. BMP格式

它是标准的 Windows 及 OS|2 的图像文件格式，是英文 Bitmap（位图）的缩写。Microsoft 的 BMP 格式是专门为"画笔"和"画图"程序建立的。这种格式支持 1~24 位颜色深度，使用的颜色模式有 RGB、索引颜色、灰度和位图等，且与设备无关。但因为这种格式的特点是包含图像信息较丰富，几乎不对图像进行压缩，所以导致它与生俱来的缺点占用磁盘空间过大。正因为如此，目前 BMP 在单机上比较流行。

3. GIF格式

这种格式是由 CompuServe 提供的一种图像格式。由于 GIF 格式可以使用 LZW 方式进行压缩，所以它被广泛用于通信领域和 HTML 网页文档中。不过，这种格式只支持 8 位图像文件。当选用该格式保存文件时，会自动转换成索引颜色模式。

4. JPEG格式

JPEG 是一种带压缩的文件格式。其压缩率是目前各种图像文件格式中最高的。但是，JPEG 在压缩时存在一定程度的失真，因此，在制作印刷制品的时候最好不要用这种格式。JPEG 格式支持 RGB、CMYK 和灰度颜色模式，但不支持 Alpha 通道。它主要用于图像预览和制作 HTML 网页。

5. TIFF

TIFF 是 Aldus 公司专门为苹果计算机设计的一种图像文件格式，可以跨平台操作。TIFF 格式的出现是为了便于应用软件之间进行图像数据的交换，其全名是"Tagged 图像文件格式"（标志图像文件格式）。因此，TIFF 文件格式的应用非常广泛，可以在许多图像软件之间转换。TIFF 格式支持 RGB、CMYK、

Lab、Indexed- 颜色、位图模式和灰度的色彩模式，并且在 RGB、CMYK 和灰度 3 种色彩模式中还支持使用 Alpha 通道。TIFF 格式独立于操作系统和文件，它对 PC 和 Mac 机一视同仁，大多数扫码仪都输出 TIFF 格式的图像文件。

6. PCX

PCX 文件格式是由 Zsoft 公司在 20 世纪 80 年代初期设计的，当时专用于存储该公司开发的 PC Paintbrush 绘图软件生成的图像画面数据，后来成为 MS – DOS 平台下常用的格式。在 DOS 系统时代，这一平台下的绘图、排版软件都用 PCX 格式。进入 Windows 操作系统后，现在它已经成为 PC 上较为流行的图像文件格式。

8.2.2 视频格式

1. AVI格式

它是 Video for Windows 的视频文件的存储格式，它播放的视频文件的分辨率不高，帧频率小于 25 帧/秒（PAL 制）或者 30 帧/秒（NTSC）。

2. MOV

MOV 原来是苹果公司开发的专用视频格式，后来移植到 PC 上使用，和 AVI 一样属于网络上的视频格式之一，在 PC 上没有 AVI 普及，因为播放它需要专门的软件 QuickTime。

3. RM

它属于网络实时播放软件，其压缩比较大，视频和声音都可以压缩进 RM 文件里，并可用 RealPlay 播放。

4. MPG

它是压缩视频的基本格式，如 VCD 碟片，其压缩方法是将视频信号分段取样，然后忽略相邻各帧不变的画面，只记录变化了的内容，因此其压缩比很大。这可以从 VCD 和 CD 的容量看出来。

5. DV文件

Premiere Pro 支持 DV 格式的视频文件。

8.2.3 音频的格式

1. MP3格式

MP3 是现在非常流行的音频格式之一。它将 WAV 文件以 MPEG2 的多媒体标准进行压缩，压缩后的体积只有原来的 1/10 甚至 1/15，而音质能基本保持不变。

2. WAV格式

它是 Windows 记录声音用的文件格式。

3. MP4格式

它是在 MP3 基础上发展起来的，其压缩比高于 MP3。

4. MID格式

这种文件又叫 MIDI 文件，它们的体积都很小，一首十多分钟的音乐只有几十 K。

5. RA格式

它的压缩比大于 MP3，而且音质较好，可用 RealPlay 播放 RA 文件。

8.3 渲染工作区的设置

制作完成一部影片，最终需要将其渲染，而有些渲染的影片并不一定是整个工作区的影片，有时只需要渲染出其中一部分，这就需要设置渲染工作区。

渲染工作区位于时间线窗口中，由 Work Area Start（开始工作区）和 Work Area End（结束工作区）两点控制渲染区域，如图 8.1 所示。

图8.1 渲染区域

8.3.1 手动调整渲染工作区

手动调整渲染工作区的操作方法很简单，只需要将开始和结束工作区的位置进行调整，就可以改变渲染工作区，具体操作如下。

01 在时间线窗口中将鼠标放在Work Area Start（开始工作区）位置，当光标变成双箭头时按住鼠标左键向左或向右拖动，即可修改开始工作区的位置，操作方法如图8.2所示。

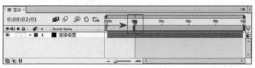

图8.2 调整开始工作区

02 同样的方法，将鼠标放在Work Area End（结束工作区）位置，当光标变成双箭头时按住鼠标左键向左或向右拖动，即可修改结束工作区的位置，如图8.3所示。调整完成后，渲染工作区即被修改，这样，在渲染时就可以通过设置渲染工作区渲染工作区内的动画。

图8.3 调整结束工作区

在手动调整开始和结束工作区时，要想精确地控制开始或结束工作区的时间帧位置，可以先将时间设置到需要的位置，即将时间滑块调整到相应的位置，然后在按住 Shift 键的同时拖动开始或结束工作区，可以以吸附的形式将其调整到时间滑块位置。

8.3.2 利用快捷键调整渲染工作区

除了前面讲过的利用手动调整渲染工作区的方法，还可以利用快捷键调整渲染工具区，具体操作如下。

01 在时间线窗口中拖动时间滑块到需要的时间位置，确定开始工作区时间位置，然后按"B"键即可将开始工作区调整到当前位置。

02 在时间线窗口中拖动时间滑块到需要的时间位置，确定结束工作区时间位置，然后按"N"键即可将结束工作区调整到当前位置。

在利用快捷键调整工作区时，要想精确地控制开始或结束工作区的时间帧位置，可以在时间编码位置单击，或按 Alt + Shift + J 快捷键，打开 Go to Time 对话框，在该对话框中输入相应的时间帧位置，然后再使用快捷键。

8.4 渲染队列窗口的启用

要进行影片的渲染，首先要启动渲染队列窗口。启动后的 Render Queue（渲染队列）窗口如图 8.4 所示。可以通过两种方法快速启动渲染队列窗口。

- **方法1：** 在Project（项目）面板中选择某个合成文件，按Ctrl + M组合键，即可启动渲染队列窗口。
- **方法2：** 在Project（项目）面板中选择某个合成文件，然后执行菜单栏中的Composition（合成）| Add To Render Queue（添加到渲染队列）命令，或按"Ctrl + Shift + /"组合键，即可启动渲染队列窗口。

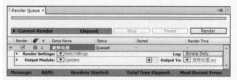

图8.4 Render Queue（渲染队列）窗口

8.5 渲染队列窗口参数详解

在 After Effects CS6 软件中，渲染影片主要应用渲染队列窗口，它是渲染输出的重要部分，通过它可以全面地进行渲染设置。

渲染队列窗口可细分为 3 个部分，包括 Current Render（当前渲染）、渲染组和 All Renders（所有渲染）。下面详细讲述渲染队列窗口的参数含义。

8.5.1 Current Render（当前渲染）

Current Render（当前渲染）区显示了当前渲染的影片信息，包括渲染的名称、用时、渲染进度等信息，如图 8.5 所示。

图8.5 Current Render（当前渲染）区

Current Render（当前渲染）区的参数含义如下。

- **Rendering "旋转动画"：** 显示当前渲染的影片名称。
- **Elapsed（用时）：** 显示渲染影片已经使用的时间。
- **Est.Remain（估计剩余时间）：** 显示渲染整个影片估计使用的时间长度。
- **0:00:00:00（1）：** 该时间码 "0:00:00:00" 部分表示影片从第1帧开始渲染；"（1）"部分表示00帧作为输出影片的开始帧。

- **0:00:01:05（31）：** 该时间码 "0:00:01:05" 部分表示影片已经渲染1秒05帧；"（31）"中的31表示影片正在渲染第31帧。
- **0:00:01:24（50）：** 该时间表示渲染整个影片所用的时间。
- **Render（渲染按钮）：** 单击该按钮，即可进行影片的渲染。
- **Pause（暂停按钮）：** 在影片渲染过程中单击该按钮，可以暂停渲染。
- **Continue（继续按钮）：** 单击该按钮，可以继续渲染影片。
- **Stop（停止按钮）：** 在影片渲染过程中单击该按钮，结束影片的渲染。

> **提示**
>
> 在渲染过程中，可以单击 Pause （暂停）和 Continue （继续）按钮转换。

展开 Current Render（当前渲染）左侧的灰色三角形按钮，会显示 Current Render（当前渲染）的详细资料，包括正在渲染的合成名称、正在渲染的层、影片的大小、输出影片所在的磁盘位置等资料，如图8.6所示。

图8.6 Current Render（当前渲染）

Current Render（当前渲染）区的参数含义如下。

- **Composition（合成）：**显示当前正在渲染的合成项目名称。
- **Layer（层）：**显示当前合成项目中正在渲染的层。
- **Stage（渲染进程）：**显示正在被渲染的内容，如特效、合成等。
- **Last（最近的）：**显示最近几秒时间。
- **Difference（差异）：**显示最近几秒时间中的差额。
- **Average（平均值）：**显示时间的平均值。
- **File Name（文件名）：**显示影片输出的名称及文件格式，如"旋转动画.avi"。其中，"旋转动画"为文件名；".avi"为文件格式。
- **File Size（文件大小）：**显示当前已经输出影片的文件大小。
- **Est.Final File Size（估计最终文件大小）：**显示估计完成影片的最终文件大小。
- **Free Disk Space（空闲磁盘空间）：**显示当前输出影片所在磁盘的剩余空间大小。
- **OverFlows（溢出）：**显示溢出磁盘的大小。当最终文件大小大于磁盘剩余空间时，这里将显示溢出大小。
- **Current Disk（当前磁盘）：**显示当前渲染影片所在的磁盘分区位置。

8.5.2 渲染组

渲染组显示了要进行渲染的合成列表，并显示了渲染的合成名称、状态、渲染时间等信息，并可通过参数修改渲染的相关设置，如图8.7所示。

图8.7 渲染组

1. 渲染组合成项目的添加

要想进行多影片的渲染，就需要将影片添加到渲染组中。渲染组合成项目的添加有3种方法，具体操作如下。

- **方法1：**在Project（项目）面板中选择一个合成文件，然后按Ctrl + M组合键。
- **方法2：**在Project（项目）面板中选择一个或多个合成文件，然后执行菜单栏中的Composition（合成）| Add To Render Queue（添加到渲染队列）命令。
- 在Project（项目）面板中选择一个或多个合成文件直接拖动到渲染组队列中。

2. 渲染组合成项目的删除

渲染组队列中，有些合成项目不再需要，此时就需要将该项目删除。合成项目的删除有两种方法，具体操作如下。

- **方法1：**在渲染组中选择一个或多个要删除的合成项目（这里可以使用Shift和Ctrl键多选），然后执行菜单栏中的Edit（编辑）| Clear（清除）命令。
- **方法2：**在渲染组中选择一个或多个要删除的合成项目，然后按Delete键。

3. 修改渲染顺序

如果有多个渲染合成项目，系统默认从上向下依次渲染影片，如果想修改渲染的顺序，可以将影片进行位置的移动，移动方法如下。

01 在渲染组中选择一个或多个合成项目。

02 按住鼠标左键拖动合成到需要的位置，当有一条粗黑的长线出现时，释放鼠标即可移动合成位置。操作方法如图8.8所示。

图8.8 移动合成位置

4. 渲染组标题的参数含义

渲染组标题内容丰富,包括渲染、标签、序号、合成名称和状态等,对应的参数含义如下。

- **Render(渲染)**:设置影片是否参与渲染。在影片没有渲染前,每个合成的前面都有一个 ■复选框标记,勾选该复选框 ☑,表示该影片参与渲染,再单击 Render (渲染)按钮后,影片会按从上向下的顺序进行逐一渲染。如果某个影片没有勾选,则不进行渲染。
- **☑(标签)**:对应灰色的方块,用来为影片设置不同的标签颜色,单击某个影片前面的方块 ■,将打开一个菜单,可以为标签选择不同的颜色,包括Red(红色)、Yellow(黄色)、Aqua(浅绿色)、Pink(粉红色)、Lavender(淡紫色)、Peach(桃色)、Sea Foam(海藻色)、Blue(蓝色)、Green(绿色)、Purple(紫色)、Orange(橙色)、Brown(棕色)、Fuchsia(紫红色)、Cyan(青绿色)、Sandstone(土黄色)和Dark Green(深绿色),如图8.9所示。

图8.9 标签颜色菜单

- **#(序号)**:对对应渲染队列的排序,如1、2等。

- **Comp Name(合成名称)**:显示渲染影片的合成名称。
- **Status(状态)**:显示影片的渲染状态。一般包括5种:Unqueued(不在队列中),表示渲染时忽略该合成,只有勾选其前面的■复选框,才可以渲染;User Stopped(用户停止),表示在渲染过程中单击 Stop 按钮即停止渲染;Done(完成),表示已经完成渲染;Rendering(渲染中),表示影片正在渲染中;Queued(队列),表示勾选了合成前面的■复选框,正在等待渲染的影片。
- **Started(开始)**:显示影片渲染的开始时间。
- **Render Time(渲染时间)**:显示影片已经渲染的时间。

8.5.3 All Renders(所有渲染)

All Renders(所有渲染)区显示了当前渲染的影片信息,包括队列的数量、内存使用量、渲染的时间和日志文件的位置等信息,如图8.10所示。

图8.10 All Renders(所有渲染)区

All Renders(所有渲染)区的参数含义如下。

- **Message(信息)**:显示渲染影片的任务及当前渲染的影片。如图8.10中的"Rendering 1 of 2",表示当前渲染的任务影片有2个,正在渲染第1个影片。
- **RAM(内存)**:显示当前渲染影片的内存使用量。如图8.10中的"24% used of 4GB"表示渲染影片4G兆内存使用24%。
- **Renders Started(开始渲染)**:显示开始渲染影片的时间。
- **Total Time Elapsed(已用时间)**:显示渲染影片已经使用的时间。
- **Most Resent Error(更多新错误)**:显示出现错误的次数。

在应用渲染队列渲染影片时，可以对渲染影片应用软件提供的渲染模板，这样可以更快捷地渲染出需要的影片效果。

8.6.1 更改渲染模板

渲染组中提供了几种常用的渲染模板，可以根据自己的需要，直接使用现有模板渲染影片。

在渲染组中，展开合成文件，单击 Render Settings（渲染设置）右侧的■按钮，将打开渲染设置菜单，并在展开区域中显示当前模板的相关设置，如图 8.11 所示。

图8.11 渲染菜单

渲染菜单中显示了几种常用的模板，通过移动鼠标并单击，可以选择需要的渲染模板。各模板的含义如下。

- Best Settings（最佳设置）：以最好质量渲染当前影片。
- Current Settings（当前设置）：使用在合成窗口中的参数设置。
- Draft Settings（草图设置）：以草稿质量稿渲染影片，一般在为了测试观察影片的最终效果时用。
- DV Settings（DV设置）：以符合DV文件的设置渲染当前影片。
- Multi-Machine Setting（多机器联合设置）：可以在多机联合渲染时，各机分工协作进行渲染设置。
- Custom（自定）：自定义渲染设置。选择该

项将打开Render Settings（渲染设置）对话框。

- Make Template（制作模板）：用户可以制作自己的模板。选择该项，可以打开Render Settings Templates（渲染模板设置）对话框。
- Output Module（输出模块）：单击其右侧的■按钮，将打开默认输出模块，可以选择不同的输出模块，如图8.12所示。

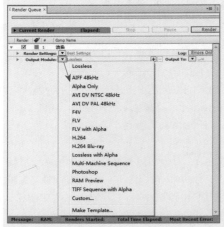

图8.12 输出模块菜单

- Log（日志）：设置渲染影片的日志显示信息。
- Output To（输出到）：设置输出影片的位置和名称。

8.6.2 渲染设置 重点

在渲染组中单击 Render Settings（渲染设置）右侧的■按钮，打开渲染设置菜单，然后选择 Custom（自定）命令，或直接单击■右侧的蓝色文字，将打开 Render Settings（渲染设置）对话框，如图 8.13 所示。

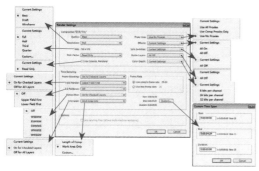

图8.13 Render Settings（渲染设置）对话框

在Render Settings（渲染设置）对话框中，参数的设置主要针对影片的质量、解析度、影片尺寸、磁盘缓存、音频特效、时间采样等方面，具体含义如下。

- Quality（质量）：设置影片的渲染质量，包括Best（最佳质量）、Draft（草图质量）和Wireframe（线框质量）3个选项，对应层中的 ▧ 设置。
- Resolution（分辨率）：设置渲染影片的分辨率，包括Full（全尺寸）、Half（半尺寸）、Third（三分之一尺寸）、Quarter（四分之一尺寸）、Custom（自定义尺寸）5个选项。
- Size（尺寸）：显示当前合成项目的尺寸大小。
- Disk Cache（磁盘缓存）：设置是否使用缓存设置，如果选择Read Only（只读）选项，表示采用缓存设置。Disk Cache（磁盘缓存）可以通过选择"Edit（编辑）| Preferences（参数设置）| Memory & Cache（内存与缓存）"设置。
- Proxy Use（使用代理）：设置影片渲染的代理，包括Use All Proxies（使用所有代理）、Use Comp Proxies Only（只使用合成项目中的代理）、Use No Proxies（不使用代理）3个选项。
- Effects（特效）：设置渲染影片时是否关闭特效，包括All On（渲染所有特效）、All Off（关闭所有的特效），对应层中的 ƒx 设置。
- Solo Switches（独奏开关）：设置渲染影片时是否关闭独奏。选择All Off（关闭所有）将关闭所有独奏。其对应层中的 ⚫ 设置。

- Guide Layers（辅助层）：设置渲染影片是否关闭所有辅助层。选择All Off（关闭所有）将关闭所有辅助层。
- Color Depth（颜色深度）：设置渲染影片的每一个通道颜色深度为多少位色彩深度，包括8 bits per Channel（8位每通道）、16 bits per Channel（16位每通道）、32 bits per Channel（32位每通道）3个选项。
- Frame Blending（帧融合）：设置帧融合开关，包括On For Checked Layers（打开选中帧融合层）和Off For All Layers（关闭所有帧融合层）两个选项，对应层中的 ▤ 设置。
- Field Render（场渲染）：设置渲染影片时是否使用场渲染，包括Off（不加场渲染）、Upper Field First上场优先渲染、Lower Field First（下场优先渲染）3个选项。如果渲染非交错场影片，则选择Off选项；如果渲染交错场影片，则选择上场或下场优先渲染。
- 3:2 Pulldown（3:2折叠）：设置3:2下拉的引导相位法。
- Motion Blur（运动模糊）：设置渲染影片运动模糊是否使用，包括On For Checked Layers（打开选中运动模糊层）和Off For All Layers（关闭所有运动模糊层）两个选项，对应层中的 ⚬ 设置。
- Time Span（时间范围）：设置有效的渲染片段，包括Length Of Comp（整个合成时间长度）、Work Area Only（只渲染工作时间段）和Custom（自定义）3个选项。如果选择Custom（自定义）选项，也可以单击右侧的 [Custom...] 按钮，打开Custom Time Span（自定义时间范围）对话框，在该对话框中可以设置渲染的时间范围。
- Use Comp's Frame rate：使用合成影片中的帧速率，即使用创建影片时设置的合成帧速率。
- Use this frame rate（使用指定帧速率）：可以在右侧的文本框中输入一个新的帧速率，渲染影片将按这个新指定的帧速率进行渲染输出。
- Use Storage overflow（使用存储溢出）：勾选该复选框，可以使用AE的溢出存储功能。当AE渲染的文件使磁盘剩余空间达到一

个指定限度，After Effects 将视该磁盘已满，这时可以利用溢出存储功能，将剩余的文件继续渲染到另一个指定的磁盘中。存储溢出可以通过选择"Edit（编辑）| Preferences（参数设置）| Output（输出）"设置。

- **Skip Existing Files（跳过现有文件）**：在渲染影片时，只渲染丢失过的文件，不再渲染以前渲染过的文件。

8.6.3 创建渲染模板

现有模板往往不能满足用户的需要，这时可以根据自己的需要制作渲染模板，并将其保存起来，在以后的应用中，就可以直接调用了。

执行菜单栏中的 Edit（编辑）| Templates（模板）| Render Settings（渲染设置）命令，或单击 Render Settings（渲染设置）右侧的▼按钮，打开渲染设置菜单，选择 Make Template（制作模板）命令，打开 Render Setting Templates（渲染模板设置）对话框，如图 8.14 所示。

图8.14 "渲染模板设置"对话框

在 Render Setting Templates（渲染模板设置）对话框中，参数的设置主要针对影片的默认影片、默认帧、模板的名称、编辑、删除等方面，具体含义如下。

- **Movie Default（默认影片）**：可以从右侧的下拉菜单中选择一种默认的影片模板。
- **Frame Default（默认帧）**：可以从右侧的下拉菜单中选择一种默认的帧模板。

- **Pre-Render Default（默认预览）**：可以从右侧的下拉菜单中选择一种默认的预览模板。
- **Movie Proxy Default（默认影片代理）**：可以从右侧的下拉菜单中选择一种默认的影片代理模板。
- **Still Proxy Default（默认静态代理）**：可以从右侧的下拉菜单中选择一种默认的静态图片模板。
- **Settings Name（设置名称）**：可以在右侧的文本框中输入设置名称，也可以通过单击右侧的 ▼ 按钮，从打开的菜单中选择一个名称。
- **New...（新建按钮）**：单击该按钮，将打开 Render Settings（渲染设置）对话框，创建一个新的模板并设置新模板的相关参数。
- **Edit...（编辑按钮）**：通过 Settings Name（设置名称）选项，选择一个要修改的模板名称，然后单击该按钮，可以对当前的模板进行再修改操作。
- **Duplicate（复制按钮）**：单击该按钮，可以将当前选择的模板复制出一个副本。
- **Delete（删除按钮）**：单击该按钮，可以将当前选择的模板删除。
- **Save All...（保存全部）**：单击该按钮，可以将模板存储为一个后缀为.ars的文件，便于以后使用。
- **Load...（载入按钮）**：将后缀为.ars的模板载入使用。

8.6.4 创建输出模块模板

执行菜单栏中的 Edit（编辑）| Templates（模板）| Output Module（输出模块）命令，或单击 Output Module（输出模块）右侧的▼按钮，打开输出模块菜单，选择 Make Template（制作模板）命令，打开 Output Module Templates（输出模块模板）对话框，如图 8.15 所示。

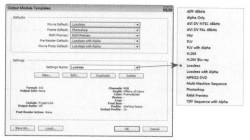

图8.15 "输出模块模板"对话框

在 Output Module Templates（输出模块模板）对话框中，参数的设置主要针对影片的默认影片、默认帧、模板的名称、编辑、删除等方面，具体含义与模板的使用方法相同，这里只讲解几种格式的使用含义。

- **Alpha Only（仅Alpha通道）：** 只输出Alpha通道。
- **Animated GIF（GIF动画）：** 输出为GIF动画。这种动画就是网页上比较常见的GIF动画。
- **Audio Only（仅音频）：** 只输出音频信息。
- **Lossless（无损的）：** 输出的影片为无损压缩。
- **Lossless with Alpha（带Alpha通道的无损压缩）：** 输出带有Alpha通道的无损压缩影片。
- **Microsoft DV NTSC 32kHz（微软32位NTSC制DV）：** 输出微软32kHz的NTSC制式DV影片。

- **Microsoft DV NTSC 48kHz（微软48位NTSC制DV）：** 输出微软48kHz的NTSC制式DV影片。
- **Microsoft DV PAL 32kHz（微软32位PAL制DV）：** 输出微软32kHz的PAL制式DV影片。
- **Microsoft DV PAL 48kHz（微软48位PAL制DV）：** 输出微软48kHz的PAL制式DV影片。
- **Multi-Machine Sequence（多机器联合序列）：** 在多机联合的形状下输出多机序列文件。
- **Photoshop（Photoshop 序列）：** 输出Photoshop的PSD格式序列文件。
- **RAM Preview（内存预览）：** 输出内存预览模板。
- **Custom（自定义）：** 选择该命令，打开Output Module Settings（输出模块设置）对话框，如图8.16所示。

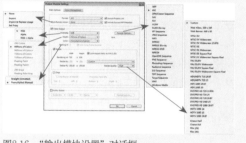

图8.16 "输出模块设置"对话框

- **Make Template（制作模板）：** 可以创建输出模板，方法与创建渲染模板的方法相同。

8.7 影片的输出

当一个视频或音频文件制作完成后，就要将最终的结果输出，以发布成最终作品。After Effects 提供了多种输出方式，通过不同的设置，快速输出需要的影片。

执行菜单栏中的 File（文件）| Export（输出），打开 Export（输出）子菜单，从其子菜单中选择需要的格式并进行设置，即可输出影片。其中几种常用的格式命令含义如下。

- **Adobe Premiere Pro Project：** 该项可以输出用于Adobe Premiere Pro软件打开并编辑的项目文件，这样，After Effects与Adobe Premiere Pro之间便可以更好地转换使用。
- **Adobe Flash Player（SWF）：** 该项输出SWF格式的Flash动画文件。
- **3G：** 输出支持3G手机的移动视频格式文件。
- **AIFF：** 输出AIFF格式的音频文件，本格式不能输出图像。
- **AVI：** 输出Video for Windows的视频文件，它播放的视频文件的分辨率不高，帧速率小于25帧/秒（PAL制）或者30帧/秒（NTSC）。
- **DV Stream：** 输出DV格式的视频文件。
- **FLC：** 根据系统颜色设置输出影片。
- **MPEG-4：** 它是压缩视频的基本格式，如VCD碟片，其压缩方法是将视频信号分段取样，然后忽略相邻各帧不变的画面，而只记录变化了的内容，因此其压缩比很大。这可以从VCD和CD的容量看出来。
- **QuickTime Movie：** 输出MOV格式的视频文件，MOV原来是苹果公司开发的专用视频格式，后来移植到PC上使用，和AVI一样属于网络上的视频格式之一，在PC上没有AVI普及，因为播放它需要专门的软件QuickTime。
- **Wave：** 输出Wav格式的音频文件，它是Windows记录声音所用的文件格式。
- **Image Sequence：** 将影片以单帧图片的形式输出，只能输出图像，不能输出声音。

练习8-1 输出AVI格式文件 (难点)

难　度：★
工程文件：第8章\流光线条
在线视频：第8章\练习8-1 输出AVI格式文件.avi

　　AVI格式是视频中非常常用的一种格式，它不但占用空间少，而且压缩失真较小。本例讲解将动画输出成AVI格式的方法。

01 执行菜单栏中的File（文件）|Open Project（打开项目）命令，弹出"打开"对话框，选择配套资源中的"第8章\流光线条\流光线条.aep"文件。

02 执行菜单栏中的Composition（合成）|Add to Render Queue（添加到渲染队列）命令，或按Ctrl+M组合键，打开Render Queue（渲染队列）对话框，如图8.17所示。

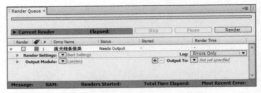

图8.17 设置渲染队列对话框

03 单击Output Module（输出模块）右侧lossless（无损）的文字部分，打开Output Module Settings（输出模块设置）对话框，从Format（格式）下拉菜单选择AVI格式，单击OK（确定）按钮，如图8.18所示。

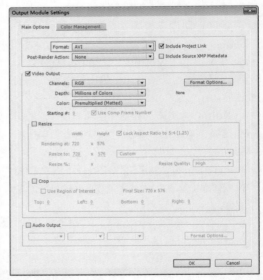

图8.18 设置输出模板

04 单击Output To（输出到）右侧的文件名称文字部分，打开Output Movie To（输出影片到）对话框，选择输出文件放置的位置。

05 输出的路径设置好后，单击Render（渲染）按钮开始渲染影片，渲染过程中Render Queue（渲染组）面板上方的进度条会走动，渲染完毕后会有声音提示，如图8.19所示。

图8.19 设置渲染中

06 渲染完毕后，在路径设置的文件夹里可找到AVI格式文件。双击该文件，在播放器中打开可看到影片。

练习8-2 输出单帧图像 （难点）

难　度：★

工程文件：第 8 章 \ 滴血文字

在线视频：第 8 章 \ 练习 8-2 输出单帧图像 .avi

　　对于制作的动画，有时需要将动画中的某个画面输出，如电影中的某个精彩画面，这就是单帧图像的输出。本例就讲解单帧图像的输出方法。

01 执行菜单栏中的File （文件）|Open Project（打开项目）命令，弹出"打开"对话框，选择配套资源中的"工程文件\第8章\滴血文字\滴血文字.aep"文件。

02 在时间线面板中将时间调整到要输出的画面单帧位置，执行菜单栏中的Composition（合成）|Save Frame As（单帧另存为）| File （文件）命令，打开Render Queue（渲染队列）对话框，如图8.20所示。

图8.20　"渲染队列"对话框

03 单击Output Module（输出模块）右侧的Photoshop文字，打开Output Module Settings（输出模块设置）对话框，从Format（格式）下拉菜单中选择某种图像格式，如JPG Sequence格式，单击OK（确定）按钮，如图8.21所示。

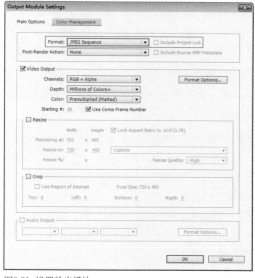

图8.21　设置输出模块

04 单击Output To（输出到）右侧的文件名称文字部分，打开Output Movie To（输出影片到）对话框，选择输出文件放置的位置。

05 输出的路径设置好后，单击Render（渲染）按钮开始渲染影片，渲染过程中Render Queue（渲染组）面板上方的进度条会走动，渲染完毕后会有声音提示，如图8.22所示。

图8.22　渲染图片

06 渲染完毕后，在路径设置的文件夹里可找到JPG格式单帧图片。

练习8-3 输出序列图片 （难点）

难　度：★

工程文件：第 8 章 \ 数字人物

在线视频：第 8 章 \ 练习 8-3 输出序列图片 .avi

序列图片在动画制作中非常实用，特别是与其他软件配合时，如在3d max、Maya等软件中制作特效，然后应用在After Effects中时，有时也需要After Effects中制作的动画输出成序列用于其他用途。本例主要讲解序列图片的输出方法。

01 执行菜单栏中的File（文件）|Open Project（打开项目）命令，弹出"打开"对话框，选择配套资源中的"工程文件\第8章\数字人物\数字人物.aep"文件。

02 执行菜单栏中的Composition（合成）| Add to Render Queue（添加到渲染队列）命令，或按Ctrl+M组合键，打开Render Queue（渲染队列）对话框，如图8.23所示。

图8.23 打开渲染对话框

03 单击Output Module（输出模块）右侧lossless（无损）的文字部分，打开Output Module Settings（输出模块设置）对话框，从Format（格式）下拉菜单中选择Targa Sequence格式，单击OK（确定）按钮，如图8.24所示。

图8.24 设置Targa格式

04 单击Output To（输出到）右侧的文件名称文字部分，打开Output Movie To（输出影片到）对话框，选择输出文件放置的位置。

05 输出的路径设置好后，单击Render（渲染）按钮开始渲染影片，渲染过程中Render Queue（渲染组）面板上方的进度条会走动，渲染完毕后会有声音提示，如图8.25所示。

图8.25 渲染中

06 渲染完毕后，在路径设置的文件夹里可找到Targa格式序列图。

8.8 知识拓展

本章首先讲解了数字视频的压缩，然后分析了图像的常用格式，详细阐述了渲染工作区的设置方法，最后以实例的形式讲解了影片的输出方法。

8.9 拓展训练

本章通过3个课后习题，将前面内容中没有讲解的输出种类分类讲解，以便更加全面地掌握输出方法，适应不同需求的输出要求。

训练8-1 渲染工作区的设置

◆实例分析

制作的动画有时并不需要将全部动画输出，此时可以通过设置渲染工作区设置输出的范围，以输出自己最需要的动画部分。本例讲解渲染工作区的设置方法。

难　度：★
工程文件：无
在线视频：第 8 章 \ 训练 8-1 渲染工作区的设置 .avi

◆本例知识点

了解渲染工作区的设置

训练8-2 输出SWF格式

◆实例分析

用 After Effects 制作的动画，有时需要发布到网络上，网络发布的视频越小，显示的速度越快，这样就会大大提高浏览的几率，而网络上应用既小又多的格式就是 SWF 格式。本例讲解 SWF 格式的输出方法。

难　度：★
工程文件：第 8 章 \ 延时光线
在线视频：第 8 章 \ 训练 8-2 输出 SWF 格式 .avi

◆本例知识点

学习 SWF 格式的输出方法

训练8-3 输出音频文件

◆实例分析

对于动画来说，有时我们并不需要动画画面，只需要动画中的音乐，如你非常喜欢一个电影或动画中的音乐，想将其保存下来，此时就可以只将音频文件输出。本例就来讲解音频文件的输出方法。

难　度：★
工程文件：第 8 章 \ 电光线效果
在线视频：第 8 章 \ 训练 8-3 输出音频文件 .avi

◆本例知识点

学习音频文件的输出方法

课堂笔记

181

第 4 篇

实战篇

第 **9** 章

完美炫彩光效

本章主要讲解超炫光效的制作。在栏目包装级影视特效中经常可以看到运用炫彩的光效对整体动画的点缀，光效不仅可以作用在动画的背景上，使动画整体更加绚丽，也可以运用到动画的主体上，使主题更加突出。本章通过几个具体的实例，讲解常见梦幻光效的制作方法。

教学目标

描边光线动画的制作 ｜ 舞动的精灵动画的制作
流光线条动画的制作 ｜

◆实例分析

本例主要讲解利用Vegas（勾画）特效制作光线动画效果。完成的动画流程画面如图9.1所示。

难 度：★★★
工程文件：第9章\描边光线动画
在线视频：第9章\9.1 描边光线动画 .avi

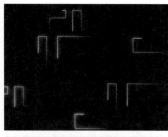

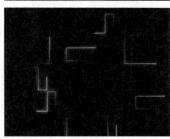

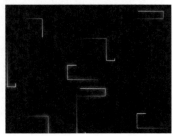

图9.1 动画流程画面

◆本例知识点

1. Vegas（勾画）的使用
2. Glow（发光）的使用

◆操作步骤

`01` 执行菜单栏中的Composition（合成）| New Composition（新建合成）命令，打开Composition Settings（合成设置）对话框，设置Composition Name（合成名称）为"光线1"，Width（宽）为"720"，Height（高）为"576"，Frame Rate（帧率）为"25"，并设置Duration（持续时间）为00:00:06:00秒。

`02` 执行菜单栏中的Layer（层）|New（新建）|Text（文本）命令，输入"HE"，在Character（字符）面板中设置文字字体为Arial，字号为300px，字体颜色为白色，如图9.2所示。

图9.2 HE效果

`03` 执行菜单栏中的Composition（合成）| New Composition（新建合成）命令，打开Composition Settings（合成设置）对话框，设置Composition Name（合成名称）为"光线2"，Width（宽）为"720"，Height（高）为"576"，Frame Rate（帧率）为"25"，并设置Duration（持续时间）为00:00:06:00秒。

`04` 执行菜单栏中的Layer（层）|New（新建）|Text（文本）命令，输入"THE"，在Character（字符）面板中设置文字字体为Arial，字号为300px，字体颜色为白色，如图9.3所示。

图9.3 THE效果

05 执行菜单栏中的Composition（合成）| New Composition（新建合成）命令，打开Composition Settings（合成设置）对话框，设置Composition Name（合成名称）为"描边光线"，Width（宽）为"720"，Height（高）为"576"，Frame Rate（帧率）为"25"，并设置Duration（持续时间）为00:00:06:00秒。

06 在Project（项目）面板中选择"光线1"和"光线2"合成，将其拖动到"描边光线"合成的时间线面板中。

07 执行菜单栏中的Layer(层)|New（新建）|Solid（固态层）命令，打开Solid Settings(固态层设置)对话框，设置Name（名称）为"紫光"，Color（颜色）为黑色，如图9.39所示。

08 为"紫光"层添加Vegas（勾画）特效。在Effects & Presets（效果和预置）面板中展开Generate（创造）特效组，然后双击Vegas（勾画）特效。

09 在Effect Controls（特效控制）面板中，修改Vegas（勾画）特效的参数，展开Image Contours（图像轮廓）选项组，从Input Layer（输入层）下拉菜单中选择"光线2"选项；展开Segments（线段）选项组，设置Segments（线段）的值为1，Length（长度）的值为0.25，选中Random Phase（随机相位）复选框，设置Random Seed（随机种子）的值为6；将时间调整到00:00:00:00帧的位置，设置Rotation（旋转）的值为0，单击Rotation（旋转）左侧的码表 ○ 按钮，在当前位置设置关键帧，如图9.4所示。

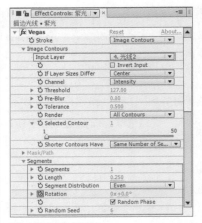

图9.4 设置0秒关键帧

10 将时间调整到00:00:04:24帧的位置，设置Rotation（旋转）的值为-1x-240°，系统会自动设置关键帧，如图9.5所示。

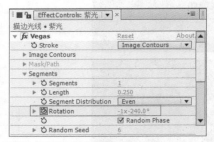

图9.5 设置4秒24帧关键帧

11 为"紫光"层添加Glow（发光）特效。在Effects & Presets（效果和预置）面板中展开Stylize（风格化）特效组，然后双击Glow（发光）特效。

12 在Effect Controls（特效控制）面板中修改Glow（发光）特效的参数，设置Glow Threshold（发光阈值）的值为20%，Glow Radius（发光半径）的值为20，Glow Intensity（发光强度）的值为2，从Glow Colors（发光色）下拉菜单中选择A & B Colors（A和B颜色）选项，设置Color A（颜色A）为蓝色（R：0；G：48；B：255），Color B（颜色B）为紫色（R：192；G：0；B：255），如图9.6所示。

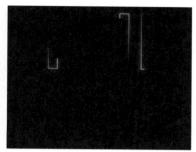

图9.6 紫光效果

13 选中"紫光"层，按Ctrl+D组合键复制出另一个新的文字层，将该图层重命名为"绿光"，选中"绿光"层，在Effect Controls（特效控制）面板中修改Vegas（勾画）特效的参数，展开Image Contours（图像轮廓）选项组，从Input Layer（输入层）下拉菜单中选择"光线1"。

14 选中"绿光"层，在Effect Controls（特效控制）面板中修改Glow（发光）特效的参数，从Glow Colors（发光色）下拉菜单中选择A & B Colors（A和B颜色）选项，设置Color A（颜色A）为青色（R：0；G：228；B：255），Color B（颜色B）为紫色（R：0；G：225；B：30），如图9.7所示。

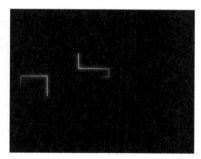

图9.7 绿光效果

15 在时间线面板中设置"紫光"和"绿光"层的Mode（模式）为Add（相加）模式，选中"紫光"和"绿光"层，按Ctrl+D组合键复制出两个新的图层，分别重命名为"紫光2"和"绿光2"，并改变Glow（发光）颜色，如图9.8所示。合成窗口效果如图9.9所示。

图9.8 复制图层

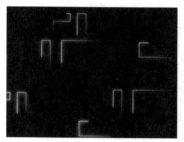

图9.9 合成窗口效果

16 这样就完成了描边光线动画的整体制作，按小键盘上的"0"键，即可在合成窗口中预览动画。

9.2 舞动的精灵

◆实例分析

　　本例主要讲解舞动的精灵动画的制作。利用Vegas（描绘）特效和钢笔路径绘制光线，配合Turbulent Displace（动荡置换）特效使线条达到蜿蜒的效果，完成舞动的精灵动画的制作。舞动的精灵最终动画流程效果如图9.10所示。

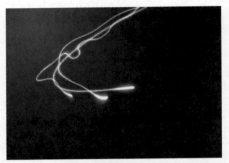

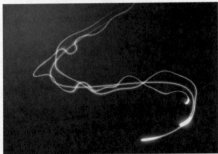

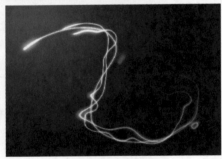

图9.10 舞动的精灵最终动画流程效果

◆本例知识点

通过本例的制作，了解固态层的创建及路径的绘制方法，学习 Vegas（描绘）特效的参数设置，学习舞动的精灵动画的制作技巧。

9.2.1 为固态层添加特效

◆操作步骤

01 执行菜单栏中的Composition（合成）| New Composition（新建合成）命令，打开

Composition Settings（合成设置）对话框，设置Composition Name（合成名称）为"光线"，Width（宽）为"720"，Height（高）为"576"，Frame Rate（帧率）为"25"，并设置Duration（持续时间）为00：00：05：00秒。

02 按Ctrl + Y组合键，打开Solid Settings（固态层设置）对话框，设置Name（名称）为"拖尾"，Color（颜色）为黑色。

03 选择工具栏中的Pen Tool（钢笔工具），确认选择"拖尾"层，在合成窗口中绘制一条路径，如图9.11所示。

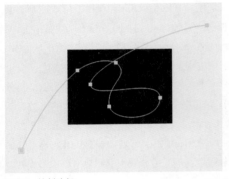

图9.11 绘制路径

04 在Effects & Presets（特效面板）中展开Generate（创造）特效组，然后双击Vegas（描绘）特效。

05 将时间调整到00:00:00:00帧的位置，在Effect Controls（特效控制）面板中展开Vegas（描绘）选项组，单击Stroke（描边）下拉菜单选择Mask/Path（蒙版/路径）；展开Mask/Path（蒙版/路径）选项组，从Path（路径）下拉菜单选择Mask 1（蒙版1）；展开Segments（线段）选项组，修改Segments（线段）值为1，单击Rotation（旋转）左侧的码表按钮，在当前位置建立关键帧，修改Rotation（旋转）的值为-47°；展开Rendering（渲染）选项组，设置Color（颜色）为白色，Width（宽度）为1.2，Hardness（硬度）的值为0.44，设置Mid-Point Opacity（中间点不透明度）的值为-1，设置Mid-Point Position（中间点位置）的值为0.999，如图9.12所示。

图9.12 设置特效的参数

06 调整时间到00:00:04:00帧的位置，修改Rotation（旋转）的值为-1x-48°，如图9.13所示。拖动时间滑块可在合成窗口中看到预览效果，如图9.14所示。

图9.13 修改特效

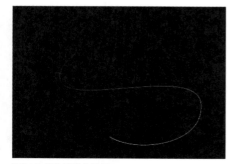

图9.14 描绘特效的效果

07 在Effects & Presets（特效面板）中展开Stylized（风格化）特效组，然后双击Glow（发光）特效。

08 在Effect Controls（特效控制）面板中展开Glow（发光）选项组，修改Glow Threshold（发光阈值）的值为20%，Glow Radius（发光半径）的值为6，Glow Intensity（发光强度）的值

为2.5，设置Glow Color（发光色）为A & B Colors（A和B颜色），Color A（颜色A）为红色（R: 255; G: 0; B: 0），Color B（颜色B）为黄色（R: 255; G: 190; B: 0），如图9.15所示。

图9.15 设置发光特效的参数

09 选择"拖尾"固态层，按Ctrl+D组合键复制出新的一层并重命名为"光线"，修改"光线"层的Mode（模式）为Add（相加），如图9.16所示。

图9.16 设置层的模式

10 在Effect Controls（特效控制）面板中展开Vegas（描绘）选项组，修改Length（长度）的值为0.07，Width（宽度）的值为6，如图9.17所示。

图9.17 修改描绘特效的属性

11 展开Glow（发光）选项组，修改Glow

Threshold（发光阈值）的值为31%，Glow Radius（发光半径）的值为25，Glow Intensity（发光强度）的值为3.5，Color A（颜色A）为浅蓝色（R：55；G：155；B：255），Color B（颜色B）为深蓝色（R：20；G：90；B：210），如图9.18所示。

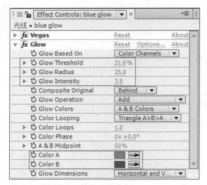

图9.18 修改发光特效属性

9.2.2 建立合成

◆操作步骤

01 执行菜单栏中的Composition（合成）| New Composition（新建合成）命令，打开Composition Settings（合成设置）对话框，设置Composition Name（合成名称）为"舞动的精灵"，Width（宽）为"720"，Height（高）为"576"，Frame Rate（帧率）为"25"，并设置Duration（持续时间）为00:00:05:00秒。

02 按Ctrl + Y组合键，打开Solid Settings（固态层设置）对话框，设置Name（名称）为"背景"，Color（颜色）为黑色。

03 在Effects & Presets（特效面板）中展开Generate（创造）特效组，然后双击Ramp（渐变）特效。

04 在Effect Controls（特效控制）面板中展开Ramp（渐变）选项组，设置Start of Ramp（渐变开始）的值为（90，55），Start Color（开始色）为深绿色（R：17；G：88；B：103），End of Ramp（渐变结束）为（430，410），End Color（结束色）为黑色，如图9.19所示。

图9.19 设置属性的值

9.2.3 复制"光线"

◆操作步骤

01 将"光线"合成拖动到"舞动的精灵"合成的时间线中，修改"光线"层的Mode（模式）为Add（相加），如图9.20所示。

图9.20 添加"光线"合成层

02 按Ctrl+D组合键复制出一层，选中"光线2"层，调整时间到00:00:00:03帧的位置，按键盘上的[键，将入点设置到当前帧，如图9.21所示。

图9.21 复制光线合成层

03 确认选择"光线2"层，在Effects & Presets（特效面板）中展开Distort（扭曲）特效组，然后双击Turbulent Displace（动荡置换）特效。

04 在Effect Controls（特效控制）面板中设置Amount（数量）的值为195，Size（大小）的值为57，Antialiasing for Best Quality（抗锯齿质量）为High（高），如图9.22所示。

图9.22 设置特效参数

05 选择"光线2"层，按Ctrl+D组合键复制出新的一层，调整时间到00:00:00:06帧的位置，按【键将入点设置到当前帧，如图9.23所示。

图9.23 复制光线层

06 在Effect Controls（特效控制）面板中设置Amount（数量）的值为180，Size（大小）的值为25，Offset（位置）为（330，288），如图9.24所示。

图9.24 修改动荡置换参数

07 这样就完成了"舞动的精灵"的整体制作，按小键盘上的"0"键，在合成窗口中预览动画，效果如图9.25所示。

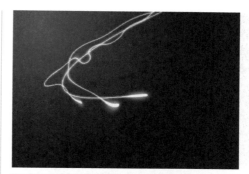

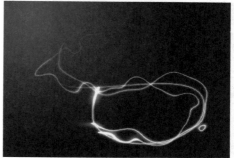

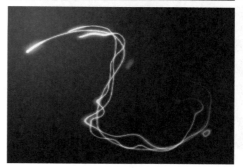

图9.25 "舞动的精灵"的动画效果

9.3 流光线条

◆**实例分析**

本例主要讲解流光线条动画的制作。首先利用 Fractal Noise（分形噪波）特效制作出线条效果，通过调节 Bezier Warp（贝赛尔曲线变形）特效制作出光线的变形，然后添加第3方插件Particle（粒子）特效，制作出上升的圆环，从而完成动画。流光线条最终动画流程效果如图 9.26 所示。

难　　度：★ ★ ★ ★
工程文件：第 9 章 \ 流光线条
在线视频：第 9 章 \9.3 流光线条 .avi

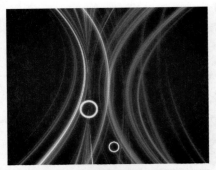

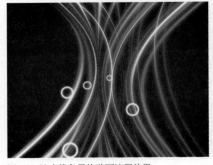

图9.26 流光线条最终动画流程效果

◆本例知识点

1.Ellipse Tool（椭圆工具）◯的使用
2.Shine（光）特效
3.Bezier Warp（贝赛尔曲线变形）特效

9.3.1 利用蒙版制作背景

◆操作步骤

01 执行菜单栏中的Composition（合成）| New Composition（新建合成）命令，打开Composition Settings（合成设置）对话框，设置Composition Name（合成名称）为"流光线条效果"，Width（宽）为"720"，Height（高）为"576"，Frame Rate（帧率）为

"25"，并设置Duration（持续时间）为00:00:05:00秒。

02 执行菜单栏中的File（文件）| Import（导入）| File（文件）命令，打开Import File（导入文件）对话框，选择配套资源中的"工程文件\第9章\流光线条效果\圆环.psd"导入素材。

03 按Ctrl + Y组合键，打开Solid Settings（固态层设置）对话框，设置Name（名称）为"背景"，Color（颜色）为紫色（R：65；G：190；B：67），如图9.27所示。

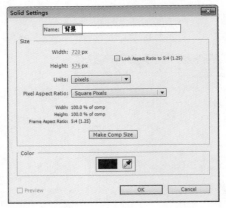

图9.27 建立固态层

04 为"背景"固态层绘制蒙版，单击工具栏中的Ellipse Tool（椭圆工具）◯按钮，绘制椭圆蒙版，如图9.28所示。

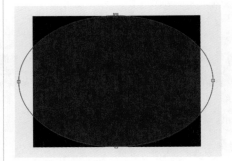

图9.28 绘制椭圆形蒙版

05 按F键，打开"背景"固态层的Mask Feather（蒙版羽化）选项，设置Mask Feather（蒙版羽化）的值为（200，200），如图9.29所示。设置后的画面效果如图9.30所示。

图9.29 设置羽化属性

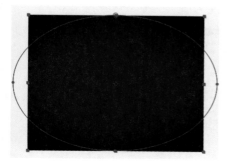

图9.30 设置后的画面效果

06 按Ctrl + Y组合键，打开Solid Settings（固态层设置）对话框，设置Name（名称）为"流光"，Width（宽）为"400"，Height（高）为"650"，Color（颜色）为白色。

07 将"流光"层的Mode（模式）修改为Screen（屏幕）。

08 选择"流光"固态层，在Effects & Presets（效果和预置）面板中展开Noise & Grain（噪波与杂点）特效组，然后双击Fractal Noise（分形噪波）特效。

09 将时间调整到00:00:00:00帧的位置，在Effect Controls（特效控制）面板中修改Fractal Noise（分形噪波）特效的参数，设置Contrast（对比度）的值为450，Brightness（亮度）的值为-80；展开Transform（转换）选项组，取消勾选Uniform Scaling（等比缩放）复选框，设置Scale Width（缩放宽度）的值为15，Scale Height（缩放高度）的值为3500，Offset Turbulence（乱流偏移）的值为（200，325），Evolution（进化）的值为0，然后单击Evolution（进化）左侧的码表 按钮，在当前位置设置关键帧，如图9.31所示。

图9.31 设置分形噪波特效

10 将时间调整到00:00:04:24帧的位置，修改Evolution（进化）的值为1x，系统将在当前位置自动设置关键帧。设置特效后的效果如图9.32所示。

图9.32 设置特效后的效果

9.3.2 添加特效调整画面

◆操作步骤

01 为"流光"层添加Bezier Warp（贝塞尔曲线变形）特效，在Effects & Presets（效果和预置）面板中展开Distort（扭曲）特效组，双击Bezier Warp（贝塞尔曲线变形）特效。

02 在Effect Controls（特效控制）面板中修改Bezier Warp（贝塞尔曲线变形）特效的参数，如图9.33所示。

图9.33 设置贝塞尔曲线变形参数

03 调整图形时，直接修改特效的参数比较麻烦，此时可以在Effect Controls（特效控制）面板中选择Bezier Warp（贝塞尔曲线变形）特效，从合成窗口中可以看到调整的节点，直接在合成窗口中的图像上拖动节点进行调整，自由度比较高，如图9.34所示。调整后的画面效果如图9.35所示。

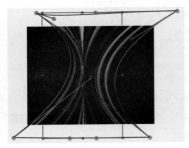

图9.34 调整控制点

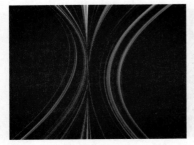

图9.35 调整后的画面效果

04 为"流光"层添加Hue / Saturation（色相/饱和度）特效。在Effects & Presets（效果和预置）面板中展开Color Correction（色彩校正）特效组，双击Hue / Saturation（色相/饱和度）特效。

05 在Effect Controls（特效控制）面板中修改Hue/Saturation（色相/饱和度）特效的参数，勾选Colorize（着色）复选框，设置Colorize Hue（着色色相）的值为-55，Colorize Saturation（着色饱和度）的值为66，如图9.36所示。

图9.36 设置特效的参数

06 为"流光"层添加Glow（发光）特效，在Effects & Presets（效果和预置）面板中展开Stylize（风格化）特效组，然后双击Glow（发光）特效。

07 在Effect Controls（特效控制）面板中修改Glow（发光）特效的参数，设置Glow Threshold（发光阈值）的值为20%，Glow Radius（发光半径）的值为15，如图9.37所示。

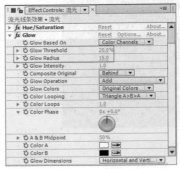

图9.37 设置发光特效的属性

08 在时间线面板中打开"流光"层的三维属性开关，展开Transform（转换）选项组，设置Position（位置）的值为（309，288，86），Scale（缩放）的值为（123，123，123），如图9.38所示。可在合成窗口看到效果，如图9.39所示。

图9.38 设置属性

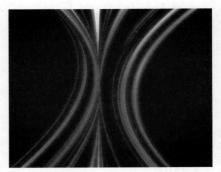

图9.39 设置属性后的效果

09 选择"流光"层，按Ctrl + D组合键，将复制出"流光2"层，展开Transform（转换）选项组，设置Position（位置）的值为（408，288，0），Scale（缩放）的值为（97，116，100），Z Rotation（z轴旋转）的值为-4，如图9.40所示，可以在合成窗口中看到效果，如图9.41所示。

图9.40 设置复制层的属性

图9.41 画面效果

10 修改Bezier Warp（贝塞尔曲线变形）特效的参数，使其与"流光"的线条角度有所区别，如图9.42所示。

图9.42 设置贝塞尔曲线变形参数

11 在合成窗口中看到的控制点的位置发生了变化，如图9.43所示。

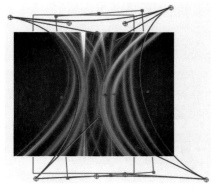

图9.43 合成窗口中的修改效果

12 修改Hue / Saturation（色相/饱和度）特效的参数，设置Colorize Hue（着色色相）的值为265，Colorize Saturation（着色饱和度）的值为75，如图9.44所示。

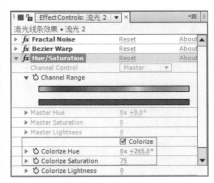

图9.44 调整复制层的着色饱和度

13 设置完成后可以在合成窗口中看到效果，如图9.45所示。

图9.45 调整着色饱和度后的画面效果

9.3.3 添加"圆环"素材

◆操作步骤

01 在Project（项目）面板中选择"圆环.psd"素材，将其拖动到"流光线条效果"合成的时间线面板中，然后单击"圆环.psd"左侧的眼睛 ● 图标，将该层隐藏，如图9.46所示。

图9.46 隐藏"圆环"层

02 按Ctrl + Y组合键，打开Solid Settings（固态层设置）对话框，设置Name（名称）为"粒子"，Color（颜色）为白色。

03 选择"粒子"固态层，在Effects & Presets（效果和预置）面板中展开Trapcode特效组，然后双击Particle（粒子）特效。

04 在Effect Controls（特效控制）面板中修改Particle（粒子）特效的参数，展开Emitter（发射器）选项组，设置Particles/sec（每秒发射粒子数量）的值为5，Position（位置）的值为（360，620）；展开Particle（粒子）选项组，设置Life（生命）的值为2.5，Life Random（生命随机）的值为30，如图9.47所示。

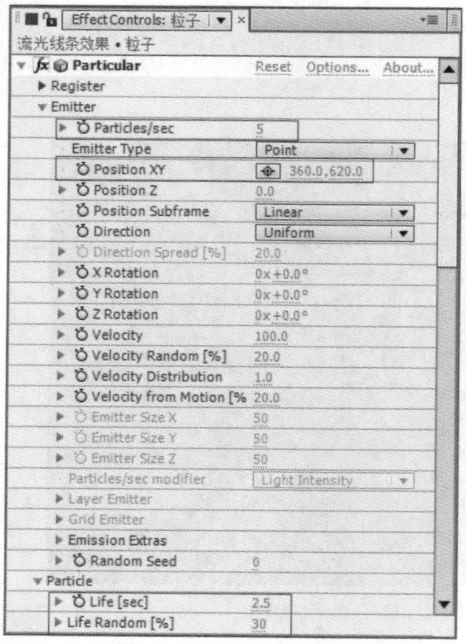

图9.47 设置发射器属性的值

05 展开Texture（纹理）选项组，在Layer（层）下拉菜单中选择"2.圆环.psd"，然后设置Size（大小）的值为20，Size Random（大小随机）的值为60，如图9.48所示。

图9.48 设置粒子属性的值

06 展开Physics（物理学）选项组，修改Gravity（重力）的值为-100，如图9.49所示。

图9.49 设置物理学的属性

07 在Effects & Presets（效果和预置）面板中展开Stylize（风格化）特效组，然后双击Glow（发光）特效。

9.3.4 添加摄影机

◆操作步骤

01 执行菜单栏中的Layer（层）| New（新建）| Camera（摄像机）命令，打开Camera Settings（摄像机设置）对话框，设置Preset（预置）为24mm，如图9.50所示。单击OK（确定）按钮，在时间线面板中将会创建一个摄像机。

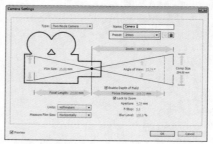

图9.50 建立摄像机

194

02 将时间调整到00:00:00:00帧的位置，选择"Camera 1"层，展开Transform（转换）、Camera Options（摄像机选项）选项组，然后分别单击Point of Interest（中心点）和Position（位置）左侧的码表 按钮，在当前位置设置关键帧，并设置Point of Interest（中心点）的值为（426，292，140），Position（位置）的值为（114，292，−170）；然后分别设置Zoom（缩放）的值为512，Depth of Field（景深）为On（打开），Focus Distance（焦距）的值为512，Aperture（光圈）的值为84，Blur Level（模糊级）的值为122%，如图9.51所示。

图9.51 设置摄像机的参数

03 将时间调整到00:00:02:00帧的位置，修改Point of Interest（中心点）的值为（364，292，25），Position（位置）的值为（455，292，−480），如图9.52所示。

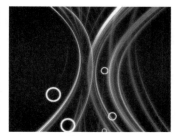

图9.53 设置摄像机后画面视角的变化

05 这样就完成了"流光线条"的整体制作，按小键盘上的"0"键，在合成窗口中预览动画，效果如图9.54所示。

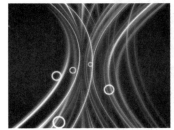

图9.54 "流光线条"的动画预览

图9.52 制作摄像机动画

04 此时可以看到画面视角的变化，如图9.53所示。

9.4 知识拓展

本章主要讲解利用特效制作各种光线，包括描边光线、舞动精灵、流光线条等效果的制作。通过本章的学习，掌握几种光线的制作方法。

9.5 拓展训练

本章通过 4 个课后习题，讲解如何在 After Effects 中制作出绚丽的光线效果，使整个动画更加华丽且更富有灵动感。

训练9-1 动态背景

◆**实例分析**

本例主要讲解利用 Card Wipe（卡片擦除）特效制作动态背景的效果，完成的动画流程画面如图 9.55 所示。

难　度：★★	
工程文件：第 9 章 \ 动态背景	
在线视频：第 9 章 \ 训练 9-1 动态背景 .avi	

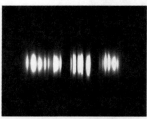

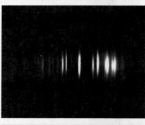

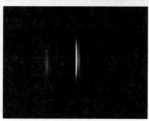

图9.55 动画流程画面

◆**本例知识点**

1.Card Wipe（卡片擦除）的使用
2.Directional Blur（方向模糊）的使用
3.Shine（光）的使用

训练9-2 魔幻光环动画

◆**实例分析**

本例主要讲解利用 Vegas（勾画）特效制作魔幻光环动画效果，完成的动画流程画面如图 9.56 所示。

难　度：★★★	
工程文件：第 9 章 \ 魔幻光环动画	
在线视频：第 9 章 \ 训练 9-2 魔幻光环动画 .avi	

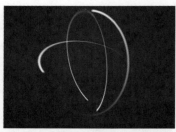

图9.56 动画流程画面

◆**本例知识点**

Vegas（勾画）的使用

训练9-3 延时光线

◆实例分析

本例主要讲解利用 Stroke（描边）特效制作延时光线效果，完成的动画流程画面如图9.57所示。

难　　度：★★
工程文件：第9章\延时光线
在线视频：第9章\训练9-3 延时光线.avi

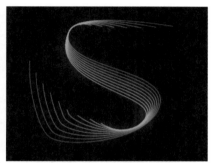

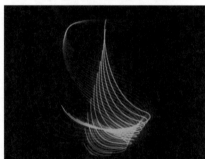

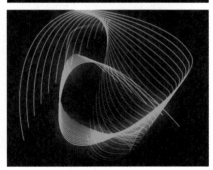

图9.57 动画流程画面

◆本例知识点

1.Stroke（描边）的使用
2.Echo（重复）的使用
3.Glow（发光）的使用

训练9-4 点阵发光

◆实例分析

本例主要讲解利用 3D Stroke（3D 笔触）特效制作点阵发光效果，完成的动画流程画面如图 9.58 所示。

难　　度：★★
工程文件：第9章\点阵发光
在线视频：第9章\训练9-4 点阵发光.avi

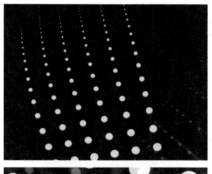

图9.58 动画流程画面

◆本例知识点

1.3D Stroke（3D 笔触）的使用
2.Shine（光）的使用

第 **10** 章

常见插件特效风暴

After Effects 除内置了非常丰富的特效外，还支持相当多的第三方特效插件，通过对第三方插件的应用，可以使动画的制作更简便，动画的效果更绚丽。本章主要讲解外挂插件的应用方法，详细讲解了 3D Stroke（3D 笔触）、Particle（粒子）、Shine（光）等常见外挂插件的使用及实战案例。通过本章的制作，掌握常见外挂插件的动画运用技巧。

教学目标

了解 Particle（粒子）的功能

学习 Particle（粒子）参数设置

掌握 3D Stroke（3D 笔触）的使用及动画制作

掌握利用 Shine（光）特效制作扫光文字的方法和技巧

◆**实例分析**

本例主要讲解利用 3D Stroke（3D 笔触）特效制作动态背景效果，完成的动画流程画面如图 10.1 所示。

难　　度：★★
工程文件：第 10 章 \ 动态背景效果
在线视频：第 9 章 \10.1　3D Stroke（3D 笔触）——制作动态背景 .avi

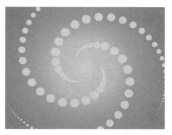

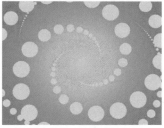

图10.1 动画流程画面

◆**本例知识点**

3D Stroke (3D 笔触) 的使用

◆**操作步骤**

01 执行菜单栏中的Composition（合成）| New Composition（新建合成）命令，打开

Composition Settings（合成设置）对话框，设置Composition Name（合成名称）为"动态背景效果"，Width（宽）为"720"，Height（高）为"576"，Frame Rate（帧率）为"25"，并设置Duration（持续时间）为00:00:02:00秒。

02 执行菜单栏中的Layer(层)|New（新建）|Solid（固态层）命令，打开Solid Settings(固态层设置)对话框，设置Name（名称）为"背景"，Color（颜色）为黑色。

03 为"背景"层添加Ramp（渐变）特效。在Effects & Presets（效果和预置）面板中展开Generate（创造）特效组，然后双击Ramp（渐变）特效。

04 在Effect Controls（特效控制）面板中修改Ramp（渐变）特效的参数，设置Start of Ramp（渐变开始）的值为（356，288），Start Color（起始颜色）为黄色（R：255；G：252；B：0），End of Ramp（渐变结束）的值为（712，570），End Color（结束颜色）为红色（R：255；G：0；B：0），从Ramp Shape（渐变类型）下拉菜单中选择Radial Ramp（径向渐变）选项，如图10.2所示。设置渐变后的画面效果如图10.3所示。

图10.2 设置渐变参数

图10.3 设置渐变后的画面效果

05 执行菜单栏中的Layer(层)|New（新建）|Solid（固态层）命令，打开Solid Settings(固态层设置)对话框，设置Name（名称）为"旋转"，Color（颜色）为黑色。

06 选中"旋转"层，在工具栏中选择Ellipse Tool（椭圆工具）◯，在图层上绘制一个圆形路径，如图10.4所示。

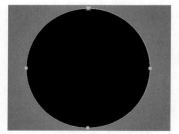

图10.4 绘制路径

07 为"旋转"层添加3D Stroke（3D 笔触）特效。在Effects & Presets（效果和预置）面板中展开Trapcode特效组，然后双击3D Stroke（3D笔触）特效。

08 在Effect Controls（特效控制）面板中修改3D Stroke（3D笔触）特效的参数，设置Color（颜色）为黄色（R：255；G：253；B：68），Thickness（厚度）的值为8，End（结束）的值为25；将时间调整到00:00:00:00帧的位置，设置Offset（偏移）的值0，单击Offset（偏移）左侧的码表⌚按钮，在当前位置设置关键帧。设置关键帧前的效果如图10.5所示。

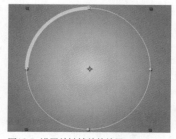

图10.5 设置关键帧前的效果

09 将时间调整到00:00:01:24帧的位置，设置Offset（偏移）的值为201，系统会自动设置关键帧，如图10.6所示。

图10.6 设置偏移关键帧后的效果

10 展开Taper（锥度）选项组，选中Enable（启用）复选框，如图10.7所示。

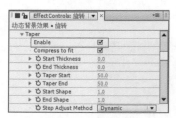

图10.7 设置锥度参数

11 展开Transform（转换）选项组，设置Bend（弯曲）的值为4.5，Bend Axis（弯曲轴）的值为90，选择Bend Around Center（弯曲重置点）复选框，设置Z Position（z轴位置）的值为-40，Y Rotation（y轴旋转）的值为90°，如图10.8所示。

图10.8 设置变换参数

12 展开Repeater（重复）选项组，选择Enable（启用）复选框，设置Instances（重复量）的值为2，Z Displace（z轴移动）的值为30，X Rotation（x轴旋转）的值为120，展开Advanced（高级）选项组，设置Adjust Step（调节步幅）的值为1000，如图10.9所示。合成窗口效果如图10.10所示。

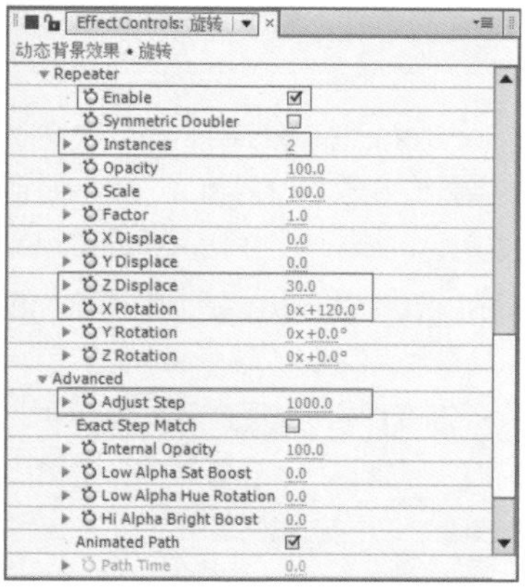

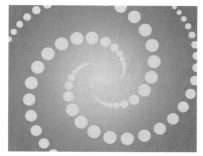

图10.9 设置重复和高级参数

图10.10 合成窗口效果

13 这样就完成了动态背景的整体制作，按小键盘上的"0"键，即可在合成窗口中预览动画。

10.2 Shine（光）——炫丽扫光文字

◆ 实例分析

本例主要讲解利用 Shine（光）特效制作炫丽扫光文字动画效果。本例最终的动画流程画面如图 10.11 所示。

难　　度：★★★
工程文件：第 10 章 \ 扫光文字动画
在线视频：第 10 章 \10.2 Shine（光）——炫丽扫光文字 .avi

图10.11 动画流程画面

◆ 本例知识点

1. 学习 Shine（光）特效的使用
2. Ramp（渐变）特效的使用

◆ 操作步骤

01 执行菜单栏中的 File（文件）|Open Project（打开项目）命令，选择配套资源中的"工程文件\第10章\扫光文字动画\扫光文字动画练习.aep"文件，将文件打开。

02 执行菜单栏中的 Layer（层）|New（新建）|Text（文本）命令，新建文字层，此时 Composition（合成）窗口中将出现一个闪动的光标效果，在时间线面板中将出现一个文字层，输入"The visual arts"。在 Character（字符）面板中设置文字字体为 CTBiaoSongSJ，字号为 60px，字体颜色为白色。

03 为"X-MEN ORIGINS"层添加 Shine（光）特效。在 Effects & Presets（效果和预置）面板中展开 Trapcode 特效组，然后双击 Shine（光）特效。

04 在 Effects Controls（特效控制）面板中修改 Shine（光）特效的参数，设置 Ray Length（光线长度）的值为 12，从 Colorize…（着色）下拉菜单中选择 One Color（单色）命令，并设置 Color（颜色）为白色，将时间调整到 00:00:00:00 帧的位置，设置 Source Point（发光点）的值为（-784，496），单击 Source Point（源点）左侧的码表🕐按钮，在当前位置设置关键帧。

05 将时间调整到00:00:02:24帧的位置，设置Source Point（发光点）的值为（1500，496），系统会自动设置关键帧，如图10.12所示。设置光后的效果如图10.13所示。

图10.12 设置光参数

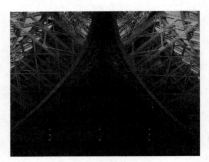

图10.13 设置光后的效果

06 选中文字层，按Ctrl+D组合键复制出另一个新的文字层，在Effects Controls（特效控制）面板中将Shine（光）特效删除。

07 为复制出的文字层添加Ramp（渐变）特效。在Effects & Presets（效果和预置）面板中展开

Generate（创造）特效组，然后双击Ramp（渐变）特效。

08 在Effects Controls（特效控制）面板中修改Ramp（渐变）特效的参数，设置Start of Ramp（渐变开始）的值为（355，500），Start Color（开始色）为白色，End of Ramp（渐变结束）的值为（91，551），End Color（结束色）为黑色，从Ramp Shape（渐变形状）右侧的下拉菜单中选择Radial Ramp（径向渐变）选项，如图10.14所示。设置渐变参数后的效果如图10.15所示。

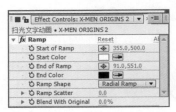

图10.14 设置渐变参数

图10.15 设置渐变参数后的效果

09 这样就完成了炫丽扫光文字动画的整体制作，按小键盘上的"0"键，即可在合成窗口中预览动画。

10.3 Particle（粒子）——飞舞的彩色粒子

◆ 实例分析

本例主要讲解利用第三方插件Particle（粒子）特效制作彩色粒子效果，然后再通过绘制路径制作彩色粒子的跟随动画。本例最终的动画流程画面如图10.16所示。

难　度：★★★
工程文件：第10章\飞舞的彩色粒子
在线视频：第10章\10.3　Particle（粒子）——飞舞的彩色粒子.avi

图10.16 飞舞的彩色粒子动画流程画面

◆本例知识点

1．Particle（粒子）特效的使用
2．粒子沿路径运动的控制

10.3.1 新建合成

◆操作步骤

01 执行菜单栏中的Composition（合成）| New Composition（新建合成）命令，打开Composition Settings（合成设置）对话框，设置Composition Name（合成名称）为"飞舞的彩色粒子"，Width（宽）为"720"，Height（高）为"576"，Frame Rate（帧率）为"25"，并设置Duration（持续时间）为00:00:04:00秒。

02 单击OK（确定）按钮，在Project（项目）面

板中将会创建一个名为"飞舞的彩色粒子"的合成。在Project（项目）面板中双击打开Import File（导入文件）对话框，打开配套资源中的"工程文件\第10章\飞舞的彩色粒子\光背景.jpg"素材，单击"打开"按钮，将素材导入到项目面板中，并且将导入素材拖动到时间线面板中。

10.3.2 制作飞舞的彩色粒子

◆操作步骤

01 在"飞舞的彩色粒子"合成的时间线面板中按Ctrl + Y组合键，打开Solid Settings（固态层设置）对话框，设置Name（名称）为"彩色粒子"，Color（颜色）为黑色。

02 单击OK（确定）按钮，在时间线面板中将会创建一个名为"彩色粒子"的固态层。选择"彩色粒子"固态层，在Effects & Presets（效果和预置）面板中展开Trapcode特效组，然后双击Particle（粒子）特效。

03 在Effects Controls（特效控制）面板中修改Particle（粒子）特效的参数，展开Emitter（发射器）选项组，首先在Emitter Type（发射器类型）右侧的下拉菜单中选择Sphere（球形），设置Particles/sec（每秒发射粒子数）的值为500，Velocity（速度）的值为200，Velocity Random（速度随机）的值为80，Velocity from Motion（运动速度）的值为10，Emitter Size Y（发射器y轴尺寸）的值为100，如图10.17所示。设置完成后，其中一帧的画面效果如图10.18所示。

图10.17 参数设置

图10.18 设置后的效果

图10.20 大小颜色变化

04 展开Particle（粒子）选项组，在Particle Type（粒子类型）右侧的下拉菜单中选择Glow Sphere（发光球），然后设置Life（生命）的值为1，Lift Random（生命随机）的值为50，Sphere Feather（球羽化）的值为0，Size（尺寸）的值为13，Size Random（大小的随机性）的值为100，然后展开Size over Life（生命期内的大小变化）选项，使用鼠标绘制如图10.19所示的形状；在Set Color（颜色设置）右侧的下拉菜单中选择Over Life（生命期内的变化），在Transfer Mode（转换模式）右侧的下拉菜单中选择Add（相加），粒子参数设置如图10.19所示。此时其中一帧的画面效果如图10.20所示。

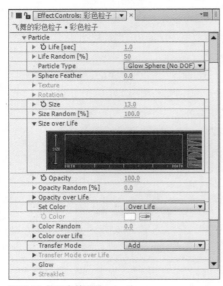

图10.19 粒子参数设置

05 在时间线面板中按Ctrl + Y组合键，打开Solid Settings（固态层设置）对话框，新建一个Name（名称）为路径，Color（颜色）为黑色的固态层。

06 选择"路径"固态层，单击工具栏中的Pen Tool（钢笔工具）按钮，在合成窗口中绘制一条路径，如图10.21所示。然后在时间线面板中单击"路径"固态层左侧的眼睛图标隐藏"路径"固态层，如图10.22所示。

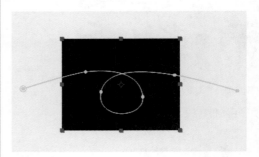

图10.21 绘制路径

图10.22 隐藏"路径"固态层

07 制作路径跟随动画。在时间线面板中按M键，打开"路径"固态层的Mask Path（遮罩路径）选项，然后单击Mask Path（遮罩路径）选项，按Ctrl + C组合键，将其复制，如图10.23所示。

图10.23 复制Mask Path（遮罩路径）选项

08 将时间调整到00:00:00:00帧的位置，选择"彩色粒子"固态层，选择Position XY（xy轴位置）选项，按Ctrl + V组合键，将Mask Path（遮罩路径）粘贴到Position XY（xy轴位置）选项上，完成后的效果如图10.24所示。

图10.24 制作路径跟随动画

09 将时间调整到00:00:03:24帧的位置，选择"彩色粒子"固态层的最后一个关键帧，将其拖动到00:00:03:24帧的位置，如图10.25所示。

图10.25 调整关键帧位置

10 这样就完成了"飞舞的彩色粒子"的整体制作。按小键盘上的"0"键，在合成窗口中预览动画，如图10.26所示。

图10.26 动画流程画面

10.4 Particle（粒子）——炫丽光带

◆ **实例分析**

本例主要讲解利用 Particle（粒子）特效制作炫丽光带的效果。完成的动画流程画面如图 10.27 所示。

难　　度：★★★★
工程文件：第 10 章 \ 炫丽光带
在线视频：第 10 章 \10.4 Particle（粒子）——炫丽光带 .avi

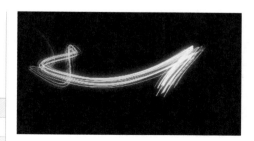

图10.27 动画流程画面

图10.27 动画流程画面（续）

◆本例知识点

1. 掌握 Particle（粒子）特效的使用
2. 掌握 Glow（发光）特效的使用

10.4.1 绘制光带运动路径

◆操作步骤

01 执行菜单栏中的Composition（合成）| New Composition（新建合成）命令，打开Composition Settings（合成设置）对话框，设置Composition Name（合成名称）为"炫丽光带"，Width（宽）为"720"，Height（高）为"405"，Frame Rate（帧率）为"25"，并设置Duration（持续时间）为00:00:10:00秒。

02 按Ctrl + Y组合键，打开Solid Settings（固态层设置）对话框，设置Name（名称）为"路径"，Color（颜色）为黑色。

03 选中"路径"层，单击工具栏中的Pen Tool（钢笔工具）按钮，在Composition（合成）窗口中绘制一条路径，如图10.28所示。

图10.28 绘制路径

10.4.2 制作光带特效

◆操作步骤

01 按Ctrl + Y组合键，打开Solid Settings（固态层设置）对话框，设置Name（名称）为"光带"，Color（颜色）为黑色。

02 在时间面板中选择"光带"层，在Effects & Presets（效果和预置）面板展开Trapcode特效组，然后双击Particle（粒子）特效。

03 选择"路径"层，按M键，将蒙板属性列表项展开，选中Mask Path（蒙版路径），按Ctrl+C组合键，复制Mask Path（蒙版路径）。

04 选择"光带"层，在时间线面板中展开Effects（效果）|Particle（粒子）|Emitter（发射器）选项，选中Position XY（XY轴位置）选项，按Ctrl+V组合键，把"路径"层的路径复制给Particle（粒子）特效中的Position XY（XY轴位置），如图10.29所示。

图10.29 复制蒙板路径

05 选择最后一个关键帧向右拖动，将其时间延长，如图10.30所示。

图10.30 选择最后一个关键帧向右拖动

06 在"特效控制台"面板修改Particle（粒子）特效参数，展开Emitter（发射器）选项组，设置Particles/sec（每秒发射粒子数量）的值为1000。从Position Subframe（子位置）右侧的下拉列表框中选择10xLinear（10x线性）选项，设置Velocity（速度）的值为0，Velocity Random（速度随机）的值为0，Velocity Distribution（速度分布）的值为0，Velocity

From Motion（运动速度）的值为0，如图10.31所示。

图10.31 设置Emitter（发射器）选项组中的参数

07 展开Particle（粒子）选项组，从Particle Type（粒子类型）右侧的下拉列表中选择Streaklet（条纹）选项，设置Streaklet Feather（条纹羽化）的值为100，Size（大小）的值为49，如图10.32所示。

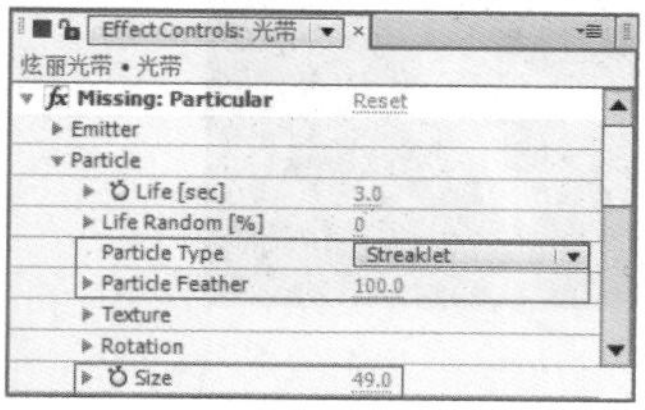

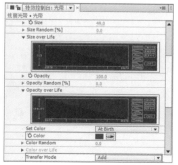

图10.32 设置Particle Type（粒子类型）参数

08 展开Size Over Life（生命期内的大小变化）选项，单击 ▆▆▆▆ 按钮，展开Opacity Over Life（生命期内透明度变化）选项，单击 ▆▆▆▆ 按钮，并将Color（颜色）改成橙色（R：114，G：71，B：22），从Transfer Mode（模式转换）右侧的下拉列表中选择Add（相加），如图10.33所示。

图10.33 设置粒子死亡后和透明随机

09 展开Streaklet（条纹）选项组，设置Random Seed（随机种子）的值为0，No Streaks（无条纹）的值为18，Streak Size（条纹大小）的值为11，具体设置如图10.34所示。

图10.34 设置Streaklet（条纹）选项组中的参数

10.4.3 制作辉光特效

◆操作步骤

01 在时间线面板中选择"光带"层，按Ctrl+D组合键复制出另一个新的图层，并重命名为"粒子"。

02 在Effect Controls（特效控制台）面板中修改Particle（粒子）特效参数，展开Emitter（发射器）选项组，设置Particles/sec(每秒发射粒子数量)的值为200，Velocity（速度）的值为20，如图10.35所示。设置参数后的效果如图10.36所示。

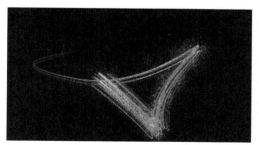

图10.35 设置粒子参数

图10.36 设置参数后的效果

03 展开Particle（粒子）选项组，设置Life（生命）的值为4，从Particle Type（粒子类型）右侧的下拉列表中选择Sphere（球形）选项，设置Sphere Feather（球形羽化）的值为50，Size（大小）的值为2，展开Opacity over Life（生命期内透明度变化）选项，单击━━╍╍╍╍按钮。

04 在时间线面板中选择"粒子"层的Mode（模式）为Add（相加）模式，如图10.37所示。设置粒子后的效果如图10.38所示。

图10.37 设置添加模式

图10.38 设置粒子后的效果

05 为"光带"层添加Glow（发光）特效。在Effects & Presets（效果和预置）中展开Stylize（风格化）特效组，然后双击Glow（发光）特效。

06 在Effect Controls（特效控制台）面板中修改Glow（发光）特效参数，设置Glow Threshold（发光阈值）的值为60，Glow Radius（发光半径）的值为30，Glow Intensity（发光强度）的值为1.5，如图10.39所示。设置辉光后的效果如图10.40所示。

图10.39 设置辉光特效参数

图10.40 设置辉光后的效果

07 这样就完成了炫丽光带的整体制作，按小键盘上的"0"键，即可在合成窗口中预览动画。

10.5 知识拓展

本章主要讲解外挂插件的应用方法，详细讲解了3D Stroke（3D笔触）、Particle（粒子）、Shine（光）和Starglow（星光）等常见外挂插件的使用及实战应用。

10.6 拓展训练

本章通过3个课后习题，分别对3D Stroke（3D笔触）、Particle（粒子）和Starglow（星光）3个插件在实例中的应用进行拓展，介绍了常见插件的使用技巧。

训练10-1 3D Stroke（3D笔触）
——制作心形绘制

◆ **实例分析**

本例主要讲解利用 3D Stroke（3D 笔触）特效制作心形绘制的效果。完成的动画流程画面如图 10.41 所示。

难　度：	★ ★ ★
工程文件：	第 10 章 \ 心形绘制
在线视频：	第 10 章 \ 训练 10-1 3D Stroke（3D 笔触）——制作心形绘制 .avi

图10.41 动画流程画面

◆ **本例知识点**

1. 3D Stroke（3D 笔触）的使用
2. Particle（粒子）的使用
3. Glow（发光）的使用
4. Curves（曲线）的使用

训练10-2 Particle（粒子）——
旋转空间

◆ **实例分析**

本例主要讲解利用 Particle（粒子）特效制作旋转空间效果。完成的动画流程画面如图 10.42 所示。

难　度：	★ ★ ★ ★
工程文件：	第 10 章 \ 旋转空间
在线视频：	第 10 章 \ 训练 10-2 Particle（粒子）——旋转空间 .avi

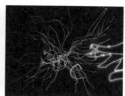

图10.42 动画流程画面

◆ **本例知识点**

1. 掌握 Particle（粒子）特效的使用
2. 掌握 Curves（曲线）特效的使用

训练10-3 Starglow（星光）——
旋转粒子球

◆ **实例分析**

本例主要讲解利用 CC Ball Action（CC 滚珠操作）特效制作旋转粒子球效果。完成的动画流程画面如图 10.43 所示。

难　度：	★ ★
工程文件：	第 10 章 \ 旋转粒子球
在线视频：	第 10 章 \ 训练 10-3 Starglow（星光）——旋转粒子球 .avi

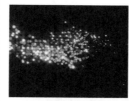
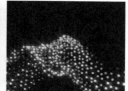

图10.43 动画流程画面

◆ **本例知识点**

1. CC Ball Action（CC 滚珠操作）的使用
2. Starglow（星光）的使用

第 **11** 章

动漫特效及场景合成

本章主要讲解动漫特效及场景合成。动漫特效及场景合成制作是 CG 行业中较复杂的一个重要部分，随着游戏动漫的普及，其应用市场更加广阔，本章主要通过两个精选实例，讲解动漫特效及场景合成的处理方法和技巧。

教学目标

魔戒特效的表现
魔法火焰魔法场景的合成技术

◆ 实例分析

本例主要讲解利用CC Particle Word（CC粒子仿真世界）特效制作魔戒效果，完成的动画流程画面如图11.1所示。

难　　度： ★ ★ ★ ★
工程文件：第 11 章 \ 魔戒
在线视频：第 11 章 \11.1 魔戒 .avi

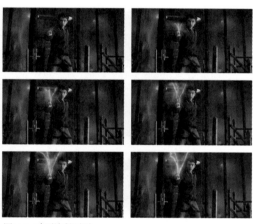

图11.1 动画流程画面

◆ 本例知识点

1. 学习 CC Particle Word（CC 粒子仿真世界）特效的使用。
2. 学习 CC Vector Blur（通道矢量模糊）特效的使用。
3. 学习 Mesh Warp（网格变形）特效的使用。
4. 学习 Turbulent Displace（动荡置换）特效的使用。

11.1.1 制作光线合成

◆ 操作步骤

01 执行菜单栏中的Composition（合成）| New Composition（新建合成）命令，打开Composition Settings（合成设置）对话框，设置Composition Name（合成名称）为"光线"，Width（宽）为1024，Height（高）为576，

Frame Rate（帧率）为25，并设置Duration（持续时间）为00:00:03:00秒。

02 执行菜单栏中的Layer（层）|New（新建）|Solid（固态）命令，打开Solid Settings（固态层设置）对话框，设置Name（名称）为"黑背景"，Color（颜色）为黑色。

03 执行菜单栏中的Layer（层）|New（新建）|Solid（固态）命令，打开Solid Settings（固态层设置）对话框，设置Name（名称）为"黑背景"，Color（颜色）为白色。

04 选中"内部线条"层，在Effects & Presets（特效面板）中展开Simulation（模拟）特效组，双击CC Particle World（CC 粒子世界）特效。

05 在Effect Controls（特效控制）面板中设置Birth Rate（出生率）数值为0.8，Longevity（寿命）数值为1.29；展开Producer（发生器）卷展栏，设置Position X（x轴位置）数值为−0.45，Position Z（z轴位置）数值为0，Radius Y（y轴半径）数值为0.02，Radius Z（z轴半径）数值为0.195，参数设置如图11.2所示，画面效果如图11.3所示。

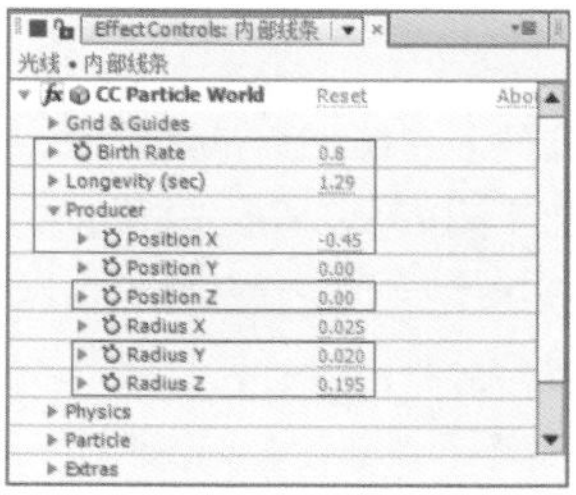

图11.2 参数设置

图11.3 画面效果

06 展开Physics（物理学）卷展栏，从Animation（动画）右侧的下拉列表框中选择

Direction Axis（沿轴发射）运动效果，设置Gravity（重力）数值为0，参数设置如图11.4所示，画面效果如图11.5所示。

图11.4 参数设置

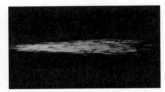

图11.5 画面效果

07 选中"内部线条"层，在Effect Controls（特效控制）面板中按Alt键，单击Velocity（速度）左侧的码表 ○ 按钮，在时间线面板中输入wiggle(8,.25)，如图11.6所示。

图11.6 表达式设置

08 展开Particle（粒子）卷展栏，从Particle Type（粒子类型）右侧下拉列表框中选择Lens Convex（凸透镜）粒子类型，设置Birth Size（产生粒子大小）数值为0.21，Death Size（死亡粒子大小）数值为0.46，参数设置如图11.7所示，效果图如图11.8所示。

图11.7 参数设置

图11.8 效果图

09 为了使粒子达到模糊效果，继续添加特效，选中"内部线条"层，在Effects & Presets（特效面板）中展开Blur & Sharpen（模糊与锐化）特效组，双击Fast Blur（快速模糊）特效。

10 在Effect Controls（特效控制）面板中设置Blurriness（模糊）数值为41。

11 为了使粒子产生一些扩散线条的效果，在Effects & Presets（特效面板）中展开Blur & Sharpen（模糊与锐化）特效组，然后双击CC Vector Blur（CC矢量模糊）特效。

12 设置Amount（数量）数值为88，从Property（参数）右侧的下拉列表框中选择Alpha（Alpha通道）选项，参数设置如图11.9所示。

图11.9 参数设置

13 这样"内部线条"就制作完成了。下面制作分散线条，执行菜单栏中的Layer（层）|New（新建）|Solid（固态）命令，打开Solid Settings（固态层设置）对话框，设置Name（名称）为"分散线条"，Color（颜色）为白色。

14 选中"分散线条"层，在Effects & Presets（特效面板）中展开Simulation（模拟）特效组，双击CC Particle World（CC 粒子世界）特效。

15 在Effect Controls（特效控制）面板中设置Birth Rate（出生率）数值为1.7，Longevity（寿命）数值为1.17；展开Producer（发生器）卷展栏，设置Position X（x轴位置）数值为−0.36，Position Z（z轴位置）数值为0，Radius Y（y轴半径）数值为0.22，Radius Z（z轴半径）数值为0.015，参数设置如图11.10所示，画面效果如图11.11所示。

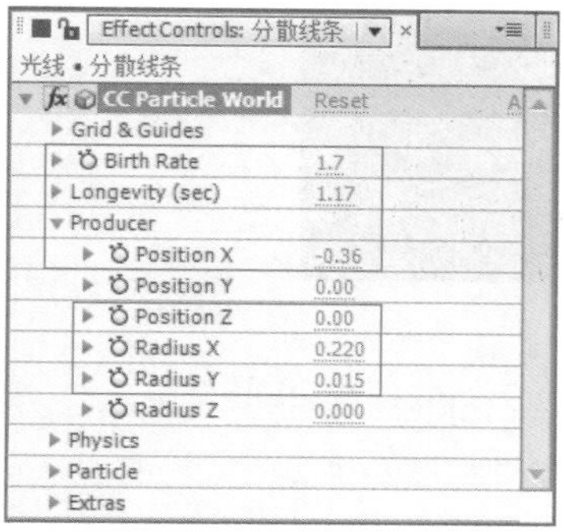

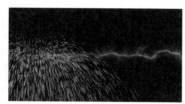

图11.10 参数设置

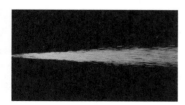

图11.11 画面效果

16 展开Physics（物理学）卷展栏，从Animation（动画）右侧的下拉列表框中选择Direction Axis（沿轴发射）运动效果，设置Gravity（重力）数值为0，参数设置如图11.12所示，画面效果如图11.13所示。

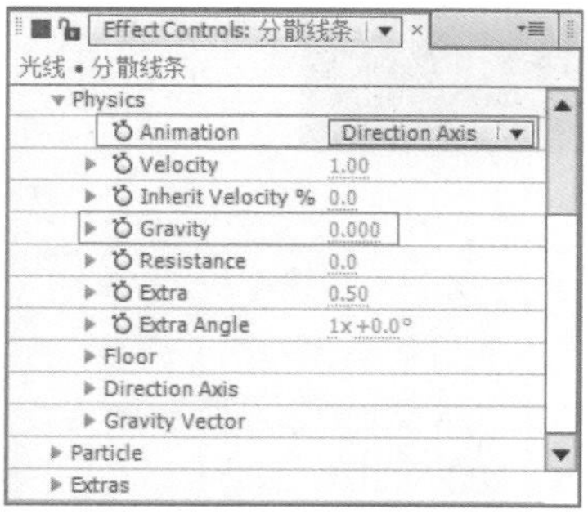

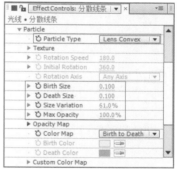

图11.12 参数设置

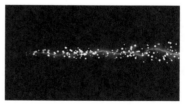

图11.13 画面效果

17 选中"内部线条"层，在Effect Controls（特效控制）面板中按Alt键，单击Velocity（速度）左

侧的码表 ⏱ 按钮，在时间线面板中输入wiggle(8,.4)，如图11.14所示。

图11.14 表达式设置

18 展开Particle（粒子）卷展栏，从Particle Type（粒子类型）右侧的下拉列表框中选择Lens Convex（凸透镜）粒子类型，设置Birth Size（产生粒子大小）数值为0.1，Death Size（死亡粒子大小）数值为0.1，Size Variation（大小速率）数值为61%，Max Opacity（最大透明度）数值为100%，参数设置如图11.15所示，效果图如图11.16所示。

图11.15 参数设置

图11.16 效果图

19 为了使粒子达到模糊效果，继续添加特效，选中"分散线条"层，在Effects & Presets（特效面板）中展开Blur & Sharpen（模糊与锐化）特效组，双击Fast Blur（快速模糊）特效。

20 在Effect Controls（特效控制）面板中设置Blurriness（模糊）数值为40。

21 为了使粒子产生一些扩散线条的效果，在Effects & Presets（特效面板）中展开Blur & Sharpen（模糊与锐化）特效组，然后双击CC Vector Blur（CC矢量模糊）特效。

22 设置Amount（数量）数值为24，从Property（参数）右侧的下拉列表框中选择Alpha（Alpha通道）选项，参数设置如图11.17所示。

图11.17 参数设置

23 执行菜单栏中的Layer（层）|New（新建）|Solid（固态）命令，打开Solid Settings（固态层设置）对话框，设置Name（名称）为"点光"，Color（颜色）为白色。

24 选中"点光"层，在Effects & Presets（特效面板）中展开Simulation（模拟）特效组，然后双击CC Particle World（CC粒子世界）特效。

25 在Effect Controls（特效控制）面板中设置Birth Rate（出生率）数值为0.1，Longevity（寿命）数值为2.79；展开Producer（发生器）卷展栏，设置Position X（x轴位置）数值为−0.45，Position Z（z轴位置）数值为0，Radius Y（y轴半径）数值为0.3，Radius Z（z轴半径）数值为0.195，参数设置如图11.18所示，画面效果如图11.19所示。

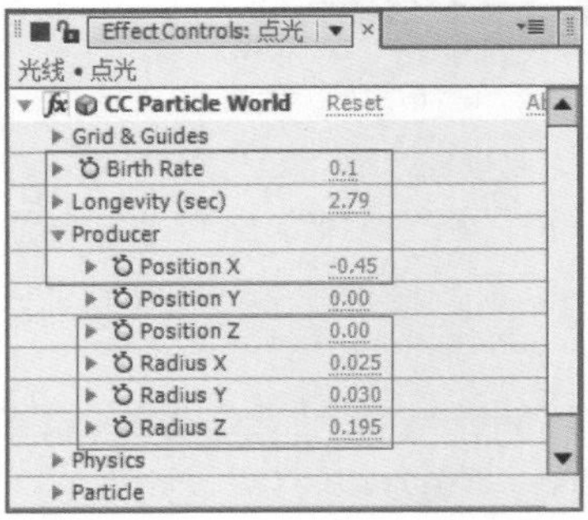

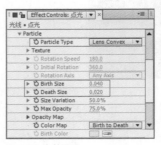

图11.18 参数设置

图11.19 画面效果

26 展开Physics（物理学）卷展栏，从Animation（动画）右侧的下拉列表框中选择Direction Axis（沿轴发射）运动效果，设置Velocity（速度）数值为0.25，Gravity（重力）数值为0，参数设置如图11.20所示，画面效果如图11.21所示。

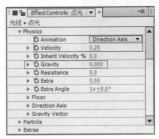

图11.20 参数设置

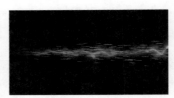

图11.21 画面效果

27 展开Particle（粒子）卷展栏，从Particle Type（粒子类型）右侧的下拉列表框中选择Lens Convex（凸透镜）粒子类型，设置Birth Size（产生粒子大小）数值为0.04，Death Size（死亡粒子大小）数值为0.02，参数设置如图11.22所示，效果图如图11.23所示。

图11.22 参数设置

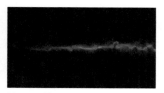

图11.23 效果图

28 选中"点光"层，将时间调整到00:00:00:22帧的位置，按Alt+[组合键，以当前时间为入点，如图11.24所示。

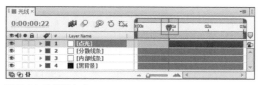

图11.24 设置层入点

29 将时间调整到00:00:00:00帧的位置，按[键将"点光"的入点调整至此，然后拖动"点光"层后面边缘，使其与"分散线条"的尾部对齐，如图11.25所示。

图11.25 层设置

30 将时间调整到00:00:00:00帧的位置，选中"点光"层，按T键展开Opacity（不透明度）属性，设置Opacity（不透明度）数值为0，单击码表按钮，在当前位置添加关键帧；将时间调整到00:00:00:09帧的位置，设置Opacity（不透明度）数值为100%，系统会自动创建关键帧，如图11.26所示。

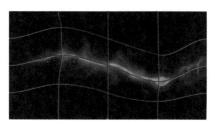

图11.26 关键帧设置

31 执行菜单栏中的Layer（层）|New（新建）|Adjustment Layer（调节）命令，打开Solid Settings（固态层设置）对话框，设置Name（名称）为"调节层"，Color（颜色）为白色，如图11.27所示。

图11.27 新建"调节层"

32 选中"调节层"，在Effects & Presets（特效面板）中展开Distort（扭曲）特效组，双击Mesh Warp（网格变形）特效。

33 在Effect Controls（特效控制）面板中设置Rows（行）数值为4，Columns（列）数值为4，参数设置如图11.28所示，调整网格形状，调整后的效果如图11.29所示。

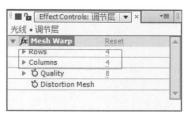

图11.28 参数设置

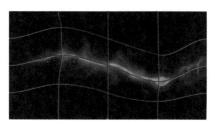

图11.29 调整后的效果

34 这样"光线"合成就制作完成了，按小键盘上的0键，预览其中几帧的动画效果，如图11.30所示。

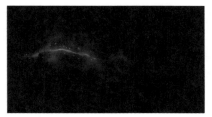

图11.30 动画流程画面

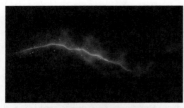

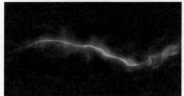

图11.30 动画流程画面（续）

11.1.2 制作蒙版合成

◆操作步骤

01 执行菜单栏中的Composition（合成）| New Composition（新建合成）命令，打开Composition Settings（合成设置）对话框，设置Composition Name（合成名称）为"蒙版合成"，Width（宽）为1024，Height（高）为576，Frame Rate（帧率）为25，并设置Duration（持续时间）为00:00:03:00秒。

02 执行菜单栏中的File（文件）| Import（导入）| File（文件）命令，打开Import File（导入文件）对话框，选择配套资源中的"工程文件\第11章\魔戒\背景.jpg"素材，单击"打开"按钮，素材将被导入到Project（项目）面板中。

03 从Project（项目）面板拖动"背景.jpg、光线"素材到"蒙版合成"时间线面板中，如图11.31所示。

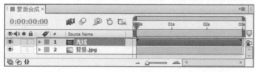

图11.31 添加素材

04 选中"光线"层，按Enter（回车）键重新命名为"光线1"，并将其叠加模式设置为Screen（屏幕），如图11.32所示。

图11.32 层设置

05 选中"光线1"层，按R键展开Rotation（旋转）属性，设置Rotation数值为0x-100，按P键展开Position（位置）属性，设置Position（位置）数值为（366、-168），如图11.33所示。

图11.33 参数设置

06 选中"光线1"，在Effects & Presets（特效面板）中展开Color Correction（色彩校正）特效组，双击Curves（曲线）特效。

07 在Effect Controls（特效控制）面板中调整Curves（曲线）形状，如图11.34所示。

08 从Channel（通道）右侧下拉列表中选择Red（红色）通道，调整Curves（曲线）形状，如图11.35所示。

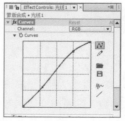
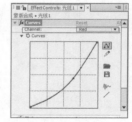

图11.34 曲线调整　　　　图11.35 颜色调整

09 从Channel（通道）右侧的下拉列表中选择Green（绿色）通道，调整Curves（曲线）形状，如图11.36所示。

10 从Channel（通道）右侧的下拉列表中选择Blue（蓝色）通道，调整Curves（曲线）形状，如图11.37所示。

图11.36 Green调整

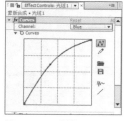

图11.37 Blue调整

11 选中"光线1"，在Effects & Presets（特效面板）中展开Color Correction（色彩校正）特效组，双击Tint（色调）特效，设置Amount to Tint（色调应用数量）为50%。

12 选中"光线1"，按Ctrl+D组合键复制出"光线2"，如图11.38所示。

图11.38 复制层

13 选中"光线2"层，按R键展开Rotation（旋转）属性，设置Rotation数值为0x-81，按P键展开Position（位置）属性，设置Position（位置）数值为（480、-204），如图11.39所示。

图11.39 参数设置

14 选中"光线2"，按Ctrl+D组合键复制出"光线3"，如图11.40所示。

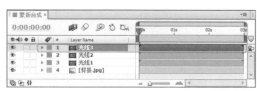

图11.40 复制层

15 选中"光线3"层，按R键展开Rotation（旋转）属性，设置Rotation数值为0x-64，按P键展

开Position（位置）属性，设置Position（位置）数值为（596、-138），如图11.41所示。

图11.41 参数设置

11.1.3 制作总合成

◆操作步骤

01 执行菜单栏中的Composition（合成）| New Composition（新建合成）命令，打开Composition Settings（合成设置）对话框，设置Composition Name（合成名称）为"蒙版合成"，Width（宽）为1024，Height（高）为576，Frame Rate（帧率）为25，并设置Duration（持续时间）为00:00:03:00秒。

02 从Project（项目）面板拖动"背景.jpg、蒙版合成"素材到"蒙版合成"时间线面板中，如图11.42所示。

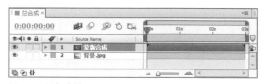

图11.42 添加素材

03 选中"蒙版合成"，选择工具栏里的Rectangle（矩形工具），在总合成窗口绘制矩形蒙版，如图11.43所示。

图11.43 绘制蒙版

04 将时间调整到00:00:00:00帧的位置，拖动蒙版上方两个锚点向下移动，直到看不到光线为止，单击码表按钮，在当前位置添加关键帧，将时间调整到00:00:01:18帧的位置，拖动蒙版上方两个锚点向上移动，系统会自动创建关键帧，如图11.44所示。

图11.44 动画效果图

05 选中"Mask1"层按F键展开Mask Feather（蒙版羽化）属性，设置Mask Feather（蒙版羽化）数值为50，如图11.45所示。

图11.45 Mask Feather（蒙版羽化）设置

06 这样就完成了"魔戒"的整体制作，按小键盘上的0键，即可在合成窗口中预览动画。

11.2 魔法火焰

◆实例分析

本例主要讲解 CC Particle World（CC 仿真粒子世界）特效、Colorama（彩光）特效的应用以及蒙版工具的使用。本例最终的动画流程效果如图 11.46 所示。

难　度：★ ★ ★ ★
工程文件：第 11 章 \ 魔法火焰
在线视频：第 11 章 \11.2 魔法火焰 .avi

图11.46 动画流程效果

◆本例知识点

1. 学习 Colorama（彩光）特效的使用
2. 学习 Curves（曲线）特效的使用
3. 学习 Lightning（闪电）特效的使用

11.2.1 制作烟火合成

◆操作步骤

01 执行菜单栏中的Composition（合成）| New Composition（新建合成）命令，打开Composition Settings（合成设置）对话框，设置Composition Name（合成名称）为"烟火"，Width（宽）为1024，Height（高）为576，

Frame Rate（帧率）为25，并设置Duration（持续时间）为00:00:05:00秒。

02 执行菜单栏中的File（文件）| Import（导入）| File（文件）命令，打开Import File（导入文件）对话框，选择配套资源中的"工程文件\第11章\魔法火焰\烟雾.jpg、背景.jpg"素材。

03 执行菜单栏中的Layer（层）|New（新建）| Solid（固态层）命令，打开Solid Settings（固态层设置）对话框，设置Name（名称）为"白色蒙版"，Width（宽度）数值为1024px，Height（高度）数值为576px，Color（颜色）值为白色。

04 选中"白色蒙版"层，选择工具栏里的Rectangle Tool（矩形工具）■，在"烟火"合成中绘制矩形蒙版，如图11.47所示。

图11.47 绘制蒙版

05 在Project（项目）面板中选择"烟雾.jpg"素材，将其拖动到"烟火"合成的时间线面板中，如图11.48所示。

图11.48 添加素材

06 选中"白色蒙版"层，设置TrackMatte（轨道蒙版）为Luma Inverted Matte（烟雾.jpg），这样单独的云雾就被提出来了，如图11.49所示，效果图如图11.50所示。

图11.49 通道设置

图11.50 效果图

11.2.2 制作中心光

◆操作步骤

01 执行菜单栏中的Composition（合成）| New Composition（新建合成）命令，打开Composition Settings（合成设置）对话框，设置Composition Name（合成名称）为"中心光"，Width（宽）为1024，Height（高）为576，Frame Rate（帧率）为25，并设置Duration（持续时间）为00:00:05:00秒。

02 执行菜单栏中的Layer（层）|New（新建）| Solid（固态层）命令，打开Solid Settings（固态层设置）对话框，设置Name（名称）为"粒子"，Width（宽度）数值为1024px，Height（高度）数值为576px，Color（颜色）值为黑色。

03 选中"粒子"层，在Effects & Presets（效果和预置）面板中展开Simulation（模拟）特效组，双击CC Particle World（CC仿真粒子世界）特效。

04 在Effect Controls（特效控制）面板中设置Birth Rate（生长速率）数值为1.5，Longevity（寿命）数值为1.5；展开Producer（发生器）选项组，设置Radius X（x轴半径）数值为0，Radius Y（y轴半径）数值为0.215，Radius Z（z轴半径）数值为0，参数设置如图11.51所示，效果图如图11.52所示。

图11.51 参数设置

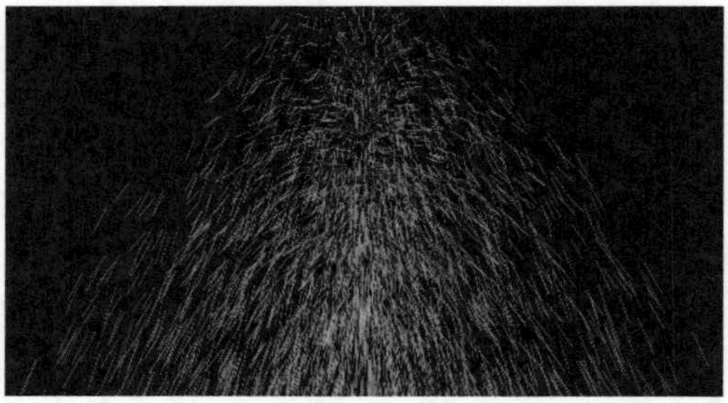

图11.52 效果图

05 展开Physics（物理学）选项组，从Animation（动画）下拉菜单中选择Twirl（扭转），设置Velocity（速度）数值为0.07，Gravity（重力）数值为-0.05，Extra（额外）数值为0，Extra Angle（额外角度）数值为180，如图11.53所示，效果图如图11.54所示。

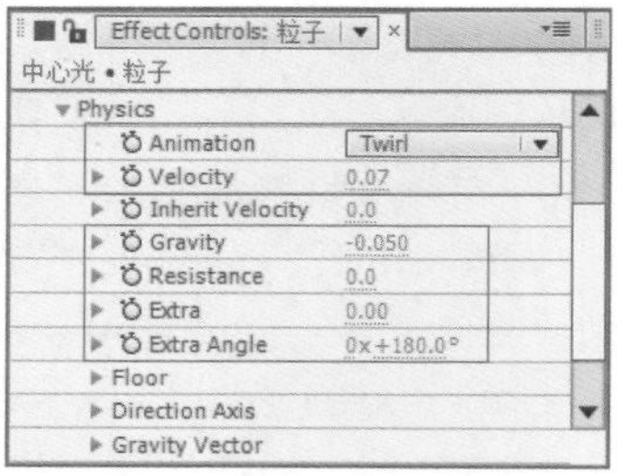

图11.53 参数设置

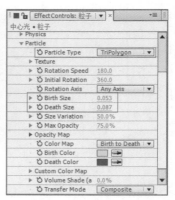

图11.54 效果图

06 展开Particle（粒子）选项组，从Particle Type（粒子类型）下拉菜单中选择Tripolygon（三角形），设置Birth Size（生长大小）数值为0.053，Death Size（消逝大小）数值为0.087，如图11.55所示，画面效果如图11.56所示。

图11.55 粒子参数设置

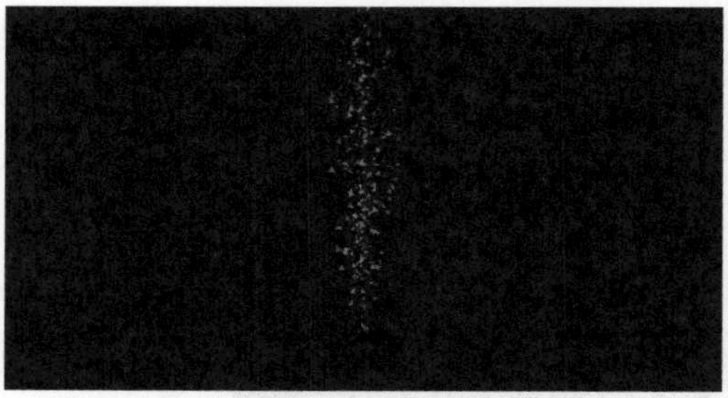

图11.56 画面效果

07 执行菜单栏中的Layer（层）|New（新建）|Solid（固态层）命令，打开Solid Settings（固态层设置）对话框，设置Name（名称）为"中心亮棒"，Width（宽度）数值为1024px，Height（高度）数值为576px，Color（颜色）值为橘黄色（R：255；G：177；B：76），如图11.57所示。

图11.57 固态层设置

08 选中"中心亮棒"层，选择工具栏里的Pen Tool（钢笔工具），绘制闭合蒙版，画面效果如图11.58所示。

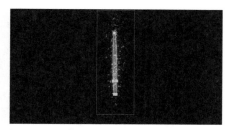

图11.58 画面效果

11.2.3 制作爆炸光

◆操作步骤

01 执行菜单栏中的Composition（合成）| New Composition（新建合成）命令，打开Composition Settings（合成设置）对话框，设置Composition Name（合成名称）为"爆炸光"，Width（宽）为1024，Height（高）为576，Frame Rate（帧率）为25，并设置Duration（持续时间）为00:00:05:00秒。

02 在Project（项目）面板中选择"背景"素材，将其拖动到"爆炸光"合成的时间线面板中，如图11.59所示。

图11.59 添加素材

03 选中"背景"层，按Ctrl+D组合键，复制出另一个"背景"层，按Enter（回车）键重新命名为"背景粒子"层，设置其Mode（模式）为Add（相加），如图11.60所示。

图11.60 复制层设置

04 选中"背景粒子"层，在Effects & Presets（效果和预置）面板中展开Simulation（模拟）特效组，双击CC Particle World（CC仿真粒子世界）特效。

05 在Effect Controls（特效控制）面板中设置Birth Rate（生长速率）数值为0.2，Longevity（寿命）数值为0.5；展开Producer（发生器）选项组，设置Position X（x轴位置）数值为-0.07，Position Y（y轴位置）数值为0.11，Radius X（x轴半径）数值为0.155，Radius Z（z轴半径）数值为0.115，如图11.61所示，效果图如图11.62所示。

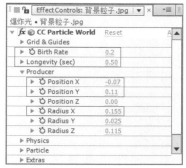

图11.61 发生器参数设置

图11.62 效果图

06 展开Physics（物理学）选项组，设置Velocity（速度）数值为0.37，Gravity（重力）数值为0.05，如图11.63所示，效果图如图11.64所示。

图11.63 物理学参数设置

图11.64 效果图

07 展开Particle（粒子）选项组，从Particle Type（粒子类型）下拉菜单中选择Lens Convex（凸透镜），设置Birth Size（生长大小）数值为0.639，Death Size（消逝大小）数值为0.694，如图11.65所示，画面效果如图11.66所示。

图11.65 粒子参数设置

图11.66 画面效果

08 选中"背景粒子"层，在Effects & Presets（效果和预置）面板中展开Color Correction（色彩校正）特效组，双击Curves（曲线）特效。

09 在Effect Controls（特效控制）面板中调整Curves（曲线）形状，如图11.67所示，效果图如图11.68所示。

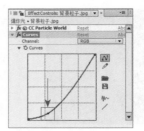

图11.67 调整曲线形状

图11.68 效果图

10 在Project（项目）面板中选择"中心光"合成，将其拖动到"爆炸光"合成的时间线面板中，如图11.69所示。

图11.69 添加合成

11 选中"中心光"合成，设置其Mode（模式）为Add（相加），如图11.70所示，此时效果图11.71所示。

图11.70 叠加模式设置

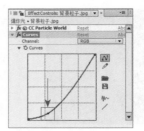

图11.71 效果图

12 因为"中心光"的位置有所偏移，所以设置Position（位置）数值为（471，288），参数设置如图11.72所示，效果图如图11.73所示。

图11.72 位置数值设置

图11.73 效果图

13 在Project（项目）面板中选择"烟火"合成，将其拖动到"爆炸光"合成的时间线面板中，如图11.74所示。

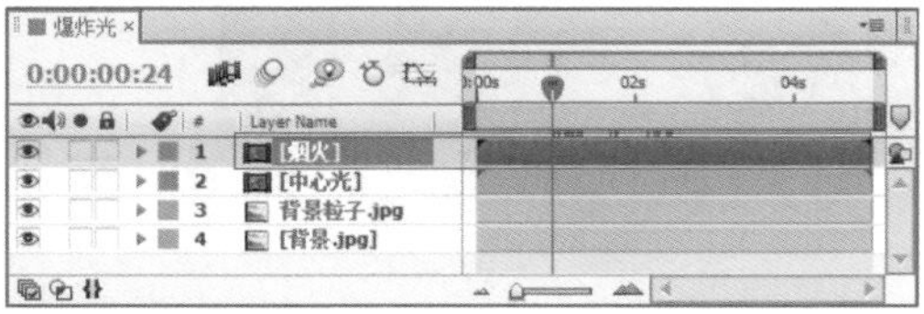

图11.74 添加合成

14 选中"烟火"合成，设置其Mode（模式）为Add（相加），如图11.75所示，此时效果图如图11.76所示。

图11.75 叠加模式设置

图11.76 效果图

15 按P键展开Position（位置）属性，设置Position（位置）数值为（464，378），如图11.77所示，效果如图11.78所示。

图11.77 位置设置

图11.78 效果图

16 选中"烟火"合成，在Effects & Presets（效果和预置）面板中展开Simulation（模拟）特效组，双击CC Particle World（CC粒子仿真世界）特效。

17 在Effect Controls（特效控制）面板中设置Birth Rate（生长速率）数值为5，Longevity（寿命）数值为0.73；展开Producer（发生器）选项组，设置Radius X（x轴半径）数值为1.055，Radius Y（y轴半径）数值为0.225，Radius Z（z轴半径）数值为0.605，如图11.79所示，效果图如图11.80所示。

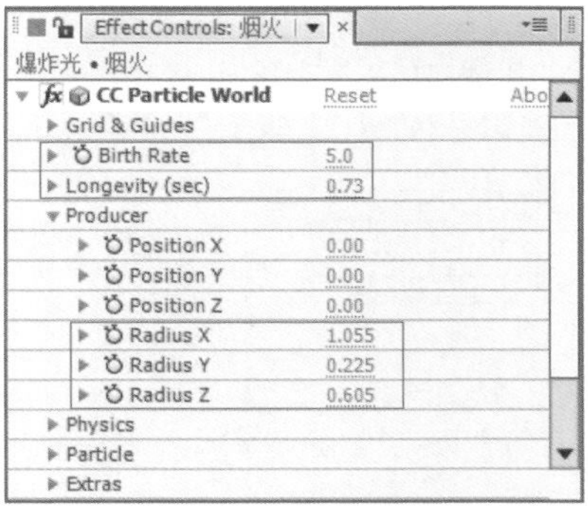

图11.79 发生器参数设置

图11.80 效果图

18 展开Physics（物理学）选项组，设置Velocity
（速度）数值为1.4，Gravity（重力）数值为
0.38，如图11.81所示，效果图如图11.82所示。

图11.81 物理学参数设置

图11.82 效果图

19 展开Particle（粒子）选项组，从Particle
Type（粒子类型）下拉菜单中选择Lens Convex
（凸透镜），设置Birth Size（生长大小）数值为
3.64，Death Size（消逝大小）数值为4.05，
Max Opacity（最大透明度）数值为51%，如图
11.83所示，画面效果如图11.84所示。

图11.83 粒子参数设置

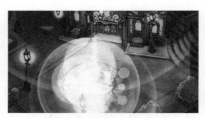

图11.84 画面效果

20 选中"烟火"合成，按S键展开Scale（缩
放）数值为（50，50），如图11.85所示，效果图
如图11.86所示。

图11.85 缩放数值设置

图11.86 效果图

21 在Effects & Presets（效果和预置）面板中展
开Color Correction（色彩校正）特效组，双击
Colorama（彩光）特效。

22 在Effect Controls（特效控制）面板中展开
Input Phase（输入相位）选项组，从Get Phase
From（获取相位自）下拉菜单中选择Alpha
（Alpha通道），如图11.87所示，效果图如图
11.88所示。

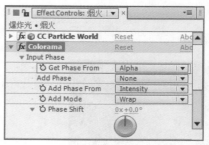

图11.87 参数设置

图11.88 效果图

23 展开Output Cycle（输出色环）选项组，从Use Preset Palette（使用预置图案）下拉菜单中选择Negative（负片），如图11.89所示，效果如图11.90所示。

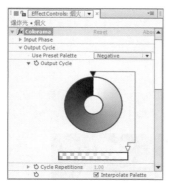

图11.89 参数设置

图11.90 效果图

24 在Effects & Presets（效果和预置）面板中展开Color Correction（色彩校正）特效组，双击Curves（曲线）特效，如图11.91所示，调整Curves形状如图11.92所示。

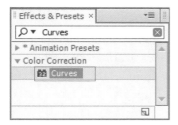

图11.91 添加曲线特效

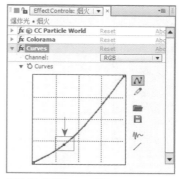

图11.92 调整Curves形状

25 在Effect Controls（特效控制）面板中，从Channel（通道）下拉菜单中选择Red（红色），调整形状如图11.93所示。

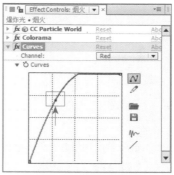

图11.93 红色调整

26 从Channel（通道）下拉菜单中选择Green（绿色），调整形状如图11.94所示。

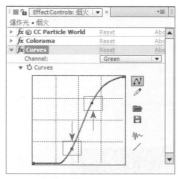

图11.94 绿色调整

27 从Channel（通道）下拉菜单中选择Blue（蓝色），调整形状如图11.95所示。

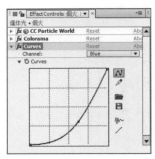

图11.95 蓝色调整

28 从Channel（通道）下拉菜单中选择Alpha（Alpha通道），调整形状如图11.96所示。

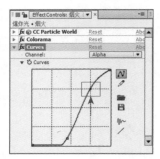

图11.96 Alpha调整

29 在Effects & Presets（效果和预置）面板中展开Blur & Sharpen（模糊与锐化）特效组，双击CC Vector Blur（CC矢量模糊）特效。

30 在Effect Controls（特效控制）面板中设置Amount（数量）数值为10，如图11.97所示，效果图如图11.98所示。

图11.97 参数设置

图11.98 效果图

31 执行菜单栏中的Layer（层）|New（新建）|Solid（固态层）命令，打开Solid Settings（固态层设置）对话框，设置Name（名称）为"红色蒙版"，Width（宽度）数值为1024px，Height（高度）数值为576px，Color（颜色）值为红色（R：255；G：0；B：0），如图11.99所示。

图11.99 固态层设置

32 选择工具栏里的Pen Tool（钢笔工具） 🖊 ，绘制一个闭合蒙版，如图11.100所示。

图11.100 绘制蒙版

33 选中"红色蒙版"层，按F键展开Mask Feather（蒙版羽化）数值为（30，30），如图11.101所示。

图11.101 蒙版羽化

34 选中"烟火"合成，设置跟Track Matte（轨道蒙版）为Alpha Matte "[红色蒙版]"，如图11.102所示。

图11.102 跟踪模式设置

35 执行菜单栏中的Layer（层）|New（新建）|Solid（固态层）命令，打开Solid Settings（固态层设置）对话框，设置Name（名称）为"粒子"，Width（宽度）数值为1024px，Height（高度）数值为576px，Color（颜色）值为黑色。

36 在Effects & Presets（效果和预置）面板中展开Simulation（模拟）特效组，双击CC Particle World（CC仿真粒子世界）特效。

37 在Effect Controls（特效控制）面板中设置Birth Rate（生长速率）数值为0.5，Longevity（寿命）数值为0.8；展开Producer（发生器）选项组，设置Position Y（y轴位置）数值为0.19，Radius X（x轴半径）数值为0.46，Radius Y（y轴半径）数值为0.325，Radius Z（z轴半径）数值为1.3，如图11.103所示，效果图如图11.104所示。

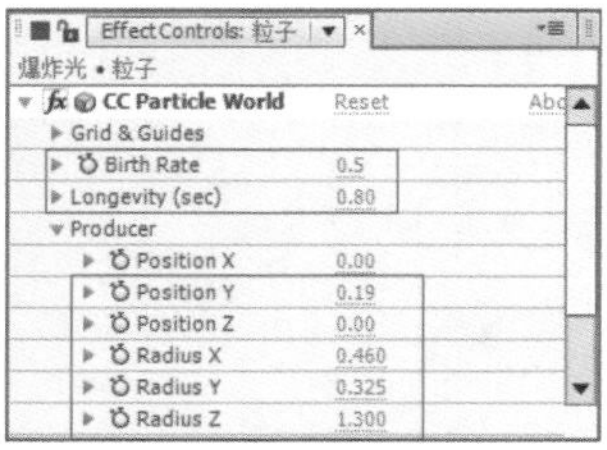

图11.103 发生器参数设置

图11.104 效果图

38 展开Physics（物理学）选项组，从Animation（动画）下拉菜单中选择Twirl（扭

转），设置Velocity（速度）数值为1，Gravity（重力）数值为-0.05，Extra Angle（额外角度）数值为1x+170，参数设置如图11.105所示，效果图如图11.106所示。

图11.105 参数设置

图11.106 效果图

39 展开Particle（粒子）选项组，从Particle Type（粒子类型）下拉菜单中选择QuadPolygon（四边形），设置Birth Size（生长大小）数值为0.153，Death Size（消逝大小）数值为0.077，Max Opacity（最大透明度）数值为75%，如图11.107所示，画面效果如图11.108所示。

图11.107 粒子参数设置

图11.108 画面效果

40 这样"爆炸光"合成就制作完成了，预览其中几帧动画，动画流程画面如图11.109所示。

图11.109 动画流程画面

11.2.4 制作总合成

◆操作步骤

01 执行菜单栏中的Composition（合成）| New Composition（新建合成）命令，打开Composition Settings（合成设置）对话框，新建一个Composition Name（合成名称）为"总合成"，Width（宽）为1024，Height（高）为576，Frame Rate（帧率）为25，Duration（持续时间）为00:00:05:00秒的合成。

02 在Project（项目）面板中选择"背景、爆炸光"合成，将其拖动到"总合成"的时间线面板中，使其"爆炸光"合成的入点在00:00:00:05帧的位置，如图11.110所示。

图11.110 添加"背景、爆炸光"素材

03 执行菜单栏中的Layer（层）|New（新建）| Solid（固态层）命令，打开Solid Settings（固态层设置）对话框，设置Name（名称）为"闪电1"，Width（宽度）数值为1024px，Height（高度）数值为576px，Color（颜色）值为黑色。

04 选中"闪电1"层，设置其Mode（模式）为Add（相加），如图11.111所示。

图11.111 叠加模式设置

05 选中"闪电1"层，在Effects & Presets（效果和预置）面板中展开Obsolete（旧版本）特效组，双击Lightning（闪电）特效。

06 在Effect Controls（特效控制）面板中设置Start Point（起始点）数值为（641，433），End Point（结束点）数值为（642，434），Segments（分段数）数值为3，Width（宽度）数值为6，Core Width（核心宽度）数值为0.32，Outside Color（外部颜色）为黄色（R: 255；G: 246；B: 7），Inside Color（内部颜色）为深黄色（R: 255；G: 228；B: 0），如图11.112所示，画面效果如图11.113所示。

图11.112 参数设置

图11.113 画面效果

07 选中"闪电1"层，将时间调整到00:00:00:00 帧的位置，设置Start Point（起始点）数值为（641，433），Segments（分段数）的值为3，单击各属性的码表按钮，在当前位置添加关键帧。

08 将时间调整到00:00:00:05帧的位置，设置Start Point（起始点）的值为（468，407），Segments（分段数）的值为6，系统会自动创建关键帧，如图11.114所示。

图11.114 设置关键帧

09 将时间调整到00:00:00:00帧的位置，按T键展开Opacity（透明度）属性，设置Opacity（透明度）数值为0，单击码表按钮，在当前位置添加关键帧；将时间调整到00:00:00:03帧的位置，设置Opacity（透明度）数值为100%，系统会自动创建关键帧；将时间调整到00:00:00:14帧的位置，设置Opacity（透明度）数值为100%；将时间调整到00:00:00:16帧的位置，设置Opacity（透明度）数值为0，如图11.115所示。

图11.115 透明度关键帧设置

10 选中"闪电1"层，按Ctrl+D组合键复制出另一个"闪电1"层，并按Enter（回车）键重命名为"闪电2"，如图11.116所示。

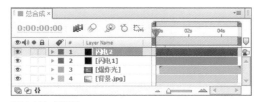

图11.116 复制层

11 在Effect Controls（特效控制）面板中设置End Point（结束点）数值为（588，443），将时间调整到00:00:00:00帧的位置，设置Start Point（起始点）数值为（584，448）；将时间调整到00:00:00:05帧的位置，设置Start Point（起始点）数值为（468，407），如图11.117所示。

图11.117 开始点关键帧设置

12 选中"闪电2"层，按Ctrl+D组合键复制出另一个"闪电2"层，并按Enter（回车）键重命名为"闪电3"，如图11.118所示。

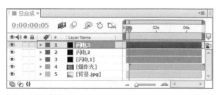

图11.118 复制层

13 在Effect Controls（特效控制）面板中设置End Point（结束点）数值为（599，461）；将时间调整到00:00:00:00帧的位置，设置Start Point（起始点）数值为（584，448）；将时间调整到00:00:00:05帧的位置，设置Start Point（起始点）数值为（459，398），如图11.119所示。

图11.119 开始点关键帧设置

14 选中"闪电3"层，按Ctrl+D组合键复制出另一个"闪电3"层，并按Enter（回车）键重命名为"闪电4"，如图11.120所示。

图11.120 复制层

15 在Effect Controls（特效控制）面板中设置End Point（结束点）数值为（593，455）；将时间调整到00:00:00:00帧的位置，设置Start Point（起始点）数值为（584，448）；将时间调整到00:00:00:05帧的位置，设置Start Point（开始点）数值为（459，398），如图11.121所示。

图11.121 开始点关键帧设置

16 选中"闪电4"层，按Ctrl+D组合键复制出另一个"闪电4"层，并按Enter（回车键）重命名为"闪电5"，如图11.122所示。

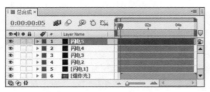

图11.122 复制层

17 在Effect Controls（特效控制）面板中设置End Point（结束点）数值为（593，455）；将时间调整到00:00:00:00帧的位置，设置Start Point（起始点）数值为（584，448）；将时间调整到00:00:00:05帧的位置，设置Start Point（起始点）数值为（466，392），如图11.123所示。

图11.123 开始点关键帧设置

18 这样"魔法火焰"的制作就完成了，按小键盘上的0键预览其中几帧的效果，动画流程画面如图11.124所示。

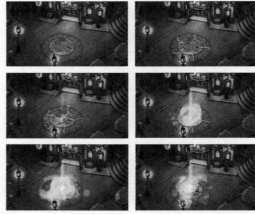

图11.124 动画流程画面

11.3 知识拓展

本章主要讲解动漫特效及场景合成特效的制作。通过两个具体的案例，详细讲解了动漫特效及场景合成的制作技巧。

11.4 拓展训练

本章通过两个课后习题，作为动漫特效及场景合成特效的制作课后练习，通过这些练习，全面掌握动漫特效及场景合成的制作方法和技巧。

训练11-1 地面爆炸

◆实例分析

本例主要讲解利用Particle（粒子）特效制作地面爆炸效果。本例最终的动画流程画面如图11.125所示。

难　度：★★★★
工程文件：第11章\地面爆炸
在线视频：第11章\训练11-1 地面爆炸 .avi

图11.125 动画流程画面

◆本例知识点

1．学习 Particle（粒子）特效的使用。
2．学习 Ramp（渐变）特效的使用。
3．学习 Time-Reverse Layer（时间倒播）特效的使用。

训练11-2 上帝之光

◆实例分析

本例主要讲解 Fractal Noise（分形噪波）特效、Bezier Warp（贝塞尔曲线变形）特效的应用以及使用，通过这些特效制作出上帝之光。本例最终的动画流程效果如图11.126所示。

难　度：★★★★
工程文件：第11章\上帝之光
在线视频：第11章\训练11-2 上帝之光 .avi

图11.126 动画流程效果

◆本例知识点

1．学习 Fractal Noise（分形噪波）特效的参数设置及使用方法
2．掌握光线的制作。

课堂笔记

第 **12** 章

商业栏目包装案例表现

在中国电视媒体走向国际化的今天，电视包装也由节目包装、栏目包装向整体包装发展，包装已成为电视频道参与竞争、增加收益、提高收视率的有力武器。本章以几个实例讲解与电视包装相关的制作过程。通过本章的学习，让读者不仅可以看到成品的商业栏目包装，而且可以学习到其中的制作方法和技巧。

教学目标

电视特效表现的处理
电视频道包装的处理手法
电视栏目包装的处理方法

◆实例分析

　　本例首先为台标花瓣制作动画，然后通过Null Object（空物体）进行绑定处理，将所有花瓣动画和谐统一起来，然后通过图层蒙版为文字制作渐显效果，并添加光效，完成电视台标艺术表现效果。完成的动画流程效果如图12.1所示。

难　度：★ ★ ★ ★	
工程文件：第 12 章 \ 电视台标艺术表现	
在线视频：第 12 章 \12.1 电视特效表现——电视台标艺术表现 .avi	

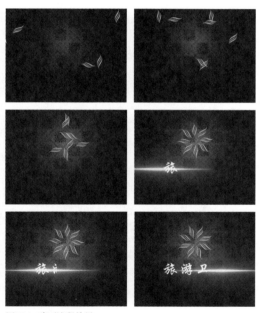

图12.1 动画流程效果

◆本例知识点

1．学习 Anchor Point（定位点）的处理。
2．学习基本位移动画的制作。
3．掌握 Null Object（空物体）捆定的设置。
4．掌握矩形蒙版制作文字渐显动画的方法。

12.1.1 导入素材

◆操作步骤

01 执行菜单栏中的File（文件）| Import（导入）| File（文件）命令，打开Import File（导入文件）对话框，选择配套资源中的"工程文件\第12章\电视台标艺术表现\Logo.psd"素材。

02 单击"打开"按钮，打开"Logo.psd"对话框，在Import Kind（导入类型）的下拉列表中选择Composition（合成）选项，将素材以合成的方式导入。

03 执行菜单栏中的File（文件）| Import（导入）| File（文件）命令，打开Import File（导入文件）对话框，选择配套资源中的"工程文件\第12章\电视台标艺术表现\光线.jpg"素材，单击"打开"按钮，"光线.jpg"将导入到Project（项目）面板中。

12.1.2 制作花瓣旋转动画

◆操作步骤

01 打开"Logo"合成的时间线面板，按Ctrl + K组合键，打开Composition Settings（合成设置）对话框，设置Duration（持续时间）为00:00:03:00秒。

> **提示**
>
> 单击时间线面板右上角的 ▼≡ 按钮，也可打开 Composition Settings（合成设置）对话框。

02 在时间线面板中，选择"花瓣""花瓣 副本""花瓣 副本2""花瓣 副本3""花瓣 副本4""花瓣 副本5""花瓣 副本6""花瓣 副本7"8个素材层，按A键，打开所选层的Anchor Point（定位点）选项，设置Anchor Point（定位点）的值为（360，188），如图12.2所示。此时的画面效果如图12.3所示。

图12.2 设置值

图12.3 画面效果

03 按P键，打开所选层的Position（位置）选项，设置Position（位置）的值为（360，188），如图12.4所示。画面效果如图12.5所示。

图12.4 设置位置参数

图12.5 画面效果

04 将时间调整到00：00：01：00帧的位置，单击Position（位置）左侧的码表 ⏱ 按钮，在当前位置设置关键帧，如图12.6所示。

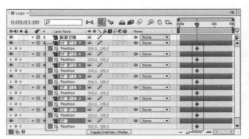

图12.6 在00：00：01：00帧的位置设置关键帧

05 将时间调整到00：00：00：00帧的位置，在时间线面板的空白处单击，取消选择。然后分别修改"花瓣"层Position（位置）的值为（-413，397），"花瓣 副本"层Position（位置）的值为（432，-317），"花瓣副本2"层Position（位置）的值为（-306，16），"花瓣 副本3"层Position（位置）的值为（-150，863），"花瓣 副本4"层Position（位置）的值为（607，910），"花瓣副本5"层Position（位置）的值为（58，-443），"花瓣 副本6"层Position（位置）的值为（457，945），"花瓣 副本7"层Position（位置）的值为（660，-32），参数设置如图12.7所示。

图12.7 修改Position（位置）的值

提示

本步骤采用倒着设置关键帧的方法制作动画。这样制作是为了在00：00：00：00帧的位置，读者也可以根据自己的需要随便调节图像的位置，制作出另一种风格的汇聚效果。

06 执行菜单栏中的Layer（层）| New（新建）| Null Object（空物体）命令，在时间线面板中将会创建一个"Null 1"层，按A键，打开该层的Anchor Point（定位点）选项，设置Anchor Point（定位点）的值为（50，50），如图12.8所示。画

面效果如图12.9所示。

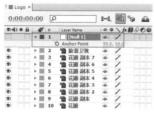

图12.8 设置参数

图12.9 画面效果

提示

默认情况下，Null Object（空物体）的定位点在左上角，如果需要其围绕中心点旋转，必须调整定位点的位置。

07 按P键，打开该层的Position（位置）选项，设置Position（位置）的值为（360，188），如图12.10所示。此时空物体的位置如图12.11所示。

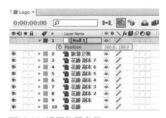

图12.10 设置位置参数

图12.11 空物体的位置

08 选择"花瓣""花瓣 副本""花瓣 副本2""花瓣 副本3""花瓣 副本4""花瓣 副本5""花瓣 副本6""花瓣 副本7"8个素材层，在所选层右侧的Parent（父级）属性栏中选择"1.Null 1"选项，建立父子关系。选择"Null 1"层，按R键，打开该层的Rotation（旋转）选项，将时间调整到00:00:00:00帧的位置，单击Rotation（旋转）左侧的码表按钮，在当前位置设置关键帧，如图12.12所示。

图12.12 在00:00:00:00帧设置关键帧

提示

建立父子关系后，为"Null 1"层调整参数，设置关键帧，可以带动子物体层一起运动。

09 将时间调整到00:00:02:00帧的位置，设置Rotation（旋转）的值为1x +0.0，并将"Null 1"层隐藏，如图12.13所示。

图12.13 设置Rotation（旋转）的值为1x +0.0

12.1.3 制作Logo定版

◆操作步骤

01 在Project（项目）面板中选择"光线.jpg"素材，将其拖动到时间线面板中"旅游卫视"的上一层，并修改"光线.jpg"层的Mode（模式）为Add（相加），如图12.14所示。此时的画面效果如图12.15所示。

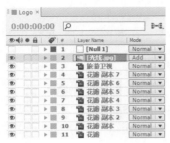

图12.14 添加素材

图12.15 画面效果

提示

在图层背景是黑色的前提下修改图层的 Mode（模式），可以将黑色背景滤去，只留下图层中的图像。

02 按S键，打开该层的Scale（缩放）选项，单击Scale（缩放）右侧的Constrain Proportions（约束比例）按钮，取消约束，并设置Scale（缩放）的值为（100，50），如图12.16所示。

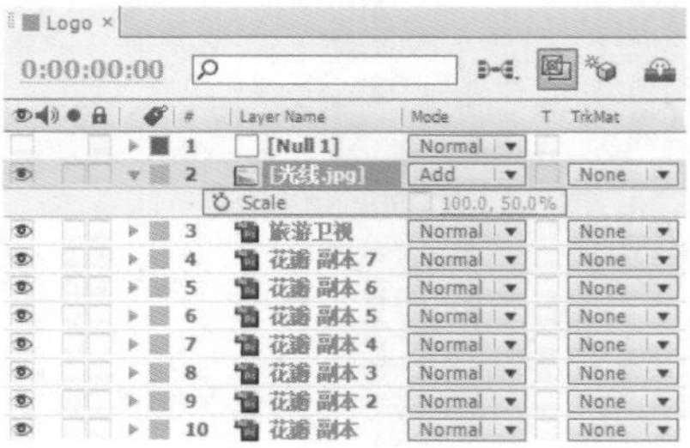

图12.16 设置Scale的值为（100，50）

03 将时间调整到00:00:01:00帧的位置，按P键，打开该层的Position（位置）选项，单击Position（位置）左侧的码表按钮，在当前位置设置关键帧，并设置Position（位置）的值为（−421，366），如图12.17所示。

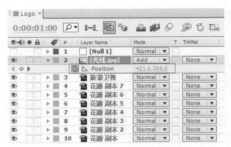

图12.17 设置Position的值为（−421，366）

04 将时间调整到00:00:01:16帧的位置，设置Position（位置）的值为（1057，366），如图12.18所示。拖动时间滑块，其中一帧的画面效果如图12.19所示。

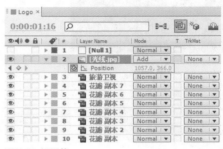

图12.18 设置值

图12.19 画面效果

05 选择"旅游卫视"层，单击工具栏中的Rectangle（矩形工具）按钮，在合成窗口中绘制一个蒙版，如图12.20所示。将时间调整到00:00:01:13帧的位置，按M键，打开"旅游卫视"层的Mask Path（蒙版路径）选项，单击Mask Path（蒙版路径）左侧的码表按钮，在当前位置设置关键帧，如图12.21所示。

图12.20 绘制蒙版

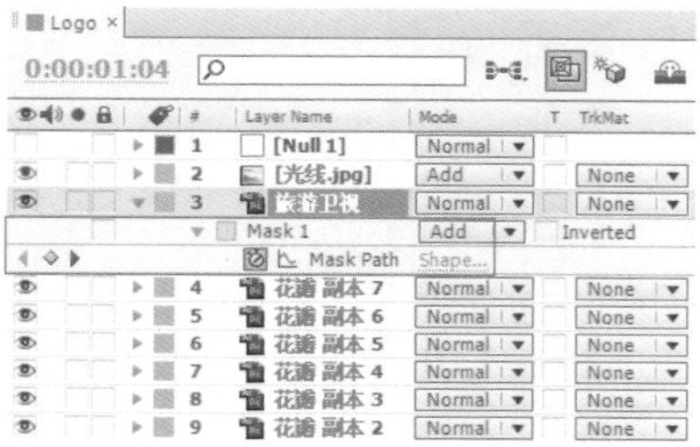

图12.22 修改形状

图12.21 设置关键帧

06 将时间调整到00:00:01:04帧的位置，修改Mask Path（蒙版路径）的形状，如图12.22所示。拖动时间滑块，其中一帧的画面效果如图12.23所示。

图12.23 画面效果

提示

修改矩形蒙版的形状时，可以使用Selection Tool（选择工具）在蒙版的边框上双击，使其出现选框，然后拖动选框的控制点，修改矩形蒙版的形状。

07 这样就完成了电视台标艺术表现的整体制作，按小键盘上的0键，在合成窗口中预览动画。

12.2 电视频道包装——财富生活频道

◆实例分析

本例主要讲解财富生活频道栏目包装的制作。首先通过Ramp（渐变）特效制作渐变背景，然后创建固态层并利用Card Wipe（卡片擦除）特效制作动态翻转条，并通过（星光）特效添加光斑效果，最后输入文字，并通过Card Wipe（卡片擦除）特效添加翻转文字动画，完成财富生活频道效果的制作。完成的动画流程画面如图12.24所示。

难　度：★★★★
工程文件：第12章 \ 财富生活频道
在线视频 第12章\12.2 电视频道包装——财富生活频道.avi

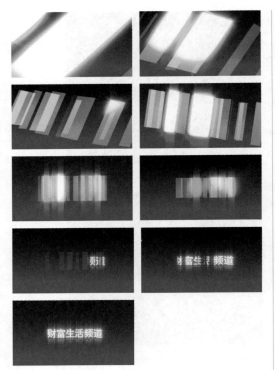

图12.24 动画流程画面

◆本例知识点

1. 学习渐变背景的处理。
2. 学习条状翻转效果的处理。
3. 掌握星光的添加方法。
4. 掌握翻转文字的效果制作。

12.2.1 制作背景

◆操作步骤

01 执行菜单栏中的Composition（合成）|New Composition（新建合成）命令，打开Composition Settings（合成设置）对话框，设置Composition Name（合成名称）为"财富生活频道"，Width（宽）为720，Height（高）为405，Frame Rate（帧率）为25，并设置Duration（持续时间）为00:00:05:00秒。

02 按Ctrl+Y组合键，打开Solid Settings（固态层设置）对话框，设置固态层Name（名称）为"背景"，Color（颜色）为黑色。

03 选择"背景"层，在Effects & Presets（特效）面板中展开Generate（创造）特效组，双击Ramp（渐变）特效。

04 选择"背景"层，在Effect Controls（特效控制）面板中修改Ramp（渐变）特效参数，设置Ramp Shape（渐变类型）为Linear Ramp（线性渐变），Start of Ramp（渐变开始）的值为（362，328），Start Color（起始颜色）为红色（R：200，G：0，B：0），End of Ramp（渐变结束）的值为（366，5），End Color（结束颜色）为黑色，如图12.25所示。

图12.25 设置Ramp（渐变）特效参数值

12.2.2 制作光条动画

◆操作步骤

01 在时间线面板中按Ctrl+Y组合键，打开Solid Settings（固态层设置）对话框，设置固态层Name（名称）为"黄条"，Color（颜色）为黄色（R：204，G：140，B：0）。

02 选择"黄条"层，在Effects & Presets（特效）面板中展开Transition（切换）特效组，双击Card Wipe（卡片擦除）特效。

03 在Effect Controls（特效控制）面板中修改Card Wipe（卡片擦除）特效参数，从Back Layer（背面层）右侧的下拉列表框中选择"黄条"选项，设置Rows（行）的值为1，Columns（列）的值为10，Card Scale（卡片缩放）的值为0.8，从Flip Axis（翻转轴）右侧的下拉列表框中选择Y选项，具体参数如图12.26所示。

图12.26 Card Wipe（卡片擦除）特效参数

04 展开Lighting（灯光）选项组，从Light Type（灯光类型）右侧的下拉列表框中选择Point Source（点光），设置Light Intensity（灯光亮度）的值为2，Light Color（灯光颜色）为白色，Light Position（灯光位置）的值为（360，-70），Ambient Light（灯光中心点）的值为0.2，如图12.27所示。

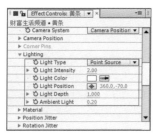

图12.27 设置Lighting（灯光）选项组中的参数值

05 选择"黄条"层，在Effects & Presets（特效）面板中展开Trapcode特效组，双击Starglow（星光）特效。

06 在Effect Controls（特效控制）面板中修改Starglow（星光）特效参数，设置Streak Length（星光长度）的值为18，如图12.28所示。

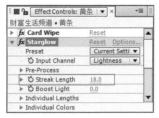

图12.28 设置Starglow（星光）特效的参数值

07 调整时间到00:00:00:00帧的位置，在Effects & Presets（特效）面板中修改Card Wipe（卡片翻转）特效参数，设置Transition Completion（转换程度）的值为0，并单击Transition Completion（转换程度）左侧的码表按钮，在此位置设置关键帧；展开Camera Position（摄像机位置）选项组，设置Y Rotation（y轴旋转）的值为-30，Z Rotation（z轴旋转）的值为-60，Z Position（z轴位移）的值为-2，并分别单击Y Rotation（y轴旋转）、Z Rotation（z轴旋转）、Z Position（z轴位移）左侧的码表按钮，在此位置设置关键

帧；展开Position Jitter（位置抖动）选项组，设置X Jitter Amount（x轴位置抖动）的值为5，Z Jitter Amount（z轴位置抖动）的值为25，并分别单击X Jitter Amount（x轴位置抖动）、Z Jitter Amount（z轴位置抖动）左侧的码表按钮，在此位置设置关键帧，如图12.29所示。

图12.29 添加关键帧

08 将时间调整到00:00:02:00帧的位置，设置Transition Completion（转换程度）的值为100%、Y Rotation（y轴旋转）的值为0、Z Rotation（z轴旋转）的值为0、Z Position（z轴位移）的值为6、X Jitter Amount（x轴位置抖动）的值为0、Z Jitter Amount（z轴位置抖动）的值为0，系统自动记录关键帧，如图12.30所示。

图12.30 添加关键帧

09 选择"黄条"层，调整时间到00:00:02:00帧的位置，展开Transform（转换）选项，设置Opacity（不透明度）的值为100%，单击Opacity（不透明度）左侧的码表按钮，在此位置设置关键帧，如图12.31所示。

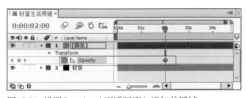

图12.31 设置Opacity（不透明度）添加关键帧

10 将调整时间到00:00:03:00帧位置，修改Opacity（不透明度）的值为0，系统自动记录关键帧，如图12.32所示。

图12.32 设置Opacity（不透明度）添加关键帧

11 选择"黄条"层，按Ctrl+D组合键，复制出"黄条2"，按Ctrl+Shift+Y组合键，打开Solid Settings（固态层设置）对话框，设置固态层Name（名称）为"绿条"，Color（颜色）为绿色（R: 119，G: 205，B: 0）。

12 选择"绿条"层，在Effect Controls（特效控制）面板中修改Card Wipe（卡片擦除）特效参数，设置Columns（列）的值为5，如图12.33所示。

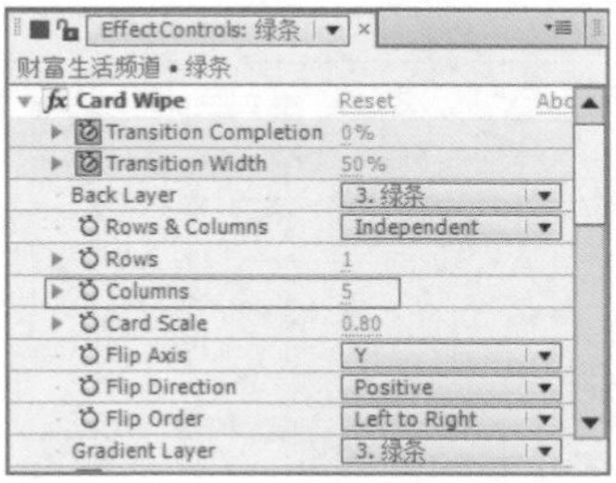

图12.33 设置Columns（列）参数值

13 在时间线面板中选择"绿条"层和"黄条"层，单击时间线面板左下角的 按钮，打开层混合模式属性，单击右侧的 Normal ▼ 按钮，从弹出的下拉菜单中选择Add（相加）模式，如图12.34所示。

图12.34 层混合模式的设置

14 拖动时间针，在合成窗口中观看动画。其中两帧的画面效果如图12.35所示。

 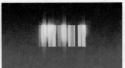

图12.35 其中两帧的画面效果

12.2.3 制作文字动画

◆操作步骤

01 执行菜单栏中的Layer（层）|New（新建）|Text（文本）命令，新建文字层，此时Composition（合成）窗口中将出现一个闪动的光标效果，时间线面板中将出现一个文字层，然后输入"财富生活频道"，设置字体为文鼎CS大黑，字体大小为60，文字颜色为白色。

02 选择文字层，在Effects & Presets（特效）面板中展开Transition（切换）特效组，双击Card Wipe（卡片擦除）特效。

03 选择文字层，在Effect Controls（特效控制）面板中修改Card Wipe（卡片擦除）特效参数，设置Rows（行）的值为1，Columns（列）的值为30，Card Scale（卡片缩放）的值为1，从Flip Axis（翻转轴）右侧的下拉列表框中选择Y选项，具体参数如图12.36所示。

图12.36 Card Wipe（卡片擦除）特效参数

04 选择文字层，在Effects & Presets（特效）面板中展开Trapcode特效组，双击Starglow特效。

05 在Effect Controls（特效控制）面板中修改Starglow特效参数，设置Streak Length的值为12，如图12.37所示。

图12.37 设置Starglow特效的参数值

06 调整时间到00:00:02:00帧的位置,选择文字层,按Alt+[组合键,为文字层设置入点,如图12.38所示。

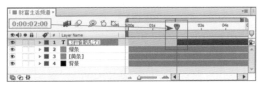

图12.38 为文字层设置入点

07 选择文字层,调整时间到00:00:02:00帧的位置,在Effects & Presets(特效)面板中修改Card Wipe(卡片翻转)特效参数,设置Transition Completion(转换程度)的值为100%,并单击Transition Completion(转换程度)左侧的码表按钮,在此位置设置关键帧,如图12.39所示。

图12.39 添加关键帧

08 将调整时间到00:00:03:12帧位置,修改Transition Completion(转换程度)的值为0,系统自动记录关键帧,如图12.40所示。

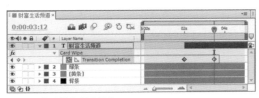

图12.40 修改转换程度的值

09 选择文字层,按Ctrl+D组合键,复制出文字层,重命名为"文字倒影",展开Transform(转换)选项,取消缩放比例,设置Position(位置)的值为(190,244)、Scale(缩放)的值为(100,-100%)、Opacity(不透明度)的值为50%,如图12.41所示。

图12.41 设置转换选项中的参数值

10 选择"文字倒影"层,单击工具栏中的Rectangle Tool(矩形工具)按钮,选择矩形工具,在"文字倒影"层绘制一个矩形蒙版,如图12.42所示。

图12.42 绘制矩形蒙版

11 在时间线面板中展开"文字倒影"层下的Masks(蒙版)选项组,选中Inverted(反选)复选框,设置Mask Feather(蒙版羽化)的值为(33,33),如图12.43所示。

图12.43 蒙版羽化

12 这样就完成了财富生活频道的整体制作,按小键盘的0键,在合成窗口预览动画。

◆实例分析

本例主要讲解利用三维层属性以及 Null Object（捆绑层）命令制作节目导视动画的方法。本例最终的动画流程效果如图12.44所示。

难　度：★★★★★
工程文件：第12章\节目导视
在线视频：第12章\12.3 电视栏目包装——节目导视 .avi

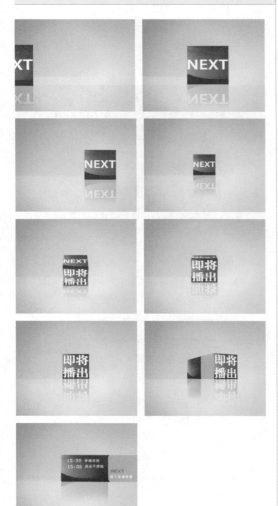

图12.44 动画流程效果

◆知识点

1．三维层的使用。
2．Pan Behind Tool（轴心点工具）■ 的使用。
3．Rectangle Tool（矩形工具）■的使用。
4．Parent（父子链接）属性的使用。
5．文字的输入与修改。

12.3.1 制作方块合成

◆操作步骤

01 执行菜单栏中的Composition（合成）| New Composition（新建合成）命令，打开Composition Settings（合成设置）对话框，设置Composition Name（合成名称）为"方块"，Width（宽）为720，Height（高）为576，Frame Rate（帧率）为25，并设置Duration（持续时间）为00:00:06:00秒。

02 执行菜单栏中的File（文件）| Import（导入）| File（文件）命令，打开Import File（导入文件）对话框，选择配套资源中的"工程文件\第12章\节目导视\背景.bmp、红色Next.png、红色即将播出.png、长条.png"素材。

03 打开"方块"合成，在Project（项目）面板中选择"红色Next.png"素材，将其拖动到"方块"合成的时间线面板中，打开三维层● 按钮，如图12.45所示。

图12.45 添加素材打开三维开关

04 选中"红色Next"层，选择工具栏上的Pan Behind Tool（轴心点工具）■，按住Shift键向上拖动，直到图像的边缘为止，移动前的效果如图12.46所示，移动后的效果如图12.47所示。

图12.46 移动前的效果

图12.47 移动后的效果

05 按S键展开Scale（缩放）属性，设置Scale（缩放）数值为（111，111，111），如图12.48所示。

图12.48 Scale（缩放）参数设置

06 按P键展开Position（位置）属性，将时间调整到00:00:00:00帧的位置，设置Position（位置）数值为（47、184、-172），单击码表 👌 按钮，在当前位置添加关键帧，将时间调整到00:00:00:07帧的位置，设置Position（位置）数值为（498、184、-43），系统会自动创建关键帧，将时间调整到00:00:00:14帧的位置，设置Position（位置）数值为（357、184、632），将时间调整到00:00:01:04帧的位置，设置Position（位置）数值为（357、184、556），将时间调整到00:00:02:18帧的位置，设置Position（位置）数值为（357、184、556），将时间调整到00:00:03:07帧的位置，设置Position（位置）数值为（626、184、335），如图12.49所示。

图12.49 Position（位置）关键帧设置

07 按R键展开Rotation（旋转）属性，将时间调整到00:00:01:04帧的位置，设置X Rotation（x轴旋转）数值为0，单击码表 👌 按钮，在当前位置添加关键帧，将时间调整到00:00:01:11帧的位置，设置X Rotation（x轴旋转）数值为-90，系统会自动创建关键帧，如图12.50所示。

图12.50 x轴旋转关键帧设置

08 将时间调整到00:00:02:18帧的位置，设置Z Rotation（z轴旋转）数值为0，单击码表 👌 按钮，在当前位置添加关键帧，将时间调整到00:00:03:07帧的位置，设置Z Rotation（z轴旋转）数值为-90，如图12.51所示。

图12.51 z轴旋转关键帧设置

09 选中"红色Next"层，将时间调整到00:00:01:11帧的位置，按Alt+]组合键，切断后面的素材，如图12.52所示。

图12.52 层出点设置

10 在Project（项目）面板中选择"红色即将播出.png"素材，将其拖动到"方块"合成的时间线面板中，打开三维层 🧊 按钮，如图12.53所示。

图12.53 添加素材

11 选中"红色即将播出.png"层，将时间调整到00:00:01:04帧的位置，按Alt+[组合键，将素材的入点剪切到当前帧的位置，将时间调整到00:00:03:06帧的位置，按Alt+]组合键，将素材的出点剪切到当前帧的位置，如图12.54所示。

图12.54 层设置

12 按R键展开Rotation（旋转）属性，设置X Rotation（x轴旋转）数值为90，如图12.55所示。

图12.55 X Rotation（x轴旋转）参数设置

13 选中"红色即将播出"层，选择工具栏上的Pan Behind Tool（轴心点工具）■，按住Shift键向上拖动，直到图像的边缘为止。移动前的效果如图12.56所示。移动后的效果如图12.57所示。

图12.56 移动前的效果　　图12.57 移动后的效果

14 展开Parent（父子链接）属性，将"红色即将播出"层设置为"红色Next"层的子层，如图12.58所示。

图12.58 Parent（父子链接）设置

15 选中"红色即将播出"层，按P键展开Position（位置）属性，设置Position（位置）数值为（96、121、89），设置Scale（缩放）数值为（100，100，100），如图12.59所示，效果图如图12.60所示。

图12.59 参数设置

图12.60 效果图

16 在Project（项目）面板中选择"长条.png"素材，将其拖动到"方块"合成的时间线面板中，打开三维层●按钮，如图12.61所示。

图12.61 添加素材

17 选中"长条.png"层，将时间调整到00:00:02:18帧的位置，按Alt+[组合键，切断前面的素材，如图12.62所示。

图12.62 层设置

18 选中"长条"层，选择工具栏上的Pan Behind Tool（轴心点工具）■，按住Shift键向右拖动，直到图像的边缘为止，移动前的效果如图12.63所示。移动后的效果如图12.64所示。

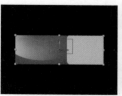

图12.63 移动前的效果　　图12.64 移动后的效果

19 展开Parent（父子链接）属性，将"长条"层设置为"红色Next"层的子层，如图12.65所示。

图12.65 Parent（父子链接）设置

20 按R键展开Rotation（旋转）属性，设置Y Rotation（y轴旋转）数值为90，如图12.66所示，效果图如图12.67所示。

图12.66 Y Rotation（y轴旋转）参数设置

图12.67 效果图

21 按P键展开Position（位置）属性，设置Position（位置）数值为（3、186、89），Scale（缩放）数值为（97，97，97），如图12.68所示，效果图如图12.69所示。

图12.68 Position（位置）参数设置

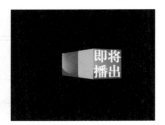

图12.69 效果图

22 在Project（项目）面板中再次选择"红色即将播出.png"素材，将其拖动到"方块"合成的时间线面板中，打开三维层 ⬢ 按钮，如图12.70所示。

图12.70 添加素材

23 选中"红色即将播出.png"层，将时间调整到00:00:03:07帧的位置，按Alt+[组合键，切断前面的素材，如图12.71所示。

图12.71 层设置

24 选中"红色即将播出"层，选择工具栏上的Pan Behind Tool（轴心点工具）🔧，按住Shift键向左拖动，直到图像的边缘为止。移动前的效果如图12.72所示。移动后的效果如图12.73所示。

图12.72 移动前的效果

图12.73 移动后的效果

25 按R键展开Rotation（旋转）属性，设置Y Rotation（y轴旋转）数值为-90，如图12.74所示。

图12.74 Y Rotation（y轴旋转）参数设置

26 展开Parent（父子链接）属性，将"红色即将播出"层设置为"红色Next"层的子层，如图12.75所示。

图12.75 Parent（父子链接）设置

27 按P键展开Position（位置）属性，设置Position（位置）数值为（3、185、89），Scale（缩放）数值为（100，100，100），如图12.76所示，效果图如图12.77所示。

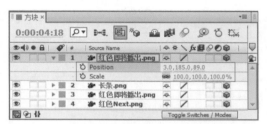

图12.76 Position（位置）参数设置

图12.77 效果图

28 这样"方块"合成的制作就完成了，预览其中几帧效果，画面流程图如图12.78所示。

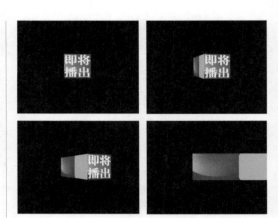

图12.78 动画流程图

12.3.2 制作文字合成

◆操作步骤

01 执行菜单栏中的Composition（合成）| New Composition（新建合成）命令，打开Composition Settings（合成设置）对话框，设置Composition Name（合成名称）为"文字"，Width（宽）为720，Height（高）为576，Frame Rate（帧率）为25，并设置Duration（持续时间）为00:00:06:00秒。

02 为了操作方便，复制"方块"合成中的"长条"层，粘贴到"文字"合成时间线面板中，此时"长条"层的位置并没有发生变化，画面效果如图12.79所示。

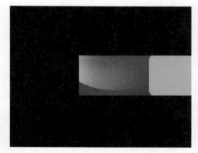

图12.79 画面效果

提示

在AE制作过程中是可以使用Ctrl+C、Ctrl+X、Ctrl+V组合键进行复制层、剪切层、粘贴层操作的。

03 执行菜单栏中的Layer（图层）|New（新建）|Text（文字）命令，在合成窗口中输入"12：20"，选择Window（窗口）|Character（字符）命令，在弹出的字符面板中设置字体为"DFHei-Md-80-Win-GB"，字号为35px，字体颜色为白色，其他参数如图12.80所示。

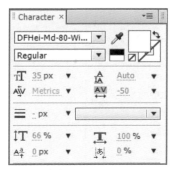

图12.80 字体设置

04 选中"12：20"文字层，按P键展开Position（位置）属性，设置Position（位置）数值为（302、239），效果图如图12.81所示。

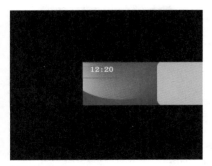

图12.81 效果图

05 执行菜单栏中的Layer（图层）|New（新建）|Text（文字）命令，在合成窗口中输入"15：35"，选择Window（窗口）|Character（字符）命令，在弹出的字符面板中设置字体为"DFHei-Md-80-Win-GB"，字号为35px，字体颜色为白色，其他参数如图12.82所示。

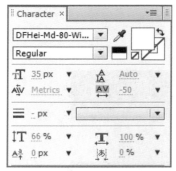

图12.82 "15：35"字体设置

06 选中"15：35"文字层，按P键展开Position（位置）属性，设置Position（位置）数值为（305、276），效果图如图12.83所示。

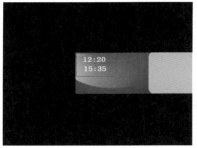

图12.83 效果图

07 执行菜单栏中的Layer（图层）|New（新建）|Text（文字）命令，在合成窗口中输入"非诚勿扰"，选择Window（窗口）|Character（字符）命令，在弹出的字符面板中设置字体为"FangSong_GB2312"，字号为32px，字体颜色为白色，其他参数如图12.84所示。

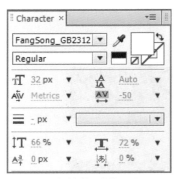

图12.84 "非诚勿扰"字体设置

08 选中"非诚勿扰"文字层，按P键展开Position（位置）属性，设置Position（位置）数值为（405、238），效果图如图12.85所示。

图12.85 效果图

09 执行菜单栏中的Layer（图层）|New（新建）|Text（文字）命令，在合成窗口中输入"成长不烦恼"，选择Window（窗口）|Character（字符）命令，在弹出的字符面板中设置字体为"FangSong_GB2312"，字号为32px，字体颜色为白色，其他参数如图12.86所示。

图12.86 "成长不烦恼"字体设置

10 选中"成长不烦恼"文字层，按P键展开Position（位置）属性，设置Position（位置）数值为（407、273），效果图如图12.87所示。

图12.87 效果图

11 执行菜单栏中的Layer（图层）|New（新建）|Text（文字）命令，在合成窗口中输入"接下来请收看"，选择Window（窗口）|Character（字符）命令，在弹出的字符面板中设置字体为"FangSong_GB2312"，字号为32px，字体颜色为白色，其他参数如图12.88所示。

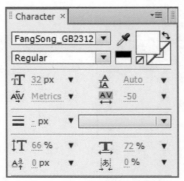

图12.88 "接下来请收看"字体设置

12 选中"接下来请收看"文字层，按P键展开Position（位置）属性，设置Position（位置）数值为（556、336），效果图如图12.89所示。

图12.89 效果图

13 执行菜单栏中的Layer（图层）|New（新建）|Text（文字）命令，在合成窗口中输入"NEXT"，选择Window（窗口）|Character（字符）命令，在弹出的字符面板中设置字体为"HYCuHeiF"，字号为38px，字体颜色为灰色（R：152、G：152、B：152），其他参数如图12.90所示。

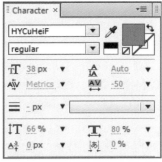

图12.90 "NEXT"层字体设置

14 选中"NEXT"文字层,按P键展开Position(位置)属性,设置Position(位置)数值为(561、303),效果图如图12.91所示。

图12.91 效果图

15 选中"长条"层,按Delete键删除层,如图12.92所示,效果图如图12.93所示。

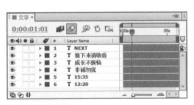

图12.92 层设置

图12.93 效果图

12.3.3 制作节目导视合成

◆操作步骤

01 执行菜单栏中的Composition(合成)| New Composition(新建合成)命令,打开Composition Settings(合成设置)对话框,新建一个Composition Name(合成名称)为"节目导视",Width(宽)为720,Height(高)为576,Frame Rate(帧率)为25,Duration(持续时间)为00:00:06:00秒的合成。

02 打开"节目导视"合成,在Project(项目)面板中选择"背景"合成,将其拖动到"节目导视"合成的时间线面板中,如图12.94所示。

图12.94 添加素材

03 选中"背景"层,按P键展开Position(位置)属性,设置Position(位置)数值为(358、320),按S键展开Scale(缩放)属性,取消链接 按钮,设置Scale(缩放)数值为(100、115),如图12.95所示。

图12.95 参数设置

04 执行菜单栏中的Layer(图层)|New(新建)|Camera(摄像机)命令,打开Camera Settings(固态层设置)对话框,设置Name(名称)为Camera1,如图12.96所示。

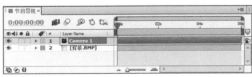

图12.96 层设置

05 选中Camera层，按P键展开Position（位置）属性，设置Position（位置）数值为（360、288、-854），参数设置如图12.97所示。

图12.97 Position（位置）参数设置

06 在Project（项目）面板中选择"方块"合成，将其拖动到"节目导视"合成的时间线面板中，如图12.98所示。

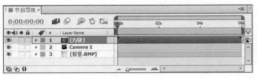

图12.98 添加层

07 再次选择Project（项目）面板中的"方块"合成，将其拖动到"节目导视"合成的时间线面板中，重命名为"倒影"，如图12.99所示。

图12.99 倒影层

08 选中"倒影"层，按S键展开Scale（缩放）属性，取消链接 按钮，设置Scale（缩放）数值为（100、-100），参数设置如图12.100所示。

图12.100 参数设置

09 选中"倒影"层，按P键展开Position（位置）属性，将时间调整到00:00:00:00帧的位置，设置Position（位置）数值为（360、545），单击码表 按钮，在当前位置添加关键帧，将时间调整到00:00:00:07帧的位置，设置Position（位置）数值为（360、509），系统会自动创建关键帧，将时间调整到00:00:00:11帧的位置，设置Position（位置）数值为（360、434），将时间调整到00:00:00:14帧的位置，设置Position（位置）数值为（360、417），如图12.101所示。

图12.101 Position（位置）关键帧设置

10 按T键展开Opacity（透明度）属性，设置Opacity（透明度）数值为20%，如图12.102所示。

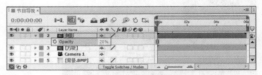

图12.102 Opacity（透明度）关键帧设置

11 选择工具栏中的Rectangle Tool（矩形工具），在"节目导视"合成窗口中绘制遮罩，如图12.103所示。

图12.103 绘制遮罩

12 选中Mask1层，按F键，打开"倒影"层的Mask Feather（遮罩羽化）选项，设置Mask Feather（遮罩羽化）的值为（67，67），此时的画面效果如图12.104所示。

图12.104 画面效果

13 在Project（项目）面板中选择"文字"合成，将其拖动到"节目导视"合成的时间线面板中，将其入点放在00:00:03:07帧的位置，如图12.105所示。

图12.105 添加素材

14 选中"文字"合成，按T键展开Opacity（透明度）属性，将时间调整到00:00:03:07帧的位置，设置Opacity（透明度）数值为0，单击码表 ⏱ 按钮，在当前位置添加关键帧，将时间调整到00:00:03:12帧的位置，设置Opacity（透明度）数值为100%，如图12.106所示。

图12.106 Opacity（透明度）关键帧设置

15 这样就完成了动画的整体制作，按小键盘上的0键，在合成窗口中预览动画。

12.4 知识拓展

本章详细讲解商业栏目包装案例表现。通过电视特效表现——电视台标艺术表现、电视频道包装——财富生活频道和电视栏目包装——节目导视3个大型商业栏目包装动画，全面细致地讲解了电视栏目包装的制作过程，再现全程制作技法。通过本章的学习，读者不仅可以看到成品的栏目包装效果，而且可以学习到栏目包装的制作方法和技巧。

12.5 拓展训练

本章通过3个课后习题，加深读者对电视栏目包装的制作印象，巩固商业栏目包装的制作方法和技巧。

训练12-1 电视特效表现——与激情共舞

◆ 实例分析

"与激情共舞"是一个关于电视宣传片的片头，通过本例的制作，展现了传统历史文化的深厚内涵，片头中发光体素材以及光特效制作出类似于闪光灯的效果，然后主题文字通过蒙版动画跟随发光体的闪光效果逐渐出现，制作出与激情共舞电视宣传片，动画流程效果如图12.107所示。

难　度：★★★★

工程文件：第 12 章 \ 与激情共舞

在线视频：第 12 章 \ 训练 12-1　电视特效表现——与激情共舞 .avi

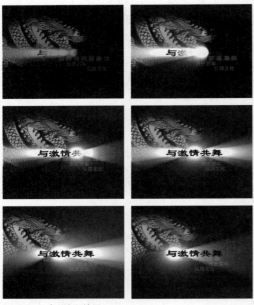

图12.107　动画流程效果

◆本例知识点

1. 学习 Hue / Saturation（色相 / 饱和度）调色命令的使用。
2. 学习利用 Color Key（颜色键）抠图的方法
3. 掌握 Shine（光）特效的使用。

训练12-2 电视频道包装——MUSIC 频道

◆实例分析

　　本例重点讲解利用 3D Stroke（3D 笔触）、Starglow（星光）特效制作流动光线效果。利用 Gaussian Blur（高斯模糊）等特效制作 Music 字符运动模糊效果，完成的动画流程效果如图 12.108 所示。

难　度：★★★★

工程文件：第 12 章 \MUSIC 频道

在线视频：第 12 章 \ 训练 12-2　电视频道包装——MUSIC 频道 .avi

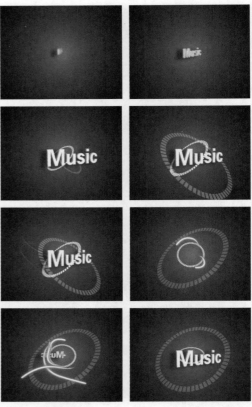

图12.108　动画流程效果

◆本例知识点

1. 学习 .tga 序列帧文件的导入。
2. 掌握利用 3D Stroke（3D 笔触）Starglow（星光）特效制作流动的光线。
3. 学习利用 Gaussian Blur（高斯模糊）特效制作运动模糊特效。

训练12-3 电视栏目包装——时尚音乐

◆实例分析

　　首先在 After Effects 中通过添加 Audio Spectrum（声谱）特效制作跳动的音波合成，然后再通过添加 Grid（网格）特效绘制多个蒙版，并且利用蒙版间的叠加方式制作出滚动的标志，最后将图像素材添加到最终合成，打开图像的三维属性开关，调节三维属性以及摄像机的参数，制作出镜头之间的切换以及镜头的旋转效果。本例最终的动画流程效果如图 12.109 所示。

难　度：★★★★★
工程文件：第12章\时尚音乐
在线视频：第12章\训练12-3　电视栏目包装——时尚音乐.avi

图12.109 动画流程效果（续）

图12.109 动画流程效果

◆**本例知识点**

1．学习利用音频文件制作音频的方法。
2．学习文字路径轮廓的创建方法。
3．掌握音乐节目栏目包装的制作技巧。

课堂笔记

附录 A After Effects CS6 外挂插件的安装

外挂插件就是其他公司或个人开发制作的特效插件，有时也叫第三方插件。外挂插件有很多内置插件没有的特点，它一般应用比较容易，效果比较丰富，受到用户的喜爱。

外挂插件不是软件本身自带的，它需要用户自行购买。After Effects CS6 有众多的外挂插件，正是有了这些神奇的外挂插件，使得该软件的非线性编辑功能更加强大。

在 After Effects CS6 的安装目录下，有一个名为 Plug-ins 的文件夹，这个文件夹就是用来放置插件的。插件的安装分为两种，下面分别进行介绍。

1. 后缀为.aex

有些插件本身不带安装程序，只是一个后缀为 .aex 的文件，这样的插件只将其复制、粘贴到 After Effects CS6 安装目录下的 Plug-ins 的文件夹中，然后重新启动软件，即可在 Effects & Presets（特效面板）中找到该插件特效。

> **提示**
>
> 如果安装软件时使用的是默认安装方法，Plug-ins 文件夹的位置应该是 C:\Program Files\Adobe\Adobe After Effects CS6\Support Files\Plug-ins。

2. 后缀为.exe

这样的插件为安装程序文件，可以将其按照安装软件的方法进行安装，这里以安装 Shine（光）插件为例，详解插件的安装方法。

01 双击安装程序，即双击后缀为.exe的Shine文件，如图A-1所示。

图A-1 双击安装程序

02 双击安装程序后，弹出"安装"对话框，单击 Next（下一步）按钮，弹出确认接受信息，单击 OK（确定）按钮，进入如图A-2所示的"注册码输入或试用"对话框，在该对话框中选择Install Demo Version单选按钮，安装试用版；选择 Enter Serial Number单选按钮，将激活下方的文本框，在其中输入注册码后，Done按钮将自动变成可用状态，单击该按钮后，进入如图A-3所示"选择安装类型"对话框。

03 "选择安装类型"对话框中有两个单选按钮，Complete单选按钮表示计算机默认安装，不过，为了安装的位置不出错，一般选择Custom单选按钮，以自定义的方式进行安装。

图A-2 "注册码输入或试用"对话框

图A-3 "选择安装类型"对话框

04 选择Custom单选按钮后，单击Next（下一步）按钮进入如图A-4所示的"选择安装路径"对话框，在该对话框中单击Browse按钮，将打开如图A-5所示的Choose Folder对话框，可以从下方的位置中选择要安装的路径位置。

图A-4 "选择安装路径"对话框

图A-5 Choose Folder对话框

05 依次单击"确定"按钮，Next（下一步）按钮，插件会自动完成安装。

06 安装完插件后，重新启动After Effects CS6软件，在Effects & Presets（特效面板）中展开Trapcode选项，即可看到Shine（光）特效，如图A-6所示。

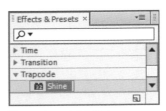

图A-6 Shine（光）特效

外挂插件的注册

安装完成后，如果安装时没有输入注册码，而是使用试用形式安装，就需要对软件进行注册，因为安装的插件如果没有注册，应用时会显示一个红色的Ｘ号，它只能试用，不能输出，可以在安装后再对其注册，注册的方法很简单，下面还是以Shine（光）特效为例进行讲解。

01 安装完特效后，在Effects & Presets（特效面板）中展开Trapcode选项，然后双击Shine（光）特效，为某个层应用该特效。

02 应用完该特效后，在Effect Controls（特效控制）面板中即可看到Shine（光）特效，单击该特效名称右侧的Options选项，如图A-7所示。

03 这时将打开如图A-8所示的对话框。在ENTER SERIAL NUMBER右侧的文本框中输入注册码，然后单击Done按钮即可完成注册。

图A-7 单击Options选项

图A-8 输入注册码

附录 B After Effects CS6 默认键盘快捷键

表1 工具栏

操作	Windows 快捷键
选择工具	V
手工具	H
缩放工具	Z （使用 Alt 缩小）
旋转工具	W
摄像机工具（Unified、Orbit、Track XY、Track Z）	C （连续按 C 键切换）
Pan Behind 工具	Y
遮罩工具（矩形、椭圆）	Q （连续按 Q 键切换）
钢笔工具（添加节点、删除节点、转换点）	G （连续按 G 键切换）
文字工具（横排文字、竖排文字）	Ctrl + T （连续按 Ctrl + T 组合键切换）
画笔、克隆图章、橡皮擦工具	Ctrl + B （连续按 Ctrl + B 组合键切换）
暂时切换某工具	按住该工具的快捷键
钢笔工具与选择工具临时互换	按住 Ctrl
在信息面板显示文件名	Ctrl + Alt + E
复位旋转角度为 0°	双击旋转工具
复位缩放率为 100%	双击缩放工具

表2 项目窗口

操作	Windows 快捷键
新项目	Ctrl + Alt + N
新文件夹	Ctrl + Alt + Shift + N
打开项目	Ctrl + O
打开项目时只打开项目窗口	利用打开命令时按住 Shift 键
打开上次打开的项目	Ctrl + Alt + Shift + P
保存项目	Ctrl + S
打开项目设置对话框	Ctrl + Alt + Shift + K
选择上一子项	上箭头
选择下一子项	下箭头
打开选择的素材项或合成图像	双击
激活最近打开的合成图像	\

操作	Windows 快捷键
增加选择的子项到最近打开的合成窗口中	Ctrl + /
显示所选合成图像的设置	Ctrl + K
用所选素材时间线窗口中选中层的源文件	Ctrl + Alt + /
删除素材项目时不显示提示信息框	Ctrl + Backspace
导入素材文件	Ctrl + I
替换素材文件	Ctrl + H
打开解释素材选项	Ctrl+ F
重新导入素材	Ctrl + Alt + L
退出	Ctrl + Q

表3　合成窗口

操作	Windows 快捷键
显示 / 隐藏标题和动作安全区域	'
显示 / 隐藏网格	Ctrl + '
显示 / 隐藏对称网格	Alt + '
显示 / 隐藏参考线	Ctrl + ;
锁定 / 释放参考线	Ctrl + Alt + Shift + ;
显示 / 隐藏标尺	Ctrl + R
改变背景颜色	Ctrl + Shift + B
设置合成图像解析度为 full	Ctrl + J
设置合成图像解析度为 Half	Ctrl + Shift + J
设置合成图像解析度为 Quarter	Ctrl + Alt + Shift + J
设置合成图像解析度为 Custom	Ctrl + Alt + J
快照（最多 4 个）	Ctrl + F5，F6，F7，F8
显示快照	F5，F6，F7，F8
清除快照	Ctrl + Alt + F5，F6，F7，F8
显示通道（RGBA）	Alt + 1，2，3，4
带颜色显示通道（RGBA）	Alt + Shift + 1，2，3，4
关闭当前窗口	Ctrl + W

表4　文字操作

操作	Windows 快捷键
左、居中或右对齐	横排文字工具 + Ctrl + Shift + L、C 或 R

操作	Windows 快捷键
上、居中或底对齐	直排文字工具 + Ctrl + Shift + L、C 或 R
选择光标位置和鼠标单击处的字符	Shift + 单击鼠标
光标向左 / 向右移动一个字符	左箭头 / 右箭头
光标向上 / 向下移动一个字符	上箭头 / 下箭头
向左 / 向右选择一个字符	Shift + 左箭头 / 右箭头
向上 / 向下选择一个字符	Shift + 上箭头 / 下箭头
选择字符、一行、一段或全部	双击、三击、四击或五击
以 2 为单位增大 / 减小文字字号	Ctrl + Shift + ⟨ / ⟩
以 10 为单位增大 / 减小文字字号	Ctrl + Shift + Alt ⟨ / ⟩
以 2 为单位增大 / 减小行间距	Alt + 下箭头 / 上箭头
以 10 为单位增大 / 减小行间距	Ctrl + Alt + 下箭头 / 上箭头
自动设置行间距	Ctrl + Shift + Alt + A
以 2 为单位增大 / 减小文字基线	Shift + Alt + 下箭头 / 上箭头
以 10 为单位增大 / 减小文字基线	Ctrl + Shift + Alt + 下箭头 / 上箭头
大写字母切换	Ctrl + Shift + K
小型大写字母切换	Ctrl + Shift + Alt + K
文字上标开关	Ctrl + Shift + =
文字下标开关	Ctrl + Shift + Alt + =
以 20 为单位增大 / 减小字间距	Alt + 左箭头 / 右箭头
以 100 为单位增大 / 减小字间距	Ctrl + Alt + 左箭头 / 右箭头
设置字间距为 0	Ctrl + Shift + Q
水平缩放文字为 100%	Ctrl + Shift + X
垂直缩放文字为 100%	Ctrl + Shift + Alt + X

表5 预览设置(时间线窗口)

操作	Windows 快捷键
开始 / 停止播放	空格
从当前时间点试听音频	.（数字键盘）
RAM 预览	0（数字键盘）
每隔一帧的 RAM 预览	Shift+0（数字键盘）
保存 RAM 预览	Ctrl+0（数字键盘）
快速视频预览	拖动时间滑块
快速音频试听	Ctrl + 拖动时间滑块
线框预览	Alt+0（数字键盘）

操作	Windows 快捷键
线框预览时保留合成内容	Shift+Alt+0（数字键盘）
线框预览时用矩形替代 Alpha 轮廓	Ctrl+Alt+0（数字键盘）

表6　层操作(合成窗口和时间线窗口)

操作	Windows 快捷键
复制	Ctrl + C
重复	Ctrl + D
剪切	Ctrl + X
粘贴	Ctrl + V
撤销	Ctrl + Z
重做	Ctrl + Shift + Z
选择全部	Ctrl + A
取消全部选择	Ctrl + Shift + A 或 F2
向前一层	Shift +]
向后一层	Shift+ [
移到最前面	Ctrl + Shift +]
移到最后面	Ctrl + Shift + [
选择上一层	Ctrl + 上箭头
选择下一层	Ctrl + 下箭头
通过层号选择层	1---9（数字键盘）
选择相邻图层	单击选择一个层后再按住 Shift 键单击其他层
选择不相邻的层	按 Ctrl 键并单击选择层
取消所有层选择	Ctrl + Shift + A 或 F2
锁定所选层	Ctrl + L
释放所有层的选定	Ctrl + Shift + L
分裂所选层	Ctrl + Shift + D
激活选择层所在的合成窗口	\
为选择层重命名	按 Enter 键（主键盘）
在层窗口中显示选择的层	Enter（数字键盘）
显示隐藏图像	Ctrl + Shift + Alt + V
隐藏其他图像	Ctrl + Shift + V
显示选择层的特效控制窗口	Ctrl + Shift + T 或 F3
在合成窗口和时间线窗口中转换	\

操作	Windows 快捷键
打开素材层	双击该层
拉伸层适合合成窗口	Ctrl + Alt + F
保持宽高比拉伸层适应水平尺寸	Ctrl + Alt + Shift + H
保持宽高比拉伸层适应垂直尺寸	Ctrl + Alt + Shift + G
反向播放层动画	Ctrl + Alt + R
设置入点	[
设置出点	]
剪辑层的入点	Alt + [
剪辑层的出点	Alt +]
在时间滑块位置设置入点	Ctrl + Shift + ,
在时间滑块位置设置出点	Ctrl + Alt + ,
将入点移动到开始位置	Alt + Home
将出点移动到结束位置	Alt + End
素材层质量为最好	Ctrl + U
素材层质量为草稿	Ctrl + Shift + U
素材层质量为线框	Ctrl + Alt + Shift + U
创建新的固态层	Ctrl + Y
显示固态层设置	Ctrl + Shift + Y
合并层	Ctrl + Shift + C
约束旋转的增量为 45°	Shift + 拖动旋转工具
约束沿 x 轴、y 轴或 z 轴移动	Shift + 拖动层
等比缩放素材	按 Shift 键拖动控制手柄
显示或关闭所选层的特效窗口	Ctrl + Shift + T
添加或删除表达式	在属性区按住 Alt 键单击属性旁的小时钟按钮
以 10 为单位改变属性值	按 Shift 键在层属性中拖动相关数值
以 0.1 为单位改变属性值	按 Ctrl 键在层属性中拖动相关数值

表7　查看层属性(时间线窗口)

操作	Windows 快捷键
显示 Anchor Point	A
显示 Position	P
显示 Scale	S
显示 Rotation	R

操作	Windows 快捷键
显示 Audio Levels	L
显示 Audio Waveform	LL
显示 Effects	E
显示 Mask Feather	F
显示 Mask Shape	M
显示 Mask Opacity	TT
显示 Opacity	T
显示 Mask Properties	MM
显示 Time Remapping	RR
显示所有动画值	U
显示在对话框中设置层属性值（与 P,S,R,F,M 一起）	Ctrl + Shift + 属性快捷键
显示 Paint Effects	PP
显示时间窗口中选中的属性	SS
显示修改过的属性	UU
隐藏属性或类别	Alt + Shift + 单击属性或类别
添加或删除属性	Shift + 属性快捷键
显示或隐藏 Parent 栏	Shift + F4
Switches / Modes 开关	F4
放大时间显示	+
缩小时间显示	-
打开不透明对话框	Ctrl + Shift + O
打开定位点对话框	Ctrl + Shift + Alt + A

表8 工作区设置(时间线窗口)

操作	Windows 快捷键
设置当前时间标记为工作区开始	B
设置当前时间标记为工作区结束	N
设置工作区为选择的层	Ctrl + Alt + B
未选择层时，设置工作区为合成图像长度	Ctrl + Alt + B

表9 时间和关键帧设置(时间线窗口)

操作	Windows 快捷键
设置关键帧速度	Ctrl + Shift + K

操作	Windows 快捷键
设置关键帧插值法	Ctrl + Alt + K
增加或删除关键帧	Alt + Shift + 属性快捷键
选择一个属性的所有关键帧	单击属性名
拖动关键帧到当前时间	Shift + 拖动关键帧
向前移动关键帧一帧	Alt + 右箭头
向后移动关键帧一帧	Alt + 左箭头
向前移动关键帧十帧	Shift + Alt + 右箭头
向后移动关键帧十帧	Shift + Alt + 左箭头
选择所有可见关键帧	Ctrl + Alt + A
到前一可见关键帧	J
到后一可见关键帧	K
线性插值法与自动 Bezer 插值法转换	Ctrl + 单击关键帧
改变自动 Bezer 插值法为连续 Bezer 插值法	拖动关键帧
Hold 关键帧转换	Ctrl + Alt + H 或 Ctrl + Alt + 单击关键帧
连续 Bezer 插值法与 Bezer 插值法转换	Ctrl + 拖动关键帧
Easy easy	F9
Easy easy In	Shift + F9
Easy easy Out	Ctrl + Shift + F9
到工作区开始	Home 或 Ctrl + Alt + 左箭头
到工作区结束	End 或 Ctrl + Alt + 右箭头
到前一可见关键帧或层标记	J
到后一可见关键帧或层标记	K
到合成图像时间标记	主键盘上的 0~9
到指定时间	Alt + Shift + J
向前一帧	Page Up 或 Ctrl + 左箭头
向后一帧	Page Down 或 Ctrl + 右箭头
向前十帧	Shift + Page Down 或 Ctrl + Shift + 左箭头
向后十帧	Shift + Page Up 或 Ctrl + Shift + 右箭头
到层的入点	I
到层的出点	o
拖动素材时吸附关键帧、时间标记和出入点	按住 Shift 键并拖动

表10 精确操作(合成窗口和时间线窗口)

操作	Windows 快捷键
以指定方向移动层一个像素	按相应的箭头
旋转层 1°	+ （数字键盘）
旋转层 –1°	– （数字键盘）
放大层 1%	Ctrl + + （数字键盘）
缩小层 1%	Ctrl + – （数字键盘）
Easy easy	F9
Easy easy In	Shift + F9
Easy easy Out	Ctrl + Shift + F9

表11 特效控制窗口

操作	Windows 快捷键
选择上一个效果	上箭头
选择下一个效果	下箭头
扩展 / 收缩特效控制	~
清除所有特效	Ctrl + Shift + E
增加特效控制的关键帧	Alt + 单击效果属性名
激活包含层的合成图像窗口	\
应用上一个特效	Ctrl + Alt + Shift + E
在时间线窗口中添加表达式	按 Alt 键单击属性旁的小时钟按钮

表12 遮罩操作（合成窗口和层）

操作	Windows 快捷键
椭圆遮罩填充整个窗口	双击椭圆工具
矩形遮罩填充整个窗口	双击矩形工具
新遮罩	Ctrl + Shift + N
选择遮罩上的所有点	Alt + 单击遮罩
自由变换遮罩	双击遮罩
对所选遮罩建立关键帧	Shift + Alt + M
定义遮罩形状	Ctrl + Shift + M
定义遮罩羽化	Ctrl + Shift + F
设置遮罩反向	Ctrl + Shift + I

表13 显示窗口和面板

操作	Windows 快捷键
项目窗口	Ctrl + 0
项目流程视图	Ctrl + F11
渲染队列窗口	Ctrl + Alt + 0
工具箱	Ctrl + 1
信息面板	Ctrl + 2
时间控制面板	Ctrl + 3
音频面板	Ctrl + 4
字符面板	Ctrl + 6
段落面板	Ctrl + 7
绘画面板	Ctrl + 8
笔刷面板	Ctrl + 9
关闭激活的面板或窗口	Ctrl + W